AF792965

ÉLÉMENTS DE LOGIQUE CONTEMPORAINE

paramètres

François Lepage

ÉLÉMENTS DE LOGIQUE CONTEMPORAINE

Troisième édition revue et augmentée
avec exercices et corrigés

Les Presses de l'Université de Montréal

Catalogage avant publication de Bibliothèque et Archives nationales du Québec et Bibliothèque et Archives Canada

Lepage, François

Éléments de logique contemporaine
3e éd.
(Paramètres)
Comprend des réf. bibliogr.

ISBN 978-2-7606-2230-2

1. Logique symbolique et mathématique. 2. Logique symbolique et mathématique - Problèmes et exercices. I. Titre. II. Collection: Paramètres.

QA9.L46 2010 511.3 C2010-941518-3

Dépôt légal : 3e trimestre 2010
Bibliothèque et Archives nationales du Québec
© Les Presses de l'Université de Montréal, 2010

Les Presses de l'Université de Montréal reconnaissent l'aide financière du gouvernement du Canada par l'entremise du Fonds du livre du Canada pour leurs activités d'édition.

Les Presses de l'Université de Montréal remercient de leur soutien financier le Conseil des arts du Canada et la Société de développement des entreprises culturelles du Québec (SODEC).

IMPRIMÉ AU CANADA EN NOVEMBRE 2016

À André Flibotte,

qui m'initia à la pensée rigoureuse.

Avant propos à la troisième édition

Cette troisième édition des *Éléments de logique contemporaine* possède essentiellement la même structure que la seconde. Certains passages ont été reformulés pour une plus grande clarté. On trouvera de nouveaux exercices (avec ou sans solutions) quelquefois plus difficiles pour permettre aux étudiants d'exercer leur sagacité.

Outre les personnes que j'ai déjà remerciées dans l'avant propos de la seconde édition, je tiens à saluer Karine Fradet pour son excellent travail de révision et surtout pour ses remarques et suggestions en tant qu'utilisatrice de ce manuel.

Avant-propos à la seconde édition

Le succès qu'a connu la première édition des *Éléments de logique contemporaine* auprès des enseignants de logique francophones des deux côtés de l'Atlantique tient sans l'ombre d'un doute aux centaines d'exercices qu'elle contenait. En effet, s'il ne manque pas d'excellents manuels qui introduisent les étudiants aux concepts fondamentaux de la logique classique, ils contiennent en général peu d'exercices. Je pensais et je pense toujours que l'abondance et même la surabondance des exercices qui, pour celui qui maîtrise la matière constituent une redondance, constituent un complément essentiel à la compréhension du contenu théorique.

Il semble – c'est ce que m'ont appris mes années d'expérience d'enseignement – que l'apprentissage de méthodes plus ou moins mécaniques consistant en test concret de la vérification de la présence ou de l'absence de propriétés formelles constitue une composante essentielle de la compréhension de ces propriétés formelles. Cela est vrai en arithmétique élémentaire, en algèbre élémentaire et en analyse élémentaire.

C'est sans doute ce qui distingue un cours d'introduction à la logique des autres cours d'introduction en philosophie, que ce soit la philosophie du langage, la métaphysique ou l'éthique. L'apprentissage de la logique passe par la maîtrise minimale d'un appareillage formel ne possédant pas ou peu de contenu philosophique proprement dit, mais ô combien utile pour structurer la pensée.

La structure générale de cette seconde édition est la même que la précédente. Nous l'avons enrichie non seulement de nouveaux exercices (avec ou sans corrigés, les premiers étant signalés par le symbole ⁂) mais nous avons également développé certaines sections. En particulier, le chapitre deux portant sur les rapports entre les connecteurs logiques vérifonctionnels et les connecteurs logiques des langues naturelles a été étoffé.

Ce sont les chapitres portant sur la déduction naturelle qui ont subi le plus profond remaniement. J'ai en effet développé une heuristique relativement simple pour la déduction naturelle en calcul des propositions. (Je n'en ai pas la preuve, mais je pense qu'elle constitue une procédure effective de dérivation : si la dérivation est possible, la procédure en trouve une, sinon elle boucle.) J'en ai également proposé une version relativement efficace pour le calcul des prédicats.

Il est possible de couvrir la presque totalité des matières de l'ouvrage en quarante-cinq heures de cours, à la condition d'avoir à sa disposition des répétiteurs chargés d'encadrer les étudiants qui éprouvent des difficultés. En effet, il y a un nombre important d'étudiants qui ont un « blocage » lorsqu'il s'agit de tenir un discours théorique sur des concepts qui sont, par ailleurs, opératoires : il est bien connu qu'il est plus facile de marcher que de comprendre comment on marche. Mon ouvrage s'adresse avant tout à ces étudiants qui, avec de la patience et beaucoup de travail, finissent par atteindre des sommets.

Je voudrais terminer par des remerciements. D'abord, je remercie les étudiants qui ont suivi mes cours et qui, au long des années, m'ont fait des remarques très pertinentes. Je remercie Storrs McCall de l'Université McGill et Jean Mosconi de l'Université de Paris I qui m'ont signalé quelques erreurs et fait de judicieuses suggestions. Cet ouvrage ne serait pas ce qu'il est sans le travail remarquable de Virginie Maris dont les nombreuses remarques m'ont été d'un grand secours. Enfin, je remercie Natacha Lajoie pour son minutieux travail de révision.

Table des matières

Introduction

L'objet de la logique est relativement simple : caractériser d'une façon générale le concept *d'inférence valide*. Aussi, cet ouvrage d'introduction à la logique aura-t-il un double objectif : expliquer ce qu'est une inférence valide et décrire des techniques élémentaires qui permettront de déterminer si une inférence (nous dirons à l'occasion un raisonnement) est valide.

S'il est tout à fait possible et même très facile de définir en quelques lignes ce qu'est un raisonnement valide, comprendre vraiment ce que recouvre ce concept fondamental n'est pas chose aisée, et chaque nouvelle méthode viendra enrichir et préciser le concept de validité.

Le concept d'inférence valide emprunte son sens à deux autres concepts : celui d'inférence et celui de validité.

Mais qu'est-ce qu'une inférence ? En premier lieu, c'est un acte : l'acte d'accepter un énoncé en vertu de l'acceptation préalable d'autres énoncés.

Cette caractérisation (qui n'est ni ne se veut une définition, mais tout au plus une tentative d'explication) s'éloigne quelque peu de la notion commune d'inférence. Si nous demandons à quelqu'un : « Comment sais-tu qu'il pleut ? » (dans les termes utilisés pour caractériser la notion d'inférence, il faudrait dire : « Sur quoi t'appuies-tu pour accepter comme étant vrai l'énoncé 'Il pleut' ? »), et si cette personne nous répond qu'elle a regardé par la fenêtre et qu'elle a vu la pluie tomber, nous accepterons probablement de dire qu'elle en a *inféré* qu'il pleuvait. Cela ne correspond pas à notre caractérisation, car cet acte ne repose pas sur l'acceptation d'un autre énoncé.

La logique dite classique a éliminé toute composante psychologique de la notion d'inférence, elle ne comporte aucune référence à un sujet ; pour intéresser le logicien, un acte d'inférence doit être exclusivement basé sur l'existence d'une relation objective entre énoncés. En fait, c'est la description de ces relations qui constitue la tâche du logicien, que ces relations soient ou non reconnues par des sujets pensants, qu'elles aient été ou non l'objet d'actes effectifs. L'expression « inférence » est, en logique, utilisée *exclusivement* pour désigner cette relation entre énoncés.

Une inférence sera donc une relation entre un ou plusieurs énoncés que nous appellerons *prémisses* et un énoncé que nous appellerons *conclusion.* Pour représenter l'inférence à partir des énoncés $A_1, \ldots, A_n$ de la conclusion B, nous écrirons :

$$\begin{array}{c} A_1 \\ \vdots \\ A_n \\ \hline B \end{array}$$

Toutes les inférences n'ont pas le même intérêt. Celles qui nous intéressent sont les inférences valides. Une inférence est dite *valide* lorsque la vérité de la conclusion découle de manière nécessaire de la vérité des prémisses, ou encore s'il n'est pas concevable que la conclusion soit fausse lorsque les prémisses sont vraies.

Le problème ici est que nous semblons avoir tourné en rond. N'est-ce pas une lapalissade que de dire $\frac{A}{B}$ est une inférence valide si B découle de A ?

Pas tout à fait. Examinons les exemples suivants :

(1) $\dfrac{\text{La météo a annoncé du beau temps.}}{\text{Il fait beau.}}$

(2) $\dfrac{\text{Tous les courants électriques observés jusqu'ici produisent un champ magnétique.}}{\text{Tous les courants électriques produisent un champ magnétique.}}$

(3)

$$\begin{array}{c} \text{Tous les hommes sont mortels.} \\ \text{Socrate est un homme.} \\ \hline \text{Socrate est mortel.} \end{array}$$

Seul le troisième de ces raisonnements est valide : la conclusion découle des prémisses en vertu de la forme *logique* des énoncés. Quel que soit le sens que l'on prête aux mots « hommes », « mortels » et « Socrate », il est inconcevable de rejeter la conclusion si l'on accepte les prémisses, ce qui n'est aucunement le cas dans les deux premiers exemples. Les mots dont le sens fait que ce raisonnement est valide sont « tous », « les », « est », « un », etc. On dit qu'ils déterminent la forme logique des énoncés.

Nous nous appliquerons donc à décrire ce que nous entendons par *forme logique* pour ensuite caractériser les *inférences* qui sont *valides*, c'est-à-dire, encore une fois, celles qui sont telles que la vérité de la conclusion découle de la vérité des prémisses en vertu de la forme de l'inférence et de la forme des énoncés.

Tout d'abord, et ce sera la première partie de cet ouvrage, nous étudierons le *calcul des énoncés* (on dit aussi le *calcul des propositions*). Dans une seconde partie, nous traiterons du *calcul des prédicats* qui englobe la majeure partie de la logique traditionnelle. Nous adopterons bien sûr un point de vue strictement contemporain.

Le point de vue exposé ici est celui de la logique classique, qui est très loin de nos jours de faire l'unanimité. En particulier, le rejet de ce que nous avons appelé le psychologisme (faire intervenir en logique le fait que des agents réels effectuent des opérations symboliques pour inférer la conclusion à partir des prémisses) n'est plus un dogme du logicien. L'étude de la logique classique demeure toutefois un incontournable, tous les points de vue logico-philosophiques se définissant par rapport à celui de la logique classique.

À PROPOS DES NOTES HISTORIQUES

À la fin des chapitres, nous insérerons à l'occasion une note historique. Le lecteur intéressé par l'histoire de la logique consultera KNEALE, W. et KNEALE, M., *The Development of Logic*, Oxford, Oxford University Press, 1962, et BLANCHÉ, R., *La Logique et son histoire d'Aristote à Russell*, Paris, Armand Colin, 1970.

Première partie

Le calcul des énoncés

CHAPITRE I

Les concepts fondamentaux

1.0 La notion d'énoncé

Le calcul des énoncés, ou calcul des propositions, est le système de calcul logique le plus élémentaire et le plus fondamental. Comme son nom l'indique, ce calcul repose sur le concept d'*énoncé* ou de *proposition* (nous considérerons ici les expressions « énoncé » et « proposition » comme parfaitement synonymes et interchangeables ; attention, ce n'est pas le cas en philosophie du langage en général). Chaque champ discursif possède des notions de base, notions primitives qu'on ne peut pas définir. Cela ne signifie pas pour autant que ces notions soient floues ; bien au contraire, elles sont intuitivement claires et précises. Nous comprenons très bien ce qu'est un énoncé et nous pouvons en reconnaître un, tout comme nous pouvons distinguer un énoncé d'un non-énoncé. Les notions d'individu en sociologie, de masse en physique newtonienne, ou encore de bit en informatique sont des exemples de notions primitives. Ces concepts sont primitifs parce qu'ils ne demandent pas à être analysés. Bien sûr, ce caractère est relatif à la discipline concernée : un sociologue, par exemple, n'a pas à faire intervenir le fait qu'un individu soit composé d'organes, ce qui n'est pas le cas d'un biologiste.

> Le concept primitif du calcul des énoncés est donc celui d'énoncé. *Un énoncé est ce qui est vrai ou faux.*

Cette caractérisation n'est pas une véritable définition. Elle suppose que les notions de vrai et de faux sont claires et familières. D'un point de vue pratique, cela signifie seulement qu'un locuteur compétent est capable de distinguer un énoncé d'un non-énoncé, et que cette reconnaissance s'appuie exclusivement sur le fait qu'un énoncé est ce qui peut être vrai ou faux.

Énoncés	Non-énoncés
Il pleut.	Pleut.
Il pleut et il ne pleut pas.	Parce que.
Tous les hommes sont menteurs.	Mange !
La lune est un gros morceau de gruyère.	La plus vieille maison de Montréal.

On remarquera que nous ne considérons comme énoncés que les phrases qui sont à l'indicatif et que les ordres, les questions, etc., qui ne sont ni vrais ni faux, ne seront donc pas considérés comme des énoncés.

Le calcul des énoncés ne porte pas sur la structure des énoncés élémentaires comme « Il pleut » ou « Tous les hommes sont menteurs ». *Son objet est d'étudier comment les énoncés complexes deviennent vrais ou faux selon que les énoncés simples qui les composent sont vrais ou faux.*

Soyons plus précis. Nous pouvons énoncer sous la forme de deux thèses simples mais très abstraites les postulats méthodologiques qui sont à la base du calcul des énoncés.

Thèse de la bivalence pour les énoncés atomiques.

Un énoncé de base ou atomique *est et n'est que* ce qui est vrai ou faux et ne comporte pas de partie qui soit vraie ou fausse.

Thèse de la vérifonctionnalité ou de la compositionnalité des valeurs de vérité.

La valeur de vérité d'un énoncé complexe est *exclusivement* fonction des valeurs de vérité des énoncés atomiques qui le composent.

La thèse de la bivalence a pour conséquence que le calcul des énoncés laisse de côté tous les autres aspects des énoncés : la pertinence de l'énonciation, les présupposés, etc. Cette abstraction nous conduira rapidement à examiner des situations pour le moins insolites.

La thèse de la bivalence telle qu'énoncée ici ne porte que sur les énoncés atomiques, et ce n'est que jointe à la thèse de la vérifonctionnalité qu'elle s'applique à tous les énoncés. Nous verrons au chapitre 2 que la thèse de la compositionalité des valeurs de vérité ne vaut pas pour les langues naturelles comme le français ou l'anglais.

EXERCICE 1✧

(i) Parmi les suites de symboles suivantes, lesquelles sont des énoncés ?

a) S'il neige, alors il ne neige pas.
b) Viens ici !
c) Je crois en Dieu, le Père tout-puissant.
d) Pierre a dit : « À demain », et il est sorti.
e) Le petit minaret en Suisse pour faire joli !

(ii) Parmi les énoncés précédents, lesquels sont atomiques ?

EXERCICE 2✧

Les suites de mots suivantes sont-elles des énoncés ? Justifiez votre réponse.

a) Va-t'en, tu me tapes sur les nerfs.
b) Les idées vertes dorment furieusement.
c) Je jure de dire la vérité.

EXERCICE 3✧

Les suites de mots suivantes sont-elles des énoncés ? Justifiez votre réponse.

a) Entre ou sors, mais décide-toi.
b) La terre est bleue comme une orange.
c) Je déclare l'indépendance du Québec.

1.1 La notion de connecteur

Comment caractériser la validité d'une inférence ? La première étape est de caractériser les énoncés qui sont toujours vrais en vertu de leur forme. (Nous n'avons pas défini ce qu'est la forme logique en général, mais une telle situation se produit fréquemment : par exemple, un enfant peut reconnaître un losange à sa forme sans pouvoir donner une définition explicite des quadrilatères.)

Reprenons notre exemple : « Ou il pleut, ou il ne pleut pas », ou, plus simplement : « Il pleut ou il ne pleut pas ». Les expressions qui jouent un rôle particulier dans cet énoncé et qui déterminent sa *forme logique* sont

« ou » et « ne … pas ». N'importe qui, en effet, reconnaîtra que « Il neige ou il ne neige pas » possède la même forme logique que « Il pleut ou il ne pleut pas ».

Les mots dont le rôle particulier est de servir à construire des énoncés complexes et qui déterminent leur forme logique sont appelés *connecteurs logiques*.

En vertu des deux thèses que nous avons énoncées, décrire un connecteur logique consiste uniquement à décrire comment il contribue à conférer une valeur de vérité à un énoncé complexe à partir des valeurs de vérité des énoncés plus simples.

Nous utiliserons les lettres « *p* », « *q* », « *r* », etc., pour désigner un énoncé atomique quelconque.

1.1.1 La négation

La négation s'écrit « $\neg$ ». Il faut lire « $\neg p$ » : « non *p* ». On rencontre également les notations suivantes : « $\sim p$ », « $\overline{p}$ », « $-p$ ».

La négation est entièrement définie par la table de vérité suivante :

p	$\neg p$
V	**F**
F	**V**

Cette table de vérité nous dit que « $\neg p$ » est faux si et seulement si « *p* » est vrai et que « $\neg p$ » est vrai si et seulement si « *p* » est faux.

Les deux thèses ont pour conséquence que, lorsque nous comprenons ce que dit ce tableau, nous comprenons tout ce qu'il faut comprendre de la négation. Encore une fois, ces thèses sont méthodologiques et donnent sa spécificité au calcul des propositions.

1.1.2 La conjonction

La conjonction est le connecteur logique qui correspond à « et ». Voici sa table de vérité :

p	q	$p \wedge q$
V	V	**V**
V	F	**F**
F	V	**F**
F	F	**F**

« $p \wedge q$ » est vrai si et seulement si « p » est vrai et « q » est vrai. « $p \wedge q$ » est faux dans tous les autres cas. On rencontre aussi les notations : « $p \cdot q$ », « p & q », « pq ».

Nous sommes confrontés ici à l'un des problèmes d'adéquation aux langues naturelles sur lesquels nous reviendrons au chapitre suivant. Notons pour l'instant que le « et » de la langue naturelle signifie souvent « et ensuite », comme dans « Pierre est tombé dans la piscine et s'est noyé ». Si l'on suit la table de vérité, notre « $\wedge$ » est commutatif, c'est-à-dire que, quelle que soit la ligne que nous consultions, « $p \wedge q$ » a la même valeur que « $q \wedge p$ » et ne peut donc pas signifier « et ensuite ».

Nous reviendrons sur la question de l'interprétation du « et » au chapitre 2.

1.1.3 La disjonction

La disjonction est ce qui est exprimé en français par « ou ». Ici aussi, un problème se pose, car il y a en français deux « ou » différents, tous deux vérifonctionnels, l'un appelé « ou inclusif » et l'autre « ou exclusif ». Pour des raisons que nous exposerons au chapitre 4, c'est le « ou inclusif » que la logique contemporaine a retenu et que nous allons d'abord présenter.

p	q	$p \vee q$
V	V	**V**
V	F	**V**
F	V	**V**
F	F	**F**

Ainsi que l'indique la table de vérité, « $p \vee q$ » est vrai si et seulement si l'un au moins des deux énoncés est vrai. On qualifie ce « ou » d'inclusif (on devrait plutôt dire non exclusif) parce que « $p \vee q$ » est vrai lorsque les deux énoncés sont vrais. Les exemples suivants contiennent un « ou » qui est indubitablement inclusif : à propos de quelqu'un que vous rencontrez dans une soirée et dont vous savez qu'il déteste marcher sous la pluie : « Il ne pleut pas ou son père lui a prêté son auto » ; à l'entrée d'un cinéma : « Vous ne payez que 3 dollars si vous êtes une personne handicapée ou âgée de moins de 12 ans » (l'intention de l'exploitant n'est certainement pas de faire payer plein tarif aux handicapés de moins de 12 ans).

Le « ou » exclusif, quant à lui, s'exprime par la table suivante :

p	q	p w q
V	V	**F**
V	F	**V**
F	V	**V**
F	F	**F**

L'unique différence entre ces deux « ou » se trouve à la première ligne. « p w q » est faux lorsque les deux énoncés sont vrais. Au restaurant, avec le menu du jour, vous prenez un fromage ou vous prenez un dessert, mais vous n'avez pas droit aux deux.

Curieusement, il est quelquefois impossible de déterminer si le « ou » utilisé dans la langue naturelle est inclusif ou exclusif. Ainsi, lorsque « p » et « q » s'excluent mutuellement, il n'y a pas de monde possible (c'est-à-dire de situation) qui corresponde à la première ligne. Considérons l'exemple suivant : « En décembre, il neige ou il ne neige pas ». On ne peut pas concevoir qu'il neige et ne neige pas en même temps ! La table de cet énoncé serait :

p	p ou $\neg p$
V	**F**
F	**V**

On ne peut donc pas déterminer si le « ou » est inclusif ou exclusif car sur les deux lignes qui nous sont accessibles, « $\vee$ » et « w » ont la même table :

p	$p \vee \neg p$
V	**V**
F	**V**

et

p	p w $\neg p$
F	**V**
V	**V**

Quelle serait la valeur de l'énoncé sur les autres lignes ? La question n'admet pas de réponse simple. Or, c'est la réponse à cette question qui permettrait de trancher si le « ou » est inclusif ou exclusif.

S'il est facile de trouver un exemple où l'on ne peut pas trancher si le « ou » est inclusif ou exclusif, il est plus difficile de trouver des exemples où le « ou » est carrément inclusif ou carrément exclusif tout en étant véritablement un connecteur propositionnel. L'exercice suivant illustre bien ce problème.

EXERCICE 4✧

Dites si les « ou » apparaissant dans les énoncés suivants sont inclusifs ou exclusifs.

a) Une porte est ouverte ou fermée.
b) Samedi, ou il fait beau, ou je ne vais pas à la campagne.
c) En février, il peut pleuvoir ou neiger.
d) L'énoncé du présent exercice.
e) $a \leq b$ (dans l'ensemble des nombres naturels).

EXERCICE 5✧

Les « ou » suivants sont-ils inclusifs ou exclusifs ?

a) Vous êtes pour moi ou vous êtes contre moi.
b) Tu prends une pomme ou une banane.
c) Il est interdit de fumer ou de manger dans cette salle.

EXERCICE 6

Les « ou » suivants sont-ils inclusifs ou exclusifs ?

a) Une action est bonne ou mauvaise, il n'y a pas de milieu.
b) Tu te tais ou tu prends la porte.
c) Beaux ou laids, bêtes ou méchants, j'aime les hommes car ils sont à l'image de Dieu.

EXERCICE 7✧

Considérons une porte à battants comme dans les saloons du Far West. Supposons que les habitants du coin aient la convention linguistique suivante : « la porte est ouverte » est vrai si l'un des battants est ouvert et « la porte est fermée » est vrai si l'un des battants est fermé.

Soit p : la porte est ouverte.
Soit q : la porte est fermée.

Supposons maintenant que la porte ait un battant ouvert et l'autre fermé. Les énoncés suivants sont-ils vrais ou faux ?

a) $p \vee q$
b) $p \text{ w } q$

1.1.4 L'implication matérielle

Le connecteur du calcul des énoncés qui pose le plus de difficultés au niveau de son adéquation intuitive à la langue naturelle est celui que l'on nomme l'*implication matérielle* (on dit aussi *conditionnel matériel* ou tout simplement *conditionnel*).

Commençons par examiner sa table de vérité.

p	q	$p \supset q$
V	V	**V**
V	F	**F**
F	V	**V**
F	F	**V**

Cette table exprime que « $p \supset q$ » est faux si et seulement si « p » est vrai et « q » est faux.

On rencontre également les notations « $p \Rightarrow q$ » et « $p \rightarrow q$ ». L'expression « $p \supset q$ » doit se lire « si p, alors q ». Nous reviendrons au prochain chapitre sur les difficultés d'interprétation et de traduction qu'elle pose. Contentons-nous, pour l'instant, de signaler que ces difficultés sont liées au fait que « $\supset$ » est *vérifonctionnel* alors que « si …, alors … » (en français) ne l'est pas toujours (sinon jamais). Nous reviendrons sur cette question au chapitre 2.

Remarquons que « $\supset$ » n'est pas commutatif, c'est-à-dire que « $p \supset q$ » n'a pas la même table de vérité que « $q \supset p$ » (« p » est appelé l'antécédent et « q » le conséquent). Remarquons également que « $p \supset q$ » est vrai si et seulement si « p » est faux ou (inclusif) « q » vrai.

p	q	$p \supset q$	
V	V	**V**	← q vrai
V	F	**F**	
F	V	**V**	← q vrai, p faux
F	F	**V**	← p faux

La propriété la plus intéressante de « $\supset$ » est la suivante. Lorsque « $p \supset q$ » est vrai, il suffit que « p » soit vrai pour que « q » le soit et il est nécessaire que « q » soit vrai si « p » est vrai. Cette propriété nous montre en fait pourquoi on a choisi le symbole « $\supset$ » pour exprimer « si…, alors… ».

Nous dirons que « p » est condition suffisante de « q » et que « q » est condition nécessaire de « p » lorsque « $p \supset q$ » est vrai.

Terminons par un point de vocabulaire. On appelle énoncé *réciproque* de « $p \supset q$ » l'énoncé « $q \supset p$ ».

1.1.5 Le biconditionnel

Ce connecteur ne pose pratiquement pas de difficultés. Voici sa table de vérité :

p	q	$p \equiv q$
V	V	**V**
V	F	**F**
F	V	**F**
F	F	**V**

Ainsi, « $p \equiv q$ » est vrai si et seulement si « p » et « q » ont la même valeur de vérité. Le connecteur « $\equiv$ » doit se lire « si et seulement si ».

Une remarque s'impose. On pourrait, à première vue, objecter que cette définition de « $\equiv$ » est circulaire. Nous utilisons effectivement l'expression « si et seulement si » pour définir la signification d'un symbole qui est justement interprété comme « si et seulement si ». À première vue, on semble utiliser ce que nous sommes en train de définir dans la définition ! Il n'y a en fait rien de circulaire.

Dans un cas, nous faisons *usage* de l'expression pour communiquer une information et, dans l'autre cas, nous *parlons* de l'expression. Nous supposons la compétence linguistique partagée par l'ensemble des locuteurs (ce qui nous permet justement de communiquer) d'un dialecte du français plus ou moins enrichi de mots savants que nous appelons la « langue naturelle ». Cette langue de communication est ce qu'on appelle la *métalangue*. Dans cette langue, nous pouvons parler de mots comme nous pouvons parler de n'importe quoi d'autre. Habituellement, lorsque nous parlons des mots plutôt que des choses, nous utilisons des guillemets (dont nous avons d'ailleurs fait un usage abondant jusqu'ici). On dit alors que nous faisons *mention* de l'expression, et la langue à laquelle appartient l'expression est la *langue-objet. Un mot entre guillemets est donc un nom dans la métalangue du mot de la langue-objet.* Il peut arriver bien sûr que la langue-objet et la métalangue coïncident, en particulier lorsque nous parlons *de* mots de la langue naturelle *dans* la langue naturelle. Voici deux exemples où la même expression apparaît : la première fois, elle est mentionnée ; la seconde fois, elle est utilisée.

(1) « Stendhal » était le pseudonyme de Henri Beyle.

(2) Stendhal est l'auteur de *Promenades dans Rome.*

EXERCICE 8✧

En respectant la convention qui veut que l'on forme le nom d'un mot (ou d'une expression formée de plusieurs mots) dans la métalangue en plaçant ce mot entre guillemets, dites si les énoncés de la langue naturelle suivants sont vrais.

a) « Renaud » est un chanteur populaire.
b) « Renaud » est le nom de scène de Renaud Séchan.
c) Il y a dans « Renaud » six lettres.
d) L'expression « Renaud » commence par des guillemets.
e) L'expression « « Renaud » » commence par des guillemets.
f) « « Renaud » » est un nom de « Renaud ».

EXERCICE 9✧

L'énoncé suivant est-il vrai ?

Bien que « « Aristote » » soit un nom d' « Aristote » et que « Aristote » soit un nom d'Aristote, Aristote n'est le nom de personne.

EXERCICE 10✧

Replacez les guillemets dans les énoncés du texte qui suit, de manière à ce qu'ils soient vrais.

Curieusement, Vénus, Étoile du matin et Étoile du soir désignent un seul et même astre : Vénus. Les anciens ont mis un certain temps à découvrir cette identité. Vénus ayant une orbite infraterrestre, elle ne s'éloigne jamais (visuellement parlant) beaucoup du Soleil. C'est également l'astre le plus brillant après la Lune et le Soleil. Cela explique que pendant quelques mois, elle apparaît aussitôt le Soleil couché, un peu avant les étoiles, c'est l'Étoile du soir. Durant une autre période, elle apparaît un peu avant le lever du soleil pour être la dernière à pâlir dans l'aube naissante, c'est l'Étoile du matin. Étoile du matin et Étoile du soir désignent le même objet, l'Étoile du matin ou l'Étoile du soir ou Vénus. Cela n'empêche pas que si vous vous exclamez par une belle soirée de juin devant la beauté de l'Étoile du matin, l'excuse d'avoir suivi le cours de logique ne sera pas suffisante pour vous épargner d'être ridicule : le soir, on voit l'Étoile du soir que, dans ces circonstances, on ne peut pas appeler Étoile du matin.

L'usage systématique des guillemets étant assez lourd, nous commettrons quelquefois l'abus de langage de les oublier, le contexte permettant de lever l'ambiguïté. En particulier, nous ne mettrons plus les énoncés de la langue-objet entre guillemets.

1.1.6 Les autres connecteurs

Deux autres connecteurs possèdent un certain intérêt. Il s'agit d'abord de l'incompatibilité « | » ou « barre de Sheffer ». C'est le *nand* des informaticiens.

p	q	$p \mid q$
V	V	**F**
V	F	**V**
F	V	**V**
F	F	**V**

L'autre connecteur s'appelle « ni ... ni ». C'est le *nor* des informaticiens. Voici sa table :

p	q	$p \downarrow q$
V	V	**F**
V	F	**F**
F	V	**F**
F	F	**V**

Y a-t-il d'autres connecteurs binaires ? Il est facile de répondre à cette question : il y a autant de connecteurs binaires différents qu'il y a de tables de vérité possibles. Calculons combien il y a de telles tables.

1) D'abord, toutes les tables de connecteurs binaires ont quatre lignes ($2 \times \ldots \times 2$ le nombre de fois qu'il y a d'énoncés élémentaires).

2) Il y a autant de tables de vérité qu'il y a de façons de remplir la troisième colonne, soit $2 \times \ldots \times 2$ le nombre de fois qu'il y a de lignes, puisque chaque ligne peut recevoir la valeur V ou F. Ici $2 \times 2 \times 2 \times 2 = 16$. Il y a donc 16 connecteurs binaires possibles.

EXERCICE 11[*]

a) Combien y a-t-il de connecteurs unaires ? Faites-en toutes les tables de vérité.
b) Nous avons présenté 7 connecteurs binaires et leurs tables. Faites les 9 autres.

EXERCICE 12[*]

Combien y a-t-il de connecteurs ternaires ?

1.2 Tables de vérité d'énoncés complexes

Chacun sait distinguer un énoncé complexe, par exemple $((p \wedge q) \supset (q \supset r))$, d'une suite de symboles sans signification, par exemple $\wedge\ p \supset \vee\ q\ r)))$; cependant, définir ce qu'est un énoncé complexe est une tâche moins aisée. Pour ce faire, décrivons comment se forment les énoncés complexes à partir des énoncés moins complexes. On définit ainsi la classe de tous les énoncés (qui comprend les énoncés atomiques et les énoncés complexes).

La classe des énoncés est la classe qui contient (et ne contient rien d'autre que) :

(i) les énoncés atomiques

(ii) les expressions que l'on peut former à partir d'énoncés atomiques ou déjà formés en appliquant les règles suivantes :

- si A est un énoncé (soit atomique, soit déjà formé), alors $\neg A$ est également un énoncé ;
- si A et B sont des énoncés (soit atomiques, soit déjà formés), alors $(A \supset B)$, $(A \vee B)$, $(A \wedge B)$, $(A \equiv B)$ sont des énoncés.

Prenons, par exemple, l'expression donnée ci-haut, soit $((p \wedge q) \supset (q \supset r))$. Cette expression est un énoncé si et seulement si, en vertu de (ii), les expressions $(p \wedge q)$ et $(q \supset r)$ sont des énoncés. Celles-ci sont à leur tour des énoncés si et seulement si p et q et q et r sont des énoncés, ce qui est le cas en vertu de (i).

Le procédé des tables de vérité peut être étendu aux énoncés plus complexes, c'est-à-dire à ceux qui contiennent plus d'un connecteur. Supposons que nous voulions faire la table de vérité d'un énoncé comme : « S'il pleut ou s'il neige, alors je prends ma voiture ».

Soit : *p* : Il pleut.
q : Il neige.
r : Je prends ma voiture.

La traduction sera : $((p \vee q) \supset r)$.

Comme tous nos connecteurs sont vérifonctionnels, nous pouvons faire la table de vérité de cet énoncé. Cette table possédera $2 \times 2 \times 2 = 8$ lignes.

p	q	r	$(p \vee q) \supset r$
V	V	V	V **V**
V	V	F	V **F**
V	F	V	V **V**
V	F	F	V **F**
F	V	V	V **V**
F	V	F	V **F**
F	F	V	F **V**
F	F	F	F **V**

1ère étape   2e étape

À partir de maintenant, nous utiliserons les lettres *A*, *B*, *C*, etc., pour parler d'un énoncé quelconque, *complexe ou non* ; les lettres *p*, *q*, etc., continueront comme précédemment à désigner exclusivement des énoncés atomiques. Remarquons que *A*, *B*, *C*, etc., sont des variables métalinguistiques, alors que les lettres *p*, *q*, etc., appartiennent à la langue-objet.

Remarque 1 : Nous avons besoin de parenthèses car la plupart des énoncés sont ambigus. Par exemple, $(p \vee (q \supset r))$ n'a pas la même table que $((p \vee q) \supset r)$; c'est pourquoi on ne peut écrire simplement $p \vee q \supset r$. Nous nous permettrons cependant d'omettre les parenthèses extérieures car cela ne crée pas d'ambiguïté.

Remarque 2 : La méthode des tables de vérité permet de faire la table de *n'importe quel énoncé*, aussi complexe soit-il.

La table de vérité d'un énoncé complexe (ou non) est simplement la liste des valeurs de vérité que prend cet énoncé selon les différentes combinaisons de valeurs que prennent les énoncés de base. Chaque combinaison est représentée par une ligne. Nous appellerons *interprétation* ou *monde possible* chacune de ces lignes.

Ces expressions sont justifiées, car l'attribution d'une valeur de vérité à chacun des atomes détermine la valeur de vérité de tous les énoncés constitués à partir de ces atomes. C'est une conséquence immédiate de la thèse de la compositionalité du sens.

EXERCICE 13✧

Faites les tables de vérité des énoncés suivants :

a) $(\neg p \vee q) \wedge (r \supset (p \equiv q))$
b) $((p \supset q) \supset q) \supset p$
c) $(p \supset \neg q) \equiv p$
d) $\neg((p \wedge \neg p) \supset ((q \vee r) \supset (r \supset \neg p)))$
e) $(p \supset q) \equiv q$
f) $(p \equiv p) \equiv p$

EXERCICE 14✧

Pour l'interprétation selon laquelle p est vrai, q est faux et r est faux, dites, en utilisant la méthode des tables de vérité, si les énoncés suivants sont vrais ou faux.

a) $(\neg p \supset q) \vee (r \equiv (p \equiv q))$
b) $(p \vee (q \vee r)) \wedge (r \supset q)$
c) $p \wedge (q \wedge r)$
d) $(p \supset q) \supset (p \supset r)$
e) $p \supset p$
f) $(q \vee r) \supset (r \supset \neg p)$

Avant de poursuivre notre étude systématique du calcul des énoncés, nous allons revenir, avec le chapitre 2, sur les liens entre les connecteurs et la langue naturelle.

NOTE HISTORIQUE

Il est difficile de trancher de manière précise la question de la première utilisation des tables de vérité. Si l'on attache à l'expression « table de vérité » la stricte présentation graphique en tableau, alors l'idée remonte à E. POST, « Introduction to a General Theory of Elementary Propositions », *The American Journal of Mathematics*, vol. 43, pp. 160-185 (1921), et à L. WITTGENSTEIN, *Tractatus logico-philosophicus*, *in Annalen der Naturphilosophie* (1921), traduction anglaise par D. F. Pears et B. F. McGuinness, Londres, Routledge & Kegan Paul, 1961. Si, par contre, on entend simplement par là une description explicite de la façon dont les énoncés complexes prennent une valeur de vérité à partir des valeurs de vérité des énoncés atomiques par une combinatoire spécifique à chaque connecteur, alors l'idée remonte déjà à Philon de Mégare et arrive à Post et Wittgenstein en passant par BOOLE, G., *The Mathematical Analysis of Logic*, Macmillan, 1847, PEIRCE, Ch. S., *Collected Papers*, vol. 3, Cambridge (Mass.), Harvard University Press, 1931-1958, et FREGE, G., *Begriffsschrift : eine der arithmetischen nachgebildete Formelsprache des reinen Denkens*, Halle, 1879 ; repris dans VAN HEIJENOORT, J., *From Frege to Gödel : A Source Book in Mathematical Logic, 1879-1931*, Cambridge (Mass.), Harvard University Press, 1967.

Solutions des exercices du chapitre 1

EXERCICE 1

(i) Seuls (a), (c) et (d) sont des énoncés.

(ii) Seul (c) est atomique.

EXERCICE 2

a) « Va-t'en » est un ordre et n'est donc pas un énoncé au sens présenté à la page 7. Par contre, « Tu me tapes sur les nerfs » est une affirmation qui est vraie ou fausse, donc est un énoncé. Le tout n'est pas un énoncé car la partie affirmative, bien que grammaticalement indépendante, peut être interprétée comme exprimant une cause de l'ordre. Le tout est ainsi un ordre accompagné d'une explication.

b) Littéralement parlant, c'est un énoncé. Cependant, il semble assez difficile de donner un sens à cette suite de mots.

c) Oui et cet énoncé est vrai si la personne est sincère.

EXERCICE 3

a) Non, car il s'agit d'un ordre.

b) Oui.

c) On peut le lire de deux façons : soit comme une déclaration, et cette déclaration n'est ni vraie ni fausse ; soit comme un énoncé affirmatif automatiquement vrai : si je déclare l'indépendance du Québec, il est vrai que je déclare l'indépendance du Québec ! Tout comme si je dis « je parle », alors « je parle » est vrai.

EXERCICE 4

a) Il s'agit d'un cas indécidable, une porte ne pouvant être ouverte *et* fermée à la fois.

b) Le(s) « ou » est (sont) perçu(s) par la majorité des locuteurs comme exclusif(s) ; c'est souvent le cas quand la conjonction (au sens grammatical) est exprimée par deux « ou ».

c) Le « ou » est inclusif.

d) Il s'agit d'un cas où on ne peut se prononcer, car un « ou » ne peut être à la fois inclusif et exclusif. En ce qui concerne le « ou » entre guillemets, nous verrons bientôt que ce n'est qu'un mot.

e) Là encore, on ne peut trancher : aucun nombre a ne peut être *à la fois* plus petit et égal à un nombre b.

EXERCICE 5

a) Deux réponses sont possibles. Si nous imaginons un monde où vous pourriez être à la fois pour et contre moi, il semble que l'énoncé soit faux. Dans ce cas, le « ou » est exclusif. D'autre part, on peut soutenir que d'être contre moi exclut logiquement la possibilité d'être avec moi. Dans un tel cas, il n'est pas possible de déterminer si le « ou » est inclusif ou exclusif.

b) Dans les contextes habituels, ce « ou » est visiblement exclusif.

c) Dans les contextes habituels, il est interdit de fumer, de manger, ou de fumer et de manger. Le « ou » est inclusif.

EXERCICE 7

p et q sont tous deux vrais. Donc, $p \vee q$ est vrai et p w q est faux.

EXERCICE 8

a) Non, un nom ne chante pas.
b) Oui.
c) Oui.
d) Non, elle commence par un « R ».
e) Oui.
f) Oui, c'est le nom d'un nom.

EXERCICE 9

Oui.

EXERCICE 10

Curieusement, « Vénus », « Étoile du matin » et « Étoile du soir » désignent un seul et même astre : Vénus. Les anciens ont mis un certain temps à découvrir cette identité. Vénus ayant une orbite infraterrestre, elle ne s'éloigne jamais (visuellement parlant) beaucoup du Soleil. C'est également l'astre le plus brillant après la Lune et le Soleil. Cela explique

que pendant quelques mois, elle apparaît aussitôt le Soleil couché, un peu avant les étoiles, c'est l'Étoile du soir. Durant une autre période, elle apparaît un peu avant le lever du soleil pour être la dernière à pâlir dans l'aube naissante, c'est l'Étoile du matin. « Étoile du matin » et « Étoile du soir » désignent le même objet, l'Étoile du matin ou l'Étoile du soir ou Vénus. Cela n'empêche pas que si vous vous exclamez par une belle soirée de juin devant la beauté de l'Étoile du matin, l'excuse d'avoir suivi le cours de logique ne sera pas suffisante pour vous épargner d'être ridicule : le soir, on voit l'Étoile du soir que, dans ces circonstances, on ne peut pas appeler « Étoile du matin ».

EXERCICE 11

a) Il y a quatre tables de connecteurs unaires. Appelons ces connecteurs « $*_1$ », « $*_2$ », « $*_3$ » et « $*_4$ ».

p	$*_1p$	$*_2p$	$*_3p$	$*_4p$
V	V	V	F	F
F	V	F	V	F

« $*_3$ » est bien connu, c'est « $\neg$ ». Que dire des autres ? « $*_2$ » est l'identité et est inutile. On pourrait l'exprimer en langue naturelle par « Il est vrai que … ». En effet, « Il pleut » et « Il est vrai qu'il pleut » ont la même valeur de vérité : le vrai, s'il pleut, et le faux sinon.

« $*_1$ » donne toujours le vrai et « $*_4$ » toujours le faux, c'est-à-dire des valeurs qui ne dépendent pas de celle de *p*. Ce sont des cas dégénérés de vérifonctionnalité. Il ne semble pas y avoir d'équivalents dans les langues naturelles, sauf peut-être l'expression « Que *p* ou non » pour le premier.

b) Les neuf autres connecteurs binaires ont les tables suivantes :

p	q	$p *1\ q$	$p *2\ q$	$p *3\ q$	$p *4\ q$	$p *5\ q$	$p *6\ q$	$p *7\ q$	$p *8\ q$	$p *9\ q$
V	V	V	V	F	V	V	F	F	F	F
V	F	V	V	F	V	F	F	V	F	V
F	V	V	F	F	F	V	V	F	V	F
F	F	V	V	F	F	F	V	V	F	F

« $*_1$ » et « $*_3$ » sont des connecteurs dégénérés : bien que l'on puisse les considérer comme vérifonctionnels, ils ne sont pas intéressants car ils donnent toujours la même valeur.

« $p *_2 q$ » correspond à « $q \supset p$ » (ou, si l'on préfère, à la réciproque de « $p \supset q$ »).

« $*_8$ » et « $*_9$ » sont les négations de « $*_2$ » et « $\supset$ ».

« $*_4$ » et « $*_5$ » donnent à l'expression complexe la valeur de « p » dans le premier cas et de « q » dans le second.

Enfin, « $*_6$ » et « $*_7$ » sont la négation de « $*_4$ » et « $*_5$ », c'est-à-dire qu'ils donnent comme valeur « $\neg p$ » et « $\neg q$ ».

Exercice 12

Il y a $2^8 = 256$ connecteurs ternaires.

Exercice 13

a)

p	q	r	$(\neg p \vee q) \wedge (r \supset (p \equiv q))$
V	V	V	F V **V** V V
V	V	F	F V **V** V V
V	F	V	F F **F** F F
V	F	F	F F **F** V F
F	V	V	V V **F** F F
F	V	F	V V **V** V F
F	F	V	V V **V** V V
F	F	F	V V **V** V V

b)

p	q	$((p \supset q) \supset q) \supset p$
V	V	V V **V**
V	F	F V **V**
F	V	V V **F**
F	F	V F **V**

c)

p	q	$(p \supset \neg q) \equiv p$
V	V	F F **F**
V	F	V V **V**
F	V	V F **F**
F	F	V V **F**

d)

p	q	r	$\neg((p \wedge \neg p) \supset ((q \vee r) \supset (r \supset \neg p)))$
V	V	V	**F** F V V F F F
V	V	F	**F** F V V V V F
V	F	V	**F** F V V F F F
V	F	F	**F** F V F V V F
F	V	V	**F** F V V V V V
F	V	F	**F** F V V V V V
F	F	V	**F** F V V V V V
F	F	F	**F** F V F V V V

e)

p	q	$(p \supset q) \equiv q$
V	V	V **V**
V	F	F **V**
F	V	V **V**
F	F	V **F**

f)

p	$(p \equiv p) \equiv p$
V	V **V**
F	V **F**

EXERCICE 14

a)

p	q	r	$(\neg p \supset q) \vee (r \equiv (p \equiv q))$
V	V	V	F V **V** V V
V	V	F	F V **V** F V
V	F	V	F V **V** F F
V	F	F	F V **V** V F
F	V	V	V V **V** F F
F	V	F	V V **V** V F
F	F	V	V F **V** V V
F	F	F	V F **F** F V

L'énoncé est vrai.

b)

p	q	r	$(p \vee (q \vee r)) \wedge (r \supset q)$
V	V	V	V V **V** V
V	V	F	V V **V** V
V	F	V	V V **F** F
V	F	F	V F **V** V
F	V	V	V V **V** V
F	V	F	V V **V** V
F	F	V	V V **F** F
F	F	F	F F **F** V

L'énoncé est vrai.

c)

p	q	r	$p \wedge (q \wedge r)$
V	V	V	**V** V
V	V	F	**F** F
V	F	V	**F** F
V	F	F	**F** F
F	V	V	**F** V
F	V	F	**F** F
F	F	V	**F** F
F	F	F	**F** F

L'énoncé est faux.

d)

p	q	r	$(p \supset q) \supset (p \supset r)$
V	V	V	V **V** V
V	V	F	V **F** F
V	F	V	F **V** V
V	F	F	F **V** F
F	V	V	V **V** V
F	V	F	V **V** V
F	F	V	V **V** V
F	F	F	V **V** V

L'énoncé est vrai.

e)

p	$p \supset p$
V	**V**
F	**V**

L'énoncé est vrai.

f)

p	q	r	$(q \vee r) \supset (r \supset \neg p)$
V	V	V	V **F** F F
V	V	F	V **V** V F
V	F	V	V **F** F F
V	F	F	F **V** V F
F	V	V	V **V** V V
F	V	F	V **V** V V
F	F	V	V **V** V V
F	F	F	F **V** V V

L'énoncé est vrai.

CHAPITRE II

Connecteurs logiques et langue naturelle

2.0 Introduction

Lors de notre exposé sur les connecteurs logiques, nous avons noté certaines difficultés d'interprétation et d'adéquation aux langues naturelles. Il convient de se pencher plus longuement sur cette question.

Ce sont nos deux thèses – bivalence et vérifonctionnalité – qui sont à l'origine de notre problème. La seconde, en particulier, a pour conséquence que le calcul des énoncés n'utilise que des connecteurs vérifonctionnels, ce qui signifie que la valeur de vérité d'un énoncé complexe n'est fonction que de la valeur de vérité des énoncés qui le composent. Or, il est douteux qu'il existe dans la langue naturelle de tels connecteurs à l'état pur.

Prenons l'exemple suivant : Si les forces armées européennes étaient intégrées, leur rôle deviendrait alors beaucoup plus important qu'il ne l'est à l'heure actuelle. L'analyse du « si… alors… » proposé au chapitre précédent nous conduirait à traduire cet énoncé par « $p \supset q$ » avec

> p : Les forces armées européennes sont intégrées.
> q : Le rôle des forces armées européennes deviendra probablement plus important qu'il ne l'était.

Si cette traduction était correcte, il suffirait, par exemple, que p soit faux, c'est-à-dire que les forces armées européennes ne soient pas intégrées, pour que l'énoncé complet soit vrai.

Est-ce à dire que la logique, telle que nous la présentons, est une discipline inutile, les règles qu'elle décrit ne valant que dans les cours de logique ; étant incapable d'expliquer la richesse de la langue naturelle, elle n'en proposerait qu'une caricature ?

Cette question mérite d'être posée d'un autre point de vue. Les connecteurs logiques sont des *constructions conceptuelles* qui se sont révélées fort efficaces pour préciser et décrire ce qu'est un raisonnement valide. Ce sont des constructions utiles pour comprendre comment nous exprimons les raisonnements valides dans la langue naturelle. Essayons de voir de quelle façon à l'aide d'un exemple. Le calcul propositionnel considère le « mais » comme une conjonction. Soit l'énoncé suivant :

E_0 : Pierre est gentil *mais* très stupide.

L'analyse qui vient naturellement à l'esprit sera :

p : Pierre est gentil.
q : Pierre est très stupide.

La traduction de E_0 que le calcul des énoncés proposerait serait alors $p \wedge q$.

Mais cet énoncé est également la traduction des énoncés suivants :

E_1 : Pierre est gentil *et* très stupide.
E_2 : Pierre est gentil *quoique* très stupide.
E_3 : Pierre est gentil *bien que* très stupide.

On pourrait en trouver d'autres. En quoi la conjonction « $\wedge$ » peut-elle prétendre traduire des connecteurs de la langue naturelle ayant des sens aussi différents ? Comment peut-on proposer une telle réduction de sens ? Une partie de la réponse est la suivante. Vérifions d'abord que, intuitivement, chacun des énoncés de la langue naturelle dont il est question est faux si p est faux ou si q est faux. Par exemple, si l'énoncé « Pierre est très stupide » est faux, l'énoncé « Pierre est gentil mais très stupide » est faux. La même conclusion s'impose si l'énoncé « Pierre est gentil » est faux. Or, si nous regardons la table de vérité de « $\wedge$ », nous pouvons constater que c'est le cas.

p	q	$p \wedge q$
V	V	**V**
V	F	**F**
F	V	**F**
F	F	**F**

En d'autres termes, chacun de ces énoncés de la langue naturelle est faux si Pierre n'est pas gentil ou s'il n'est pas très stupide. Le connecteur « $\wedge$ » représente donc *adéquatement* chacun des connecteurs « et », « mais », « quoique », « bien que » pour au moins les lignes 2, 3 et 4. Reste à considérer la ligne 1. Remarquons que si l'un des énoncés E_0, E_1, etc., est vrai, alors p et q sont vrais. Par exemple, si l'énoncé « Pierre est gentil bien que très stupide » est vrai, alors les énoncés « Pierre est gentil » et « Pierre est très stupide » le sont aussi.

L'adéquation de « $\wedge$ » semble donc confirmée.

Le malaise que nous ressentons vient du fait que nous avons le sentiment – tout à fait justifié – de ne pas avoir épuisé le sens de « Pierre est gentil bien que très stupide » en décrivant sa valeur de vérité en fonction des valeurs de vérité de « Pierre est gentil » et de « Pierre est très stupide ». Les expressions « mais » et « bien que » jouent un rôle fonctionnel bien plus raffiné que ce qui est exprimé par la table de « $\wedge$ ».

Une première conclusion s'impose :

(1) *Les connecteurs de la langue naturelle « et », « mais », « bien que » et « quoique » ne sont pas exclusivement vérifonctionnels.*

Cette conclusion est négative et est à verser au profit de l'accusation dans le procès de l'inutilité du calcul des énoncés. Nous pouvons pourtant tirer une conclusion positive (qui s'impose cependant avec moins de force) :

(2) *Les connecteurs « et », « mais », « bien que » et « quoique » sont adéquatement traduits par « $\wedge$ » dans l'exacte mesure où nous nous intéressons au caractère vérifonctionnel des connecteurs naturels.*

Cette prise de position suppose qu'il y a un intérêt théorique à considérer de façon indépendante le caractère vérifonctionnel des connecteurs. C'est là une thèse *méthodologique* très forte qui, dans notre cas particulier, se traduirait par :

> Les connecteurs naturels « et », « mais », « quoique » et « bien que » sont le « $\wedge$ » du calcul des énoncés *plus un je ne sais quoi qui ne relève pas de la vérifonctionnalité.*

Pratiquement, cela signifie que l'étude de la logique vérifonctionnelle est intéressante, utile et constitue un champ conceptuel séparable et autonome, bien que ce champ soit limité. C'est, répétons-le, un postulat méthodologique car une telle thèse ne peut être ni infirmée, ni confirmée. L'histoire récente de la logique (en gros, les cent vingt dernières années) a cependant montré l'utilité du calcul des énoncés.

Des remarques similaires s'appliquent également au « et » de la langue naturelle, dont nous avons remarqué au chapitre 1 qu'il signifiait souvent « et ensuite ». Il semble dans ce cas que le « et » soit vérifonctionnel mais que le « ensuite » ne le soit pas.

Nous allons maintenant aborder les questions de traduction en adoptant, pour les besoins de la cause, le postulat méthodologique de la vérifonctionnalité. Cela signifie que nous devons faire abstraction de tous les aspects non vérifonctionnels. Nous allons voir que cela n'est pas toujours facile.

2.1 La traduction en langue naturelle et sa réciproque

2.1.1 Le problème de la négation

Former un énoncé qui soit la négation d'un autre énoncé en langue naturelle n'est pas toujours une opération simple. La notion de négation que nous avons adoptée et qui est entièrement définie par la table de vérité de « $\neg$ » n'a pas de formulation universelle dans la langue naturelle. Le test que nous allons utiliser pour déterminer si un énoncé E_2 est bien la négation d'un énoncé E_1 est le test suivant qui, bien entendu, s'inspire directement de la table de vérité de « $\neg$ ».

Première étape : imaginons un monde où E_1 est vrai ; s'ensuit-il que dans ce monde E_2 soit faux ? (C'est le test pour la première ligne de la table.)

Deuxième étape : imaginons un monde où E_1 est faux ; s'ensuit-il que E_2 soit vrai ? (C'est le test pour la seconde et dernière ligne de la table.)

E_1 et E_2 peuvent être considérés comme la négation l'un de l'autre si, et seulement si, la réponse à ces deux questions est « oui », car, en vertu du postulat de bivalence, ces deux possibilités sont les seules.

Il est toujours possible, pour former la négation de p, d'utiliser la formule « Il n'est pas le cas que », mais elle ne s'emploie guère dans la langue naturelle pour exprimer la négation (sauf dans les cours de logique). Personne ne dit : « Il n'est pas le cas qu'il neige » ; on dit plutôt : « Il ne neige pas » ou encore, plus familièrement : « Il neige pas ».

Il est assez curieux, d'un point de vue purement logique, que la négation, le seul connecteur unaire, s'exprime par deux mots (« ne ... pas ») dans la langue naturelle. Il y a même des énoncés où le « ne » apparaît seul mais n'est pas une négation. « Je crains qu'il ne pleuve » a le même sens que « Je crains qu'il pleuve ». Par contre, les « ne » de l'exemple suivant sont de vraies négations : « Je ne peux ni ne veux t'aider ». Quelquefois, surtout en langue parlée courante, c'est le « ne » qui saute : « Touche pas à mon pote ».

Le problème se complique encore plus lorsqu'un énoncé comprend des termes universaux ou des termes de quantité. Tout le monde connaît l'histoire de l'orateur qui, ayant affirmé que la moitié des auditeurs étaient des imbéciles, s'excuse en déclarant : « Mes paroles ont dépassé ma pensée : la moitié des gens dans cette salle ne sont pas des imbéciles ».

Les exercices suivants n'ont pour but d'enseigner ni le français ni la logique, mais de faire réfléchir sur notre propre compétence linguistique : nous maîtrisons quelquefois des concepts et des règles qu'il nous est difficile de décrire explicitement.

EXERCICE 1 ✧

En utilisant le test qui vient d'être donné, trouvez, pour chacun des énoncés suivants, un énoncé de la langue naturelle qui en soit la négation.

a) Tout ce qui brille n'est pas or.
b) Tous les chemins mènent à Rome.
c) Certains Québécois ont au moins deux voitures.
d) Cette salle est à moitié vide.
e) Au moins 80% des Français savent lire.

EXERCICE 2 ✧

Dites si les énoncés suivants sont la négation l'un de l'autre. En cas de réponse négative, décrivez une situation qui ne passe pas le test.

a) (1) Tous les chemins mènent à Rome.
(2) Il y a des chemins qui mènent ailleurs qu'à Rome.

b) (1) Jacques Chirac a été un plus grand homme politique que François Mittérand.
(2) François Mittérand a été un plus grand homme politique que Jacques Chirac.

c) (1) Il y a des avions qui n'arrivent pas à l'heure.
(2) Il y a des avions qui arrivent à l'heure.

d) (1) Les Allemands parlent tous au moins deux langues.
(2) Certains Allemands parlent moins de deux langues.

e) (1) Au moins 10 % des Québécois sont des imbéciles.
(2) Plus de 90% des Québécois ne sont pas des imbéciles.

f) (1) Je n'ai rien lu qui m'intéressait qui ne fût intelligent.
(2) Au moins une des choses que j'ai lues et qui m'ont intéressé n'était pas intelligente.

EXERCICE 3 ✧

Pour chacun des énoncés suivants, trouvez un énoncé qui en soit la négation.

a) Je ne le ferai plus jamais.
b) Toute vérité n'est pas bonne à dire.
c) Certains étudiants ne travaillent pas suffisamment.

d) Certains hommes n'aiment pas les femmes.
e) Au moins 10% des Québécois ont au moins deux voitures.

EXERCICE 4✧

Pour chacun des énoncés suivants trouvez un énoncé qui en soit la négation.

a) Le mot « toujours » prend toujours un « s ».
b) J'aurais mieux fait de me taire.
c) La majorité des Suisses a voté oui au référendum sur les minarets.
d) Ce que j'ai fait, aucune bête ne l'aurait fait.
e) Pas plus de 65% des Québécois vont voter non ou vont s'abstenir.
f) Dans chaque école, il y a un étudiant qui connaît tous les étudiants.

EXERCICE 5✧

Les deux énoncées suivants sont-ils la négation l'un de l'autre ? (On considérera que « faux » est synonyme de « non vrai ».)

a) Le témoignage de l'accusé est à moitié vrai.
b) Le témoignage de l'accusé n'est pas à moitié faux.

2.1.2 Négation, conjonction, disjonction

Indépendamment des problèmes relatifs à l'expression de la négation dans la langue naturelle, les diverses combinaisons de négations, conjonctions et disjonctions peuvent créer certaines difficultés, d'autant que la langue naturelle a horreur de la répétition.

EXERCICE 6✧

Soit les deux énoncés suivants :

p : Pierre aime Marie.
q : Marie aime Pierre.

Trouvez un énoncé de la langue naturelle qui traduise le plus clairement possible les énoncés symboliques suivants :

a) $p \wedge q$
b) $p \vee q$
c) $\neg p \vee \neg q$
d) $\neg p \wedge \neg q$
e) $\neg(p \wedge q)$

f) $(\neg p \vee \neg q) \wedge \neg(p \wedge q)$
g) $\neg\neg p$

EXERCICE 7*

En conservant les valeurs de p et de q de l'exercice précédent, traduisez les énoncés suivants en énoncés symboliques :

a) Pierre et Marie s'aiment.
b) Pierre et Marie ne s'aiment ni l'un ni l'autre.
c) Pierre aime Marie, mais ce n'est pas réciproque.
d) Il est faux que Pierre aime Marie et que ce ne soit pas réciproque.
e) Marie est aimée de Pierre, mais il est faux qu'ils s'aiment tous les deux.
f) Il est faux que Pierre soit aimé de Marie et Marie de Pierre.
g) Pierre n'est pas aimé de Marie ou il ne l'aime pas.
h) Pierre aime Marie quoique Marie n'aime pas Pierre.

2.1.3 Implication et équivalence

La forme la plus simple en langue naturelle pour exprimer l'implication matérielle est le « si ..., alors ... ». Le problème des formes logiques des énoncés de la langue naturelle qui affirment qu'un état de choses exprimé par un énoncé q dépend de la réalisation d'un état de choses exprimé par un énoncé p est loin d'être résolu. Il est en effet insoutenable que l'implication matérielle soit une traduction adéquate de ce que nous voulons exprimer lorsque nous utilisons « si ..., alors ... ».

Par exemple, l'énoncé : « Si un corps est en mouvement rectiligne et qu'aucune force ne lui est appliquée, alors il conserve son mouvement rectiligne uniforme » est banalement vrai parce qu'aucun corps n'a probablement jamais été dans un état de mouvement rectiligne uniforme et soustrait à toute force. Prenons un exemple encore plus extravagant. Supposons que quelqu'un affirme sérieusement : « Si la lune est en fromage, alors Paris est en Angleterre ». Puisque l'antécédent est faux, l'énoncé est vrai. Cette interprétation est visiblement insatisfaisante.

Le problème qui se pose peut être considéré sous deux aspects.

Le premier repose encore une fois sur l'adoption des postulats de bivalence et de compositionalité. Matériellement, cela revient à résoudre le problème suivant : remplir la troisième colonne de V et de F de la table suivante de sorte que $p \supset q$ soit le plus près possible de « si p... alors q ».

p	q	$p \supset q$
V	V	
V	F	
F	V	
F	F	

Le second aspect est de savoir si le résultat obtenu est minimalement acceptable et utile.

Commençons par le premier aspect. Le point le plus vite réglé est celui de la seconde ligne qui reçoit un F : aucun conditionnel quel qu'il soit n'a jamais été perçu comme vrai alors que l'antécédent est vrai et le conséquent faux. En fait, c'est là la propriété fondamentale de tout conditionnel et probablement la seule qui ne suscite pas de discussion.

Examinons maintenant les autres lignes. Prenons la première. Nous n'avons certainement pas envie de mettre un F sur cette ligne, ne serait-ce que parce que l'on trouve facilement des exemples où il est évident que l'on doit mettre un V. Supposons, par exemple, que ma voiture soit bleue et qu'elle soit stationnée devant ma maison. L'énoncé « Si c'est ma voiture qui est stationnée devant ma maison, alors elle est bleue » est de toute évidence vrai.

Le malaise vient du fait que nous ne tenons pas en général pour vrai un énoncé de la forme « si *p*… alors *q* » sur la simple constatation que les deux atomes sont vrais. « Si *p*… alors *q* » semble exprimer une relation beaucoup plus complexe qui n'est pas capturée par une table vérifonctionnelle. Cela tient au fait que les énoncés conditionnels sont utilisés dans la langue naturelle pour transmettre de l'information, et une partie de cette information est que, si l'antécédent du conditionnel est vrai, cela a pour conséquence que le conséquent est vrai. Cette relation n'est pas vérifonctionnelle.

Le cas des deux autres lignes est encore pire. Un conditionnel matériel est vrai lorsque l'antécédent est faux. Or, il n'est jamais pertinent dans un échange d'informations d'affirmer qu'un conditionnel est vrai sur la base du fait que l'antécédent est faux. Cela est même exclu par les règles conversationnelles comme l'indique l'exemple suivant : supposons que j'aie en poche un ticket de loterie et que je vienne d'apprendre par la radio que ce ticket n'est pas gagnant. Supposons de plus que vous ne sachiez pas que je sais que le ticket n'est pas gagnant. L'affirmation « Si ce ticket est gagnant, je vous donne la moitié du gain » est vraie d'un point de vue vérifonctionnel.

Comme le remarque Quine dans *Méthodes de Logique*, l'affirmation d'un conditionnel est plutôt l'affirmation du conséquent, conditionnelle à ce que l'antécédent soit vrai. Encore une fois, cela nous fait sortir du cadre de la vérifonctionnalité et une telle position nous amènerait à laisser en blanc les troisième et quatrième lignes. Mais nos hypothèses de bivalence et de vérifonctionnalité nous obligent à mettre soit V, soit F. L'exemple suivant nous montre que l'on ne peut pas mettre F sur les première, troisième et quatrième lignes.

Supposons que je vous demande d'écrire un nombre entier compris entre – 10 et 10 sur un bout de papier que vous glissez dans votre poche. Appelons ce nombre que je ne connais pas a. Considérons maintenant l'énoncé «Si a est égal à 2, alors a^2 est égal à 4. Cet énoncé est vrai car, pour être faux, il faudrait que vous ayez écrit 2 et que 2^2 soit différent de 4. Donc le monde actuel n'est pas la deuxième ligne. Le monde actuel est représenté par l'une des trois autres lignes :

Première ligne : $a = 2$ et $a^2 = 4$
Troisième ligne : $a = -2$ et $a^2 = 4$
Quatrième ligne : $a \neq 2$ et $a \neq -2$ et $a^2 \neq 4$

En résumé, les thèses de bivalence et de vérifonctionnalité, bien que nous fournissant une image bien pauvre de l'usage du conditionnel, nous obligent à mettre des V sur toutes les lignes, sauf la deuxième.

Rappelons que dans une expression de la forme $p \supset q$, p est dit condition suffisante de q et q condition nécessaire de p. Une condition suffisante est donc annoncée par « si ». Il faut cependant faire très attention à la présence d'autres mots qui modifient complètement cette « règle ». En particulier, les expressions « seulement si », « que si » de même que l'expression « uniquement si » annoncent une *condition nécessaire*. Par exemple : « Un arbre mesure plus de 3 mètres seulement s'il mesure plus de 2 mètres ».

« p seulement si q » se traduit donc par « $p \supset q$ ».

EXERCICE 8*

Traduisez les énoncés suivants dans le langage symbolique du calcul des propositions. Dites s'ils sont vrais ou faux (selon ce qui est communément admis) et indiquez, si cela est possible, à quelle ligne de la table correspond le monde actuel.

a) Si les traductions proposées par le professeur sont adéquates, alors elles sont acceptées par les étudiants.
b) Les traductions proposées par le professeur ne sont acceptées par les étudiants que si elles sont adéquates.
c) Le cours se déroule seulement si le professeur est arrivé.
d) Pour que les souris soient des oiseaux, il faut qu'elles aient des ailes.

e) Pour que les étudiants réussissent, il faut qu'ils étudient.
f) Pour que Pierre réussisse le cours de logique, il ne suffit pas qu'il assiste au cours.
g) Pour que l'accusé soit innocent, il n'est pas nécessaire qu'il ait un alibi.
h) Si l'accusé est coupable, il n'a nécessairement pas d'alibi.
i) À moins que Dieu n'existe, il n'y a pas d'être supérieur à l'homme.
j) L'accusé sera condamné, à moins que l'on ne capture le vrai coupable.
k) 1 + 1 = 4 si et seulement si 1 = 2.
l) Ce quadrilatère est un carré seulement si c'est un losange.

EXERCICE 9✧

Traduisez les énoncés suivants en langage du calcul des énoncés.

a) Il est nécessaire que Pierre travaille pour qu'il réussisse.
b) Pour que Pierre devienne riche et célèbre il suffit soit qu'il travaille très fort, soit que son père soit très riche.
c) Marie aime le cours de logique, mais ce n'est pas le cas de Pierre.
d) À moins que la Suède ne perde le prochain match et que les Américains ne soient battus par les Tchèques, l'équipe canadienne n'a aucune chance de remporter la coupe.
e) Si je prends mon parapluie, il ne pleuvra pas à moins que je ne me trompe complètement.
f) Tu iras au match si tu as fini tes devoirs.
g) Tu n'iras au match que si tu as fini tes devoirs.
h) Tu n'iras pas au match à moins que tu aies fini tes devoirs.

EXERCICE 10✧

Niez chacun des énoncés de l'exercice 9.

EXERCICE 11✧

Soit les trois énoncés suivants :

p : Les poules ont des dents.
q : Les poules sont des mammifères.
r : Les mammifères sans dents sont ovipares.

Trouvez un énoncé dans la langue naturelle qui traduise le plus adéquatement possible les énoncés symboliques suivants :

a) $(\neg p \wedge q) \supset r$
b) $(p \vee r) \supset q$

c) $(\neg p \wedge \neg q) \wedge r$
d) $r \supset ((p \vee q) \wedge \neg(p \wedge q))$

EXERCICE 12*

Traduisez les énoncés suivants dans le langage du calcul des énoncés.

a) Il est nécessaire que tu te calmes si tu veux que l'on t'écoute.
b) Pour que Parizeau devienne président de la République du Québec, il faut et il suffit que le oui l'emporte et que Lucien Bouchard se retire de la politique.
c) J'irai au party seulement si Sylvie ou Johanne y vont.
d) Neige en novembre, Noël en décembre.
e) Si Pierre a obtenu 4,2 de moyenne au bac sans tricher, moi je peux aller en France à la nage !

EXERCICE 13*

Niez chacun des énoncés de l'exercice 12.

EXERCICE 14*

(i) Traduisez les énoncés suivants dans le langage symbolique du calcul des énoncés.

(ii) Niez chacun des énoncés et traduisez cette négation.

(iii) Finalement, faites la table de vérité des deux énoncés ainsi obtenus et vérifiez que l'un est vrai quand l'autre est faux et *vice versa.*

a) Le monde n'a ni commencement ni fin.
b) Bien que l'ornithorynque soit un mammifère, il pond des œufs.
c) Si le règlement est très strict mais est le même pour tout le monde, alors les étudiants ont tort de le contester.
d) Qu'il pleuve ou non, je prends mon parapluie.
e) Si l'oisiveté est mère de tous les vices et que la luxure ne peut naître de l'oisiveté, alors la luxure n'est pas un vice.

EXERCICE 15*

Riri, Fifi et Loulou discutent entre eux (ceux qui disent la vérité disent toujours la vérité).

Riri dit : « Les deux seuls qui disent la vérité sont Loulou et moi-même ».
Fifi dit : « Loulou ment ».
Loulou dit : « Si Riri dit la vérité, alors Fifi dit la vérité ».

Soit r : ce que dit Riri
f : ce que dit Fifi
l : ce que dit Loulou

a) En utilisant les connecteurs propositionnels, exprimez ce que dit chacun.
b) Montrez que r ne peut être vrai.
c) Que pouvez-vous en conclure ? Qui ment et qui dit la vérité ?

Solutions des exercices du chapitre 2

EXERCICE 1

a) Tout ce qui brille est or.

Il vaut la peine de décrire explicitement comment le test s'applique dans cet exemple.

1) Imaginons un monde où tout ce qui brille n'est pas or. Dans ce monde, au moins un objet brillant n'est pas en or. Donc l'énoncé « Tout ce qui brille est or » est faux.

2) Imaginons un monde où il n'est pas le cas que tout ce qui brille n'est pas or. Dans ce monde, si un objet est brillant, il est en or. Donc tout ce qui brille est or.

Remarquons que le test n'est d'aucune utilité pour formuler des hypothèses de réponses, il ne permet que de les sanctionner.

Supposons que quelqu'un suggère comme réponse à l'exercice « Rien de ce qui brille n'est or ». Cette suggestion ne passe pas l'étape (1) du test. En effet, on peut imaginer un monde où les deux énoncés « Tout ce qui brille n'est pas or » et « Rien de ce qui brille n'est or » sont simultanément vrais. Par exemple, un monde où tout ce qui est en bois, et rien que cela, brille.

b) Il y a des chemins qui ne mènent pas à Rome.
c) Aucun Québécois n'a plus d'une voiture.
d) Cette salle n'est pas à moitié vide.
e) Moins de 80% des Français savent lire.

EXERCICE 2

a) Non. Imaginez que tous les chemins ne mènent nulle part ou encore que tous les chemins mènent à Rome et à Paris. Dans le premier cas les deux sont faux, dans le second les deux sont vrais.

b) Non. Imaginez qu'ils aient été d'égale valeur ; dans ce cas les deux énoncés sont faux.

c) Non. Imaginez que la moitié des avions arrivent à l'heure et l'autre non ; dans ce cas les deux sont vrais.

d) Oui.

e) Oui.

f) Oui.

EXERCICE 3

a) Je le ferai encore.

b) Toute vérité est bonne à dire.

c) Tous les étudiants travaillent suffisamment.

d) Tous les hommes aiment les femmes.

e) Moins de 10% des Québécois ont au moins deux voitures.

EXERCICE 4

a) Parfois le mot « toujours » ne prend pas de « s ».

b) Je n'aurais pas mieux fait de me taire.

c) La minorité (ou la moitié) des Suisses a voté oui au référendum sur les minarets.

d) Ce que j'ai fait, certaines bêtes l'auraient fait.

e) Plus de 65% des Québécois vont voter non ou vont s'abstenir.

f) Il existe des écoles où aucun étudiant ne connaît tous les étudiants.

EXERCICE 5

Non, les deux énoncés sont synonymes.

EXERCICE 6

a) Pierre et Marie s'aiment.

b) Ou Pierre aime Marie, ou Marie aime Pierre, ou alors ils s'aiment tous les deux.

c) Pierre n'aime pas Marie, ou Marie n'aime pas Pierre, ou ils ne s'aiment ni l'un ni l'autre.

d) Pierre et Marie ne s'aiment pas. (Remarquez que « Pierre et Marie s'aiment » ne semble pas être la négation de « Pierre et Marie ne s'aiment pas ».)

e) Il est faux que Pierre et Marie s'aiment l'un l'autre.

f) Pierre n'aime pas Marie ou Marie n'aime pas Pierre, en tout cas ils ne s'aiment pas l'un l'autre.

g) Il n'est pas vrai que Pierre n'aime pas Marie.

EXERCICE 7

a) $p \wedge q$

b) $\neg p \wedge \neg q$

c) $p \wedge \neg q$

d) $\neg(p \wedge \neg q)$

e) (On pourrait également utiliser le même énoncé pour signifier $p \wedge \neg\neg q$.)

f) $p \wedge \neg(p \wedge q)$

g) $\neg(q \wedge p)$

h) $\neg q \vee \neg p$

i) $p \wedge \neg q$

EXERCICE 8

a) Si les traductions proposées par le professeur sont adéquates, alors elles sont acceptées par les étudiants.

p : Les traductions proposées par le professeur sont adéquates.
q : Les traductions proposées par le professeur sont acceptées par les étudiants.
$p \supset q$: Le monde actuel peut correspondre à n'importe quelle ligne et cet énoncé est peut-être vrai, peut-être faux.

b) Les traductions proposées par le professeur ne sont acceptées par les étudiants que si elles sont adéquates.

Même p et même q.
$q \supset p$: Même commentaire.

c) Le cours se déroule seulement si le professeur est arrivé.

p : Le cours se déroule.
q : Le professeur est arrivé.
$p \supset q$: Cet énoncé est vrai.

p	q	$p \supset q$	
V	V	**V**	← pendant le cours
V	F	**F**	
F	V	**V**	← après le cours
F	F	**V**	← avant l'arrivée du professeur

d) Pour que les souris soient des oiseaux, il faut qu'elles aient des ailes.

p : Les souris sont des oiseaux.
q : Les souris ont des ailes.
$p \supset q$: Le monde actuel correspond à FFV et donc cet énoncé est vrai.

e) Pour que les étudiants réussissent, il faut qu'ils étudient.

p : Les étudiants réussissent.
q : Les étudiants étudient.
$p \supset q$: Le monde actuel peut correspondre à n'importe quelle ligne.

f) Pour que Pierre réussisse le cours de logique, il ne suffit pas qu'il assiste au cours.

p : Pierre réussit le cours de logique.
q : Pierre assiste au cours.
$\neg(q \supset p)$: Le monde actuel peut correspondre à n'importe quelle ligne.

g) Pour que l'accusé soit innocent, il n'est pas nécessaire qu'il ait un alibi.

p : L'accusé est innocent.
q : L'accusé a un alibi.
$\neg(p \supset q)$: Le monde actuel ne correspond pas à la ligne FVF (en supposant qu'un coupable ne puisse avoir un alibi bien qu'il puisse prétendre en avoir un), et donc l'énoncé est vrai.

h) Si l'accusé est coupable, il n'a nécessairement pas d'alibi.

p : L'accusé est coupable.
q : L'accusé a un alibi.
$p \supset \neg q$: Le monde actuel ne correspond pas à la ligne VVF et donc cet énoncé est vrai.

i) À moins que Dieu n'existe, il n'y a pas d'être supérieur à l'homme.

p : Dieu existe.
q : Il y a un être supérieur à l'homme.
$q \supset p$ (ou $\neg p \supset \neg q$ qui a la même table) : Le monde actuel peut correspondre à n'importe quelle ligne. Les croyants croient être dans un monde décrit par la ligne VVV.

j) L'accusé sera condamné, à moins que l'on ne capture le vrai coupable.

p : L'accusé sera condamné.
q : On capture le vrai coupable.
$\neg p \supset q$ (ou $\neg q \supset p$) : Le monde actuel peut correspondre à n'importe quelle ligne.

k) $1 + 1 = 4$ si et seulement si $1 = 2$.

$p : 1 + 1 = 4$
$q : 1 = 2$
$(q \supset p) \wedge (p \supset q)$ ou $p \equiv q$: Le monde actuel correspond à la ligne FFV, et donc l'énoncé est vrai.

l) Ce quadrilatère est un carré seulement si c'est un losange.

p : Ce quadrilatère est un carré.
q : Ce quadrilatère est un losange.
$p \supset q$: Nous sommes sur l'une des lignes suivantes : VVV, FFV ou FVV, et donc l'énoncé est vrai.

EXERCICE 9

a) p : Pierre travaille.
q : Pierre réussit.

$q \supset p$

b) p : Pierre est riche.
q : Pierre est célèbre.
r : Pierre travaille très fort.
s : Le père de Pierre est très riche.

$(r \vee s) \supset (p \wedge q)$

c) p : Marie aime le cours de logique.
q : Pierre aime le cours de logique.

$p \wedge \neg q$

d) p : La Suède perd le prochain match.
q : Les Américains sont battus par les Tchèques.
r : L'équipe canadienne a des chances de remporter la coupe.

$r \supset (p \wedge q)$ ou encore $\neg(p \wedge q) \supset \neg r$

e) p : Je prends mon parapluie.
q : Il pleuvra.
r : Je me trompe complètement.

$\neg r \supset (p \supset \neg q)$

f) p : Tu iras au match.
q : Tu as fini tes devoirs.

$q \supset p$

g) p : Tu iras au match.
q : Tu as fini tes devoirs.

$p \supset q$

h) p : Tu iras au match.
q : Tu as fini tes devoirs.

$\neg p \vee q$ ou $p \supset q$

EXERCICE 10

a) Pierre ne travaille pas et pourtant il réussira.
b) Bien que Pierre travaille très fort ou que son père soit très riche, il ne deviendra pas riche et célèbre.
c) Si Marie aime le cours de logique, alors Pierre l'aime aussi.
d) La Suède ne perdra pas le prochain match ou les Américains ne seront pas battus pas les Tchèques ; pourtant l'équipe canadienne a des chances de remporter la coupe.
e) Je ne me trompe pas complètement, je prends mon parapluie et il pleuvra.

EXERCICE 11

a) Si les poules n'ont pas de dents et sont des mammifères, alors les mammifères sans dents sont des ovipares.

b) Si les poules ont des dents ou les mammifères sans dents sont ovipares, alors les poules sont des mammifères.

c) Les poules n'ont pas de dents et ne sont pas des mammifères et pourtant les mammifères sans dents sont ovipares.

d) Si les mammifères sans dents sont ovipares alors, ou les poules sont des mammifères ou elles ont des dents, mais pas les deux.

EXERCICE 12

a) p : Tu te calmes.
q : Tu veux que l'on t'écoute.

$q \supset p$

b) p : Parizeau devient président de la République du Québec.
q : Le oui l'emporte.
r : Lucien Bouchard se retire de la politique.

$p \equiv (q \wedge r)$

c) p : J'irai à la soirée.
q : Sylvie ira à la soirée.
r : Johanne ira à la soirée.

$p \supset (q \vee r)$

d) p : Neige en novembre
q : Noël en décembre

$p \supset q$

e) p : Piere a obtenu 4,2 de moyenne au bac.
q : Pierre a triché.
r : Je peux aller en France à la nage.

$(p \wedge \neg q) \supset r$

Exercice 13

a) Même si tu te calmes, on ne t'écoutera pas.

b) Le fait que le oui l'emporte et que Lucien Bouchard se retire de la politique ne signifie pas que Parizeau deviendra président de la République du Québec.

c) J'irai à la soirée même si Sylvie et Johanne n'y vont pas.

d) Neige en novembre, pas de Noël en décembre.

e) Pierre a obtenu 4,2 de moyenne au bac sans tricher, mais je ne peux pas aller en France à la nage.

Exercice 14

a) Le monde n'a ni commencement ni fin.
p : Le monde a un commencement.
q : Le monde a une fin.

(i) $\neg p \wedge \neg q$

(ii) Le monde a un commencement ou une fin.

$p \vee q$

(iii)

p	q	$\neg p \wedge \neg q$	$p \vee q$
V	V	F **F** F	**V**
V	F	F **F** V	**V**
F	V	V **F** F	**V**
F	F	V **V** V	**F**

b) Bien que l'ornithorynque soit un mammifère, il pond des œufs.
p : L'ornithorynque est un mammifère.
q : L'ornithorynque pond des œufs.

(i) $p \wedge q$

(ii) Ou bien l'ornithorynque n'est pas un mammifère, ou bien il ne pond pas d'œufs.

$\neg p \vee \neg q$

(iii)

p	q	$p \wedge q$	$\neg p \vee \neg q$
V	V	**V**	F **F** F
V	F	**F**	F **V** V
F	V	**F**	V **V** F
F	F	**F**	V **V** V

c) Si le règlement est très strict mais est le même pour tout le monde, alors les étudiants ont tort de le contester.
p : Le règlement est très strict.
q : Le règlement est le même pour tout le monde.
r : Les étudiants ont tort de contester le règlement.

(i) $(p \wedge q) \supset r$

(ii) Le règlement est très strict et est le même pour tout le monde, mais les étudiants n'ont pas tort de le contester.

$(p \wedge q) \wedge \neg r$

(iii)

p	q	r	$(p \wedge q) \supset r$	$(p \wedge q) \wedge \neg r$
V	V	V	V **V**	V **F** F
V	V	F	V **F**	V **V** V
V	F	V	F **V**	F **F** F
V	F	F	F **V**	F **F** V
F	V	V	F **V**	F **F** F
F	V	F	F **V**	F **F** V
F	F	V	F **V**	F **F** F
F	F	F	F **V**	F **F** V

d) Qu'il pleuve ou non, je prends mon parapluie.
p : Il pleut.
q : Je prends mon parapluie.

(i) $(p \supset q) \wedge (\neg p \supset q)$

(ii) Il pleut et je ne prends pas mon parapluie, ou il ne pleut pas et je ne prends quand même pas mon parapluie.

$(p \wedge \neg q) \vee (\neg p \wedge \neg q)$

(iii)

p	q	$(p \supset q) \wedge (\neg p \supset q)$	$(p \wedge \neg q) \vee (\neg p \wedge \neg q)$
V	V	V **V** F V	F F **F** F F F
V	F	F **F** F V	V V **V** F F V
F	V	V **V** V V	F F **F** V F F
F	F	V **F** V F	F V **V** V V V

Remarquez que la négation d'un énoncé de la forme $(A \supset B)$ est toujours $(A \wedge \neg B)$: nier que B découle de A, c'est affirmer que A et $\neg B$.

e) Si l'oisiveté est mère de tous les vices et que la luxure ne peut naître de l'oisiveté, alors la luxure n'est pas un vice.
 p : L'oisiveté est mère de tous les vices.
 q : La luxure peut naître de l'oisiveté.
 r : La luxure est un vice.

 (i) $(p \wedge \neg q) \supset \neg r$

 (ii) Bien que l'oisiveté soit mère de tous les vices et que la luxure ne puisse naître de l'oisiveté, la luxure demeure un vice.

 $(p \wedge \neg q) \wedge r$

 (iii)

p	q	r	$(p \wedge \neg q) \supset \neg r$	$(p \wedge \neg q) \wedge r$
V	V	V	F F **V** F	F F **F**
V	V	F	F F **V** V	F F **F**
V	F	V	V V **F** F	V V **V**
V	F	F	V V **V** V	V V **F**
F	V	V	F F **V** F	F F **F**
F	V	F	F F **V** V	F F **F**
F	F	V	F V **V** F	F V **F**
F	F	F	F V **V** V	F V **F**

EXERCICE 15

a) $r : r \wedge l \wedge \neg f$

$f : \neg l$

$l : r \supset f$

b) Supposons que r soit vrai. Comme r est $r \wedge l \wedge \neg f$, l est vrai et f est faux. Mais si r est vrai et f est faux, l qui est $r \supset f$ est faux, ce qui est contradictoire. Donc r est faux.

c) l qui est $r \supset f$ est donc vrai et f qui est $\neg l$ est faux. Conclusion : ce que dit Riri est faux, ce que dit Fifi est faux et ce que dit Loulou est vrai.

CHAPITRE III

Les tautologies et les contradictions

3.0 Introduction

Grâce à la méthode des tables de vérité, nous sommes en mesure de déterminer la valeur de vérité, pour un monde possible donné, d'un énoncé *quelconque* du calcul des énoncés. En effet, aussi complexe qu'il puisse être, un énoncé contient un nombre *fini* d'atomes et de connecteurs (même s'il n'y a pas de borne supérieure au nombre de connecteurs que peut contenir un énoncé : quel que soit n, il est possible de construire un énoncé ayant $n + 1$ connecteurs) et donc, en procédant de proche en proche, nous finirons toujours par déterminer si, sur une ligne donnée, un énoncé donné est vrai ou faux. Bien sûr, ce caractère *effectif* de la méthode est une idéalisation et si l'énoncé à évaluer contient, disons, $10^{10^{10^{10}}}$ atomes, nous risquons de manquer de papier (ou de mémoire, s'il s'agit d'un ordinateur) ! Il y a quand même une différence conceptuelle importante entre une méthode qui, théoriquement, permet de répondre par oui ou par non à toutes les questions d'une certaine classe et une méthode qui ne le permet pas toujours. Cette différence n'a rien à voir avec les difficultés pratiques que nous pouvons rencontrer dans la résolution des problèmes.

EXERCICE 1☆

Selon vous, chacune des méthodes suivantes, appliquée à son problème spécifique, est-elle effective ? Commentez.

a) On vous donne un nombre n et on vous demande s'il est premier. Pour trancher la question, sachant que les diviseurs de n sont inférieurs ou égaux à n vous essayez de le diviser par tous les nombres plus petits que n pour voir s'il y a un reste.

b) Vous voulez savoir s'il existe un endroit dans le développement décimal de π où on trouve 33...33 mille fois de suite. Vous prenez la formule qui permet de calculer π et poursuivez le calcul jusqu'à ce que vous trouviez mille 3 de suite.

c) On vous demande de déterminer si l'équation $3x^2 + 5x - 6 = 0$ possède une racine entière positive. Vous calculez la valeur de l'expression $3x^2 + 5x - 6$ en remplaçant x par 1, puis par 2, puis par 3, etc., en vérifiant si cela donne 0.

d) On vous demande de déterminer si l'équation $3x^2 + 5x - 6 = 0$ possède une racine entière positive. Vous calculez les racines en utilisant la formule suivante pour vérifier si elles sont entières et positives :

$$x = \frac{-b \pm \sqrt{b^2 - 4ac}}{2a}$$

e) On vous demande combien il y a de grains de sable dans le Sahara. Vous entreprenez de les compter.

Nous allons maintenant nous intéresser à une classe particulière d'énoncés, ceux dont nous pouvons savoir, par la méthode des tables de vérité, qu'ils sont toujours vrais.

3.1 La notion de tautologie

La méthode des tables de vérité nous a permis de découvrir qu'il y a certains énoncés qui ont la propriété de n'avoir que des « V » dans leur table de vérité. On les appelle des *tautologies* : ces énoncés sont vrais quelle que soit la ligne de la table, c'est-à-dire qu'ils sont vrais dans tous les mondes possibles ou encore qu'ils sont vrais quelle que soit l'interprétation.

Une autre manière de décrire cette propriété serait de dire que leur vérité ne dépend pas de ce qui se passe dans le monde, puisqu'ils sont vrais dans tous les mondes.

Ces explications de la notion de tautologie nous conduisent à la définition suivante :

> **Définition** : Une tautologie est un énoncé du calcul des énoncés dont la valeur est V quelles que soient les valeurs attribuées aux atomes qui y apparaissent.

La notion duale de tautologie est celle d'*antilogie* ou de *contradiction* : une contradiction n'a que des « F » dans sa table de vérité.

Prenons un énoncé qui n'est ni une tautologie, ni une antilogie, par exemple « $p \wedge q$ ». Si « $p \wedge q$ » est vrai, alors p est vrai et q aussi. Un autre exemple serait « $p \vee q$ ». Si « $p \vee q$ » est vrai, alors ou p est vrai, ou q est vrai. Lorsque nous savons que ces énoncés complexes sont vrais, nous apprenons quelque chose sur le monde, car cela nous permet d'éliminer certains mondes, nommément ceux où l'énoncé complexe est faux. Les tautologies, elles, ne nous apprennent rien sur le monde car elles n'éliminent aucune ligne.

Si nous examinons pourquoi un énoncé comme « $p \vee \neg p$ » est une tautologie, nous nous apercevons que cela tient à la définition même du « $\vee$ ». En fait, les tautologies sont toujours vraies à cause des arrangements particuliers des connecteurs. On dit qu'elles sont vraies en vertu de leur *forme logique*. Les tautologies sont vraies par leur forme, mais leur vérité ne nous apprend rien sur le monde.

Avec la caractérisation des tautologies, nous avons atteint le but principal du calcul des énoncés, d'autant plus que la méthode des tables de vérité permet de répondre par oui ou par non à toutes les questions du genre « A est-il une tautologie ? ». Notre tâche sera maintenant d'étudier la forme logique des tautologies. Commençons par un petit inventaire des tautologies qui expriment des propriétés intéressantes des connecteurs logiques.

3.2 Quelques tautologies remarquables

Tout d'abord, deux remarques. Premièrement, on ne peut faire l'inventaire de toutes les tautologies car il y en a une infinité (bien que chacune d'entre elles possède un nombre fini d'atomes). Ensuite, le choix des tautologies qui sont présentées ici est assez arbitraire et est basé sur des considérations où l'esthétique n'est pas absente. Nous utiliserons le symbole « $\vDash$ » devant un énoncé pour signifier que cet énoncé est une tautologie : « $\vDash A$ » doit se lire « A est une tautologie ».

Attention : « $\vDash$ » est un symbole métalinguistique et ne peut apparaître dans une formule de la langue-objet. C'est un symbole que nous convenons d'ajouter à la langue naturelle pour nous simplifier la tâche. Une expression comme « $(\vDash p \supset \vDash q)$ » n'a pas de sens.

Commençons par quelques tautologies qui expriment des principes classiques[1].

$\models p \equiv p$	principe d'identité propositionnelle
$\models p \vee \neg p$	principe du tiers exclu
$\models \neg(p \wedge \neg p)$	principe de non-contradiction
$\models p \equiv \neg\neg p$	principe de la double négation
$\models p \equiv (p \vee p)$	idempotence de $\vee$
$\models p \equiv (p \wedge p)$	idempotence de $\wedge$
$\models (p \vee q) \equiv (q \vee p)$	commutativité de $\vee$
$\models (p \wedge q) \equiv (q \wedge p)$	commutativité de $\wedge$
$\models ((p \vee q) \vee r) \equiv (p \vee (q \vee r))$	associativité de $\vee$
$\models ((p \wedge q) \wedge r) \equiv (p \wedge (q \wedge r))$	associativité de $\wedge$
$\models (p \vee (q \wedge r)) \equiv ((p \vee q) \wedge (p \vee r))$	distributivité de $\vee$ sur $\wedge$
$\models (p \wedge (q \vee r)) \equiv ((p \wedge q) \vee (p \wedge r))$	distributivité de $\wedge$ sur $\vee$
$\models \neg(p \wedge q) \equiv (\neg p \vee \neg q)$	loi de De Morgan
$\models \neg(p \vee q) \equiv (\neg p \wedge \neg q)$	loi de De Morgan

Voici maintenant quelques tautologies qui expriment la traduction de connecteurs à l'aide d'autres connecteurs.

$\models (p \supset q) \equiv (\neg p \vee q)$
$\models (p \supset q) \equiv \neg(p \wedge \neg q)$
$\models (p \equiv q) \equiv ((p \supset q) \wedge (q \supset p))$
$\models (p \mid q) \equiv \neg(p \wedge q)$
$\models (p \vee q) \equiv \neg(\neg p \wedge \neg q)$
$\models (p \wedge q) \equiv \neg(\neg p \vee \neg q)$
$\models (p \equiv q) \equiv ((p \wedge q) \vee (\neg p \wedge \neg q))$
$\models (p \equiv q) \equiv ((\neg p \vee q) \wedge (\neg q \vee p))$

---

[1] Nous illustrons ces principes en utilisant les atomes p, q, ..., etc. En toute rigueur, il faudrait utiliser les lettres A, B, ..., etc., comme variables métalinguistiques pour représenter des énoncés quelconques et non nécessairement des atomes. Par exemple, le premier principe, celui de l'identité propositionnelle, devrait s'écrire « $\models A \equiv A$ » plutôt que « $\models p \equiv p$ ». Cet abus de langage est sans conséquence à cause du théorème suivant : si $\models A$ et si B est un énoncé qui provient de A par le remplacement d'un ou de plusieurs de ses atomes par des énoncés quelconques (les diverses occurrences d'un même atome étant remplacées par le même énoncé quelconque), alors $\models B$.

$\models (p \wedge q) \equiv ((p \mid q) \mid (p \mid q))$
$\models (p \vee q) \equiv ((p \mid p) \mid (q \mid q))$

Nous venons d'utiliser, à deux reprises, l'expression « exprimer » à propos des tautologies qui expriment une loi ou encore à propos des tautologies qui expriment la traduction d'un connecteur à l'aide d'autres connecteurs. L'emploi de ce terme peut paraître métaphorique. Il n'en est rien. Pour s'en convaincre, remarquons que, à part la deuxième et la troisième (non-contradiction et tiers exclu), toutes ces tautologies ont pour *connecteur principal* le biconditionnel « ≡ ». Or, il est facile de voir que chaque fois qu'une tautologie est de la forme $A \equiv B$, A et B sont équivalents, c'est-à-dire que A possède la même table que B.

Ce que « montre » une tautologie comme $\neg(p \wedge q) \equiv (\neg p \vee \neg q)$, c'est simplement que l'énoncé $\neg(p \wedge q)$ a exactement la même table de vérité que l'énoncé $(\neg p \vee \neg q)$. Il est possible de démontrer (ce que nous ne ferons pas) le théorème suivant ; sa démonstration repose, bien sûr, sur le fait que notre calcul est vérifonctionnel.

Théorème : Si $\models A \equiv B$ et si A apparaît comme sous-énoncé dans l'énoncé C, alors l'énoncé résultant du remplacement de A par B dans C a exactement la même table que C.

Cela signifie que deux énoncés équivalents au sens que nous venons de donner à ce terme contribuent *exactement* de la même façon aux valeurs de vérité des énoncés complexes où ils apparaissent et sont *totalement* interchangeables.

*EXERCICE 2**

Vérifiez que $p \supset q$ a la même table que $p \supset \neg\neg q$.

L'associativité de « ∨ » et de « ∧ » exprimée par les tautologies $((p \vee q) \vee r) \equiv (p \vee (q \vee r))$ et $((p \wedge q) \wedge r) \equiv (p \wedge (q \wedge r))$ autorise, en vertu du théorème, l'omission des parenthèses. Nous pouvons écrire simplement $p \wedge q \wedge r$, car il importe peu de savoir si c'est $(p \wedge q) \wedge r$ ou $p \wedge (q \wedge r)$ qui est ainsi représenté.

> **Attention :** L'omission de parenthèses n'est autorisée que lorsqu'elles sont inutiles. On ne peut pas, par exemple, écrire $(p \supset q \supset r)$ parce que $((p \supset q) \supset r)$ n'a pas la même table que $(p \supset (q \supset r))$.

Ces remarques, bien qu'un peu abstraites, vont pratiquement de soi. La suivante est un peu plus subtile.

Supposons que nous ayons une tautologie de la forme $A \supset B$ (nous dirons que A implique B). Comme la table de « $\supset$ » a des V partout sauf sur les lignes où A a des V et B des F, nous pouvons conclure qu'il n'y a pas de ligne où A a un V et B a un F. Donc si $A \supset B$ est une tautologie, chaque fois que A a un V, B a un V.

Autrement dit, si nous savons que $\models A \supset B$, nous pouvons conclure que B est une conséquence de A, ou encore que A est une condition suffisante de B, ou enfin que B est une condition nécessaire de A.

Les tautologies de la forme $\models A \supset B$ nous permettent de décrire les règles d'inférence valides, et c'est là leur grand intérêt. Pour décrire ces règles, nous aurons besoin d'une notion précise de conséquence valide.

> **Définition :** On dit que B est une conséquence valide de A si et seulement si dans la table de vérité de B apparaît un V sur chaque ligne où il y a un V dans la table de A. On note $A \models B$.

La notion de conséquence valide correspond à la notion argumentative suivante : il n'est pas possible d'admettre que A sans admettre que B.

Pourquoi a-t-on utilisé le même symbole métalinguistique « $\models$ » pour exprimer qu'un énoncé est une tautologie et qu'un énoncé est la conséquence d'un autre ? La réponse est simple : une tautologie étant toujours vraie, elle est une conséquence que l'on doit admettre sans prémisse, d'où $\models A$.

Mais revenons à notre problème. Chaque tautologie de la forme $A \supset B$ donne naissance à une règle d'inférence valide. Cela s'exprime formellement par le théorème suivant.

> **Théorème** : $\models A \supset B$ si et seulement si $A \models B$.

Cela va nous permettre, une fois de plus, de faire quelques traductions d'expressions symboliques en langue naturelle. Il s'agit, en effet, de formuler une règle d'inférence à partir des tautologies.

Soit la tautologie suivante : $(p \wedge (p \supset q)) \supset q$.

La règle d'inférence correspondante pourrait s'exprimer de la façon suivante : si vous admettez que p et que q découle de p, vous devez admettre que q. Ou, moins familièrement : q est une conséquence valide de p et de « si p, alors q ». C'est ce qu'on appelle traditionnellement le *modus ponens*.

Remarquons que la langue naturelle ne fait pratiquement pas de distinction entre l'expression d'une tautologie et celle de la règle d'inférence correspondante et que le passage de l'une à l'autre se fait tout naturellement. Cela « explique » le caractère simpliste et à la fois abstrait du théorème.

On pourrait faire ici une analogie avec ce qui a été dit au chapitre 2 sur l'affirmation d'un conditionnel matériel qui est plutôt l'affirmation conditionnelle du conséquent. Affirmer $p \supset q$, c'est affirmer q si p. Le premier correspond à $\vDash p \supset q$ et le second $p \vDash q$. Cette analogie possède cependant une sérieuse limite : $\vDash$ n'affirme pas la vérité, mais la validité.

EXERCICE 3✣

Vérifiez que les énoncés suivants sont des tautologies et trouvez une expression, la plus simple possible, de la règle d'inférence correspondante.

a) $(p \supset q) \supset (\neg q \supset \neg p)$	contraposition
b) $((p \supset q) \wedge (q \supset r)) \supset (p \supset r)$	transitivité de $\supset$
c) $((p \wedge q) \supset r) \supset (p \supset (q \supset r))$	exportation
d) $(p \supset (q \supset r)) \supset ((p \wedge q) \supset r)$	importation
e) $((p \supset q) \wedge (p \supset \neg q)) \supset \neg p$	réfutation par l'absurde
f) $(p \supset \neg p) \supset \neg p$	réfutation par l'absurde
g) $((\neg p \supset q) \wedge (\neg p \supset \neg q)) \supset p$	raisonnement indirect
h) $(\neg p \supset p) \supset p$	raisonnement indirect
i) $p \supset (q \supset p)$	
j) $\neg p \supset (p \supset q)$	

EXERCICE 4✧

En utilisant la méthode des tables de vérité, dites si les énoncés suivants sont des tautologies.

a) $(p \supset q) \supset (q \supset p)$
b) $(p \wedge q) \supset (p \vee q)$
c) $(p \vee q) \supset (q \wedge p)$
d) $\neg(p \supset q) \supset (q \supset r)$
e) $(p \supset \neg p) \vee (\neg p \supset p)$
f) $((p \equiv q) \equiv r) \equiv (p \equiv (q \equiv r))$

EXERCICE 5✧

Pour chacun des énoncés de l'exercice 4, exprimez en langue naturelle la règle d'inférence correspondante. Les règles intuitivement valides, c'est-à-dire qui semblaient valides avant d'étudier la logique, correspondent-elles aux tautologies ? Réciproquement, les tautologies correspondent-elles à des règles intuitivement valides ? Commentez.

EXERCICE 6✧

Nous avons vu (page 8) que l'une des caractéristiques fondamentales du calcul des énoncés est qu'il est vérifonctionnel : si l'énoncé A contient p et que p possède la même valeur de vérité que q, alors $A(p \mid q)$, c'est-à-dire l'énoncé obtenu à partir de A en remplaçant certaines occurrences de p par q, possède la même valeur de vérité que A. Est-ce à dire que si $\vDash A$, alors $\vDash A(p \mid q)$? Non. Donnez un contre-exemple et expliquez pourquoi ce n'est pas le cas.

3.3 La méthode des matrices

Lorsque nous savons dans quels mondes un énoncé est vrai et dans quels mondes il est faux, nous savons tout ce qu'il est possible de savoir de cet énoncé, c'est-à-dire que nous sommes en possession de toute l'information que contient cet énoncé. Cette conséquence immédiate du postulat de bivalence est à la base de la méthode que nous allons maintenant aborder.

L'idée de départ est de représenter l'ensemble des mondes possibles par un rectangle.

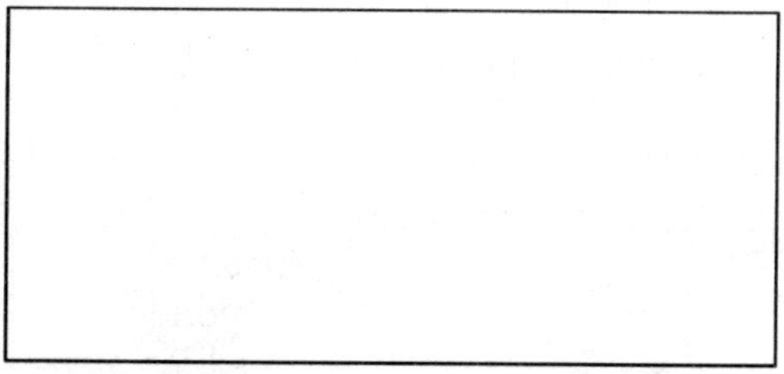

Relativement à un énoncé *p* quelconque, l'ensemble des mondes possibles se divise en deux parties : le sous-ensemble des mondes où *p* est vrai et celui où *p* est faux. Graphiquement, cela peut se représenter de la façon suivante :

p	$\neg p$
ensemble des mondes possibles où *p* est vrai	ensemble des mondes possibles où *p* est faux

Nous sommes, bien sûr, autorisés à représenter l'ensemble des mondes possibles où *p* est faux comme l'ensemble des mondes possibles où $\neg p$ est vrai en vertu du postulat de bivalence.

Considérons maintenant deux énoncés *p* et *q*. Relativement à la vérité et à la fausseté de *p* et de *q*, nous aurons quatre possibilités, c'est-à-dire quatre sous-ensembles de mondes possibles.

	p	$\neg p$
q	ensemble des mondes possibles où *p* et *q* sont vrais	ensemble des mondes possibles où *p* est faux et *q* est vrai
$\neg q$	ensemble des mondes possibles où *p* est vrai et *q* est faux	ensemble des mondes possibles où *p* et *q* sont faux

De même, avec p, q, r nous aurons :

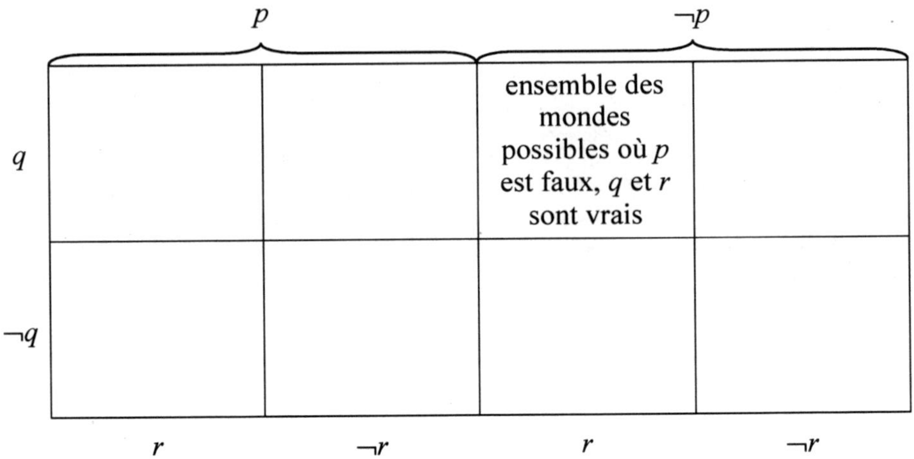

Considérons maintenant un énoncé quelconque, par exemple $(p \supset q) \supset r$. Sa table de vérité est :

p	q	r	$(p \supset q) \supset r$
V	V	V	V **V**
V	V	F	V **F**
V	F	V	F **V**
V	F	F	F **V**
F	V	V	V **V**
F	V	F	V **F**
F	F	V	V **V**
F	F	F	V **F**

Nous pouvons représenter les conditions de vérité de $(p \supset q) \supset r$ par l'espace de configuration ci-dessous.

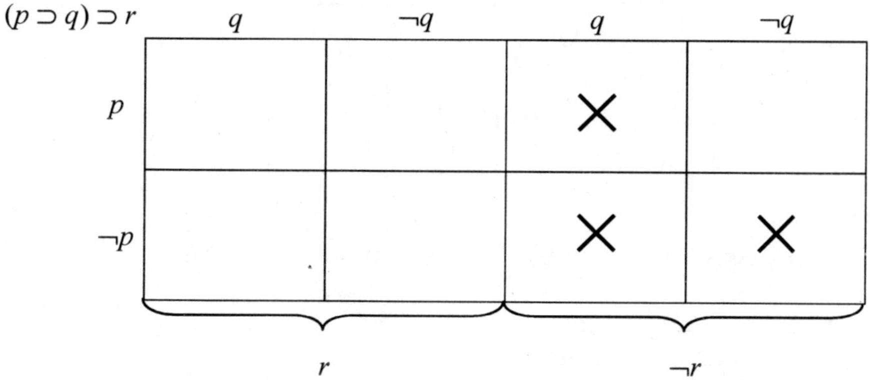

La présence d'un « x » dans l'espace de configuration signifie que, dans cette région, l'énoncé est faux. Tout comme la table de vérité correspondante, ce diagramme contient toute l'information sur les conditions de vérité de $(p \supset q) \supset r$.

Les espaces de configuration associés aux énoncés peuvent eux-mêmes faire l'objet d'un calcul : de même que la table de vérité d'un énoncé complexe se calcule à partir de la table des énoncés plus simples qui le composent, un espace de configuration d'un énoncé complexe peut se calculer à partir des espaces de configuration des énoncés plus simples qui le composent. Nous nous limiterons pour le moment aux énoncés complexes ne contenant que deux atomes, soit p et q, et nous généraliserons par la suite.

La méthode ne s'applique qu'aux énoncés contenant des « $\vee$ », des « $\wedge$ » et des « $\neg$ ». Cette restriction n'en est pas vraiment une car, en vertu des équivalences données à la page 58 et du théorème de la même page, nous pouvons, pour un énoncé donné, fournir un énoncé équivalent qui ne contient que des « $\vee$ », des « $\wedge$ » et des « $\neg$ ». Les règles d'élimination utilisées sont les suivantes :

$(A \supset B)$ sera remplacé par $(\neg A \vee B)$

$(A \equiv B)$ sera remplacé par $(A \wedge B) \vee (\neg A \wedge \neg B)$

Nous pouvons maintenant procéder. Convenons tout d'abord que tous les espaces de configuration que nous utiliserons seront de la forme :

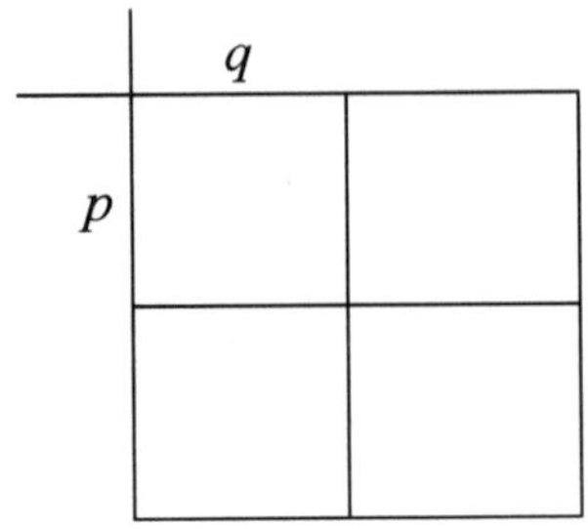

Cette convention est arbitraire. Nous aurions pu choisir :

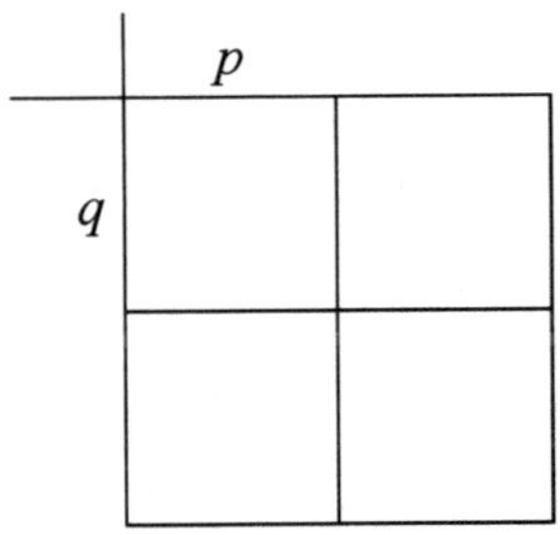

ou

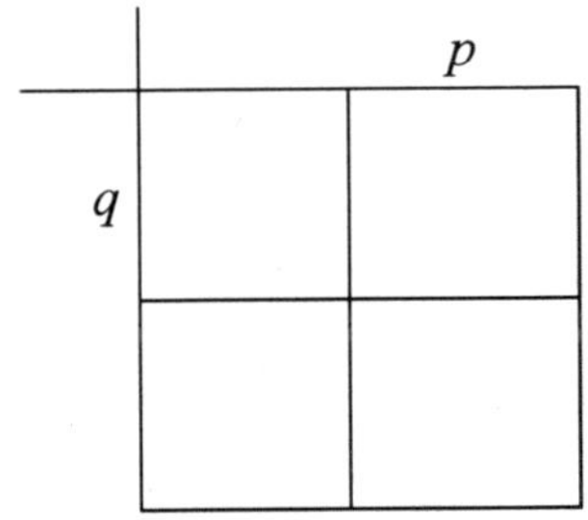

La seule chose importante est que la convention de départ soit maintenue jusqu'à la fin du calcul.

L'énoncé $(p \vee q)$ aura ainsi l'espace de configuration suivant :

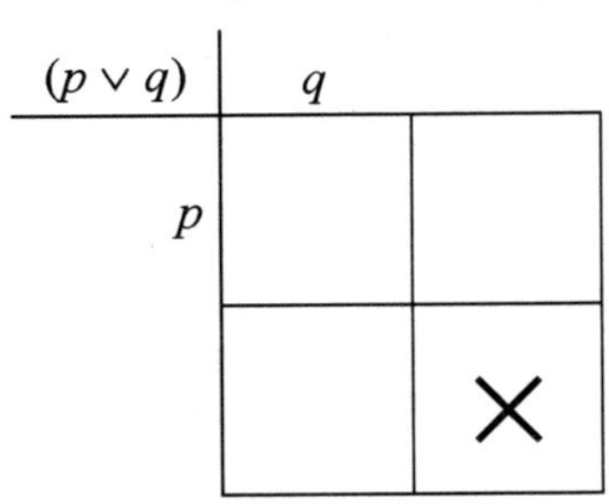

L'adoption de notre convention sur les positions de p et de q nous autorise à omettre les lettres p et q et nous pouvons alors représenter l'espace de configuration de $(p \vee q)$ par une *matrice* où $\top$ est le vrai et $\bot$ est le faux.

$$\begin{pmatrix} \top & \top \\ \top & \bot \end{pmatrix}$$

Les énoncés atomiques p et q auront bien sûr chacun leur matrice que nous appellerons *matrices élémentaires*.

Pour p : $\begin{pmatrix} \top & \top \\ \bot & \bot \end{pmatrix}$ et pour q : $\begin{pmatrix} \top & \bot \\ \top & \bot \end{pmatrix}$.

L'idée est alors la suivante. Il s'agit de construire la matrice d'un énoncé complexe à partir des matrices élémentaires. Pour cela, il faut décrire les transformations que les connecteurs font subir aux matrices.

Prenons une matrice quelconque $\begin{pmatrix} a_1 & a_2 \\ a_3 & a_4 \end{pmatrix}$ où a_1, a_2, a_3 et a_4 sont soit des $\top$, soit des $\bot$. La négation a pour effet de transformer le vrai en faux et le faux en vrai. Nous utiliserons une barre horizontale pour exprimer l'opération de négation sur les matrices.

Soit A un énoncé qui a pour matrice $\begin{pmatrix} a_1 & a_2 \\ a_3 & a_4 \end{pmatrix}$.

Alors la matrice correspondant à $\neg A$ sera notée : $\overline{\begin{pmatrix} a_1 & a_2 \\ a_3 & a_4 \end{pmatrix}}$. En vertu de la définition de la négation, nous pouvons écrire $\overline{\begin{pmatrix} a_1 & a_2 \\ a_3 & a_4 \end{pmatrix}} = \begin{pmatrix} \overline{a}_1 & \overline{a}_2 \\ \overline{a}_3 & \overline{a}_4 \end{pmatrix}$ où $\overline{a}_i$ est $\bot$ si a_i est $\top$ et $\overline{a}_i$ est $\top$ si a_i est $\bot$. Autrement dit, *l'effet de la négation sur une matrice consiste à changer les $\bot$ en $\top$ et les $\top$ en $\bot$.*

Venons-en à la conjonction de deux énoncés. Nous avons vu que la conjonction de deux énoncés est vraie si et seulement si les deux énoncés sont vrais. Cela suggère la règle suivante. Soit A un énoncé de matrice $\begin{pmatrix} a_1 & a_2 \\ a_3 & a_4 \end{pmatrix}$ et B un énoncé de matrice $\begin{pmatrix} b_1 & b_2 \\ b_3 & b_4 \end{pmatrix}$.

La matrice de $(A \wedge B)$ sera notée : $\begin{pmatrix} a_1 & a_2 \\ a_3 & a_4 \end{pmatrix} \bigwedge \begin{pmatrix} b_1 & b_2 \\ b_3 & b_4 \end{pmatrix} = \begin{pmatrix} a_1 \wedge^* b_1 & a_2 \wedge^* b_2 \\ a_3 \wedge^* b_3 & a_4 \wedge^* b_4 \end{pmatrix}$

où $a_i \wedge^* b_i$ représente l'opération correspondant à la conjonction, définie par :

$$\top \wedge^* \top = \top$$
$$\bot \wedge^* \top = \bot$$
$$\top \wedge^* \bot = \bot$$
$$\bot \wedge^* \bot = \bot$$

Pour $(A \vee B)$, nous aurons : $\begin{pmatrix} a_1 & a_2 \\ a_3 & a_4 \end{pmatrix} \bigvee \begin{pmatrix} b_1 & b_2 \\ b_3 & b_4 \end{pmatrix} = \begin{pmatrix} a_1 \vee^* b_1 & a_2 \vee^* b_2 \\ a_3 \vee^* b_3 & a_4 \vee^* b_4 \end{pmatrix}$

où « $\vee^*$ » représente l'opération correspondant à la disjonction définie par :

$$\begin{aligned} \top \vee^* \top &= \top \\ \bot \vee^* \top &= \top \\ \top \vee^* \bot &= \top \\ \bot \vee^* \bot &= \bot \end{aligned}$$

Ces deux opérateurs matriciels trouvent leur justification dans le fait que, pour un monde possible donné, la conjonction de deux énoncés est vraie si et seulement si les deux énoncés sont vrais et la disjonction de deux énoncés est vraie si et seulement si l'un des deux énoncés est vrai.

Nous sommes maintenant en mesure de calculer la matrice de n'importe quel énoncé. Considérons l'exemple suivant : $(p \supset q) \supset (q \wedge p)$.

Transformons les « $\supset$ » : $\neg(\neg p \vee q) \vee (q \wedge p)$.

Écrivons maintenant l'expression matricielle correspondante :

$$\overline{\left(\overline{\begin{pmatrix} \top & \top \\ \bot & \bot \end{pmatrix}} \bigvee \begin{pmatrix} \top & \bot \\ \top & \bot \end{pmatrix}\right)} \bigvee \left(\begin{pmatrix} \top & \bot \\ \top & \bot \end{pmatrix} \bigwedge \begin{pmatrix} \top & \top \\ \bot & \bot \end{pmatrix}\right)$$

$$\overline{\left(\begin{pmatrix} \bot & \bot \\ \top & \top \end{pmatrix} \bigvee \begin{pmatrix} \top & \bot \\ \top & \bot \end{pmatrix}\right)} \bigvee \begin{pmatrix} \top & \bot \\ \bot & \bot \end{pmatrix}$$

$$\overline{\begin{pmatrix} \top & \bot \\ \top & \top \end{pmatrix}} \bigvee \begin{pmatrix} \top & \bot \\ \bot & \bot \end{pmatrix}$$

$$\begin{pmatrix} \bot & \top \\ \bot & \bot \end{pmatrix} \bigvee \begin{pmatrix} \top & \bot \\ \bot & \bot \end{pmatrix} = \begin{pmatrix} \top & \top \\ \bot & \bot \end{pmatrix}$$

EXERCICE 7

Vérifiez le résultat précédent en faisant une table de vérité.

*EXERCICE 8**

Calculez la matrice correspondant aux énoncés suivants et dites lesquels sont des tautologies et lesquels sont des contradictions.

a) $p \supset (q \supset p)$
b) $((p \supset q) \wedge (p \supset \neg q)) \supset \neg p$
c) $(p \supset q) \equiv p$
d) $(p \wedge q) \supset (p \vee q)$

3.4 La dualité

Revenons à la notion de conséquence valide introduite à la page 60. Nous avons défini cette notion de la façon suivante : $A \vDash B$ si et seulement si pour n'importe quelle ligne de leur table de vérité, il y a un V dans la colonne de B lorsqu'il y en a un dans celle de A.

Autrement dit, $A \vDash B$ si et seulement si il n'y a pas de ligne où A est V et B est F. L'examen des matrices associées à A et à B permet également de voir immédiatement si B est une conséquence valide de A : en effet, $A \vDash B$ si et seulement si pour toute entrée de A contenant $\top$, l'entrée correspondante de B est $\top$. Ou encore : il n'y a pas d'entrée de A qui soit $\top$ telle que l'entrée correspondante de B soit $\bot$.

Si nous ne considérons que les matrices 2×2, il y aura 16 matrices possibles (en vertu du théorème de la page 60, soit $\vDash A \supset B$ si et seulement si $A \vDash B$). Nous pouvons établir pour les 16 matrices un *réseau d'implications*. Considérons le diagramme suivant où chaque matrice « implique » la ou les matrice(s) qui la domine(nt)[1] :

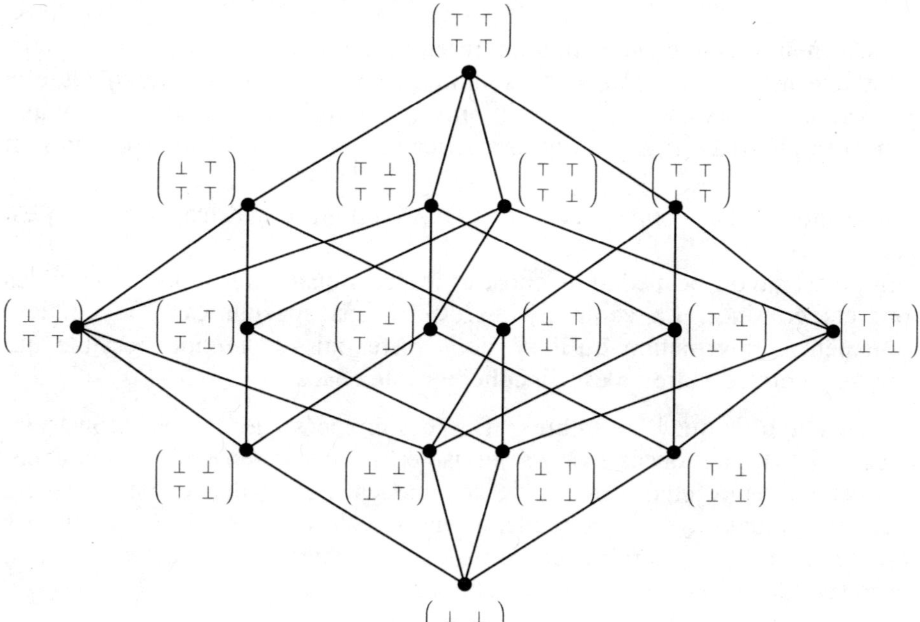

[1] Nous mettons le mot entre guillemets car, à proprement parler, l'implication lie des énoncés. Il faudrait dire qu'un énoncé correspondant à une matrice donnée implique les énoncés correspondant aux matrices qui dominent la première (ce qui est un peu lourd).

Au bas du diagramme se trouve la matrice correspondant aux contradictions et, au sommet, celle qui correspond aux tautologies. En effet, une contradiction implique n'importe quel énoncé et une tautologie est impliquée par n'importe quel énoncé. Si nous partons de la matrice correspondant à la contradiction et que nous *remontons* vers la matrice correspondant à la tautologie, nous ne rencontrerons que des matrices correspondant à des énoncés $A_1, ..., A_n$ tels que :

$$\models A_1 \supset A_2$$
$$\models A_2 \supset A_3, \text{ etc.}$$

Par exemple

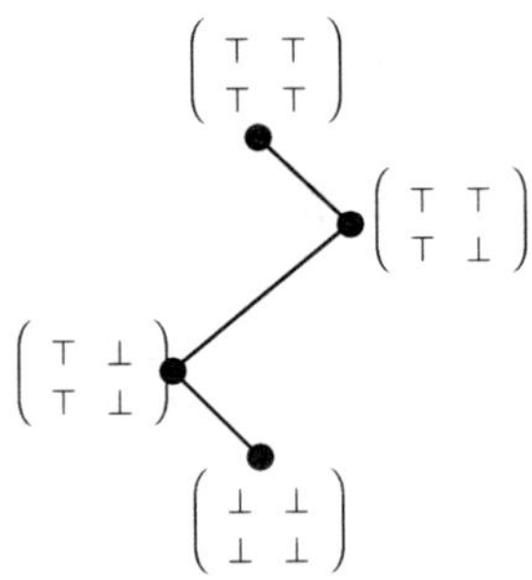

Ce chemin peut également s'interpréter en termes de contenu informatif. Plus une matrice est proche du sommet, moins les énoncés auxquels elle correspond contiennent d'information. Savoir qu'une tautologie est vraie, par exemple $p \supset (q \supset p)$ dont la matrice est $\begin{pmatrix} \top & \top \\ \top & \top \end{pmatrix}$, ne nous apprend rien sur le monde. Par contre, savoir que $(p \wedge q)$ dont la matrice est $\begin{pmatrix} \top & \bot \\ \bot & \bot \end{pmatrix}$ est vrai, c'est savoir beaucoup de choses : les trois quarts des mondes possibles ont été éliminés. La contradiction est un cas spécial, car elle contient tellement d'information qu'il ne nous reste plus de monde possible qui puisse y correspondre : c'est l'incohérence, le chaos.

Cela signifie que l'ensemble (infini) des énoncés que l'on peut construire à partir de deux énoncés p et q se divise en seize sous-ensembles d'énoncés équivalents entre eux, chacune de ces classes d'équivalences ne contenant que des énoncés ayant tous la même matrice. Ainsi, n'importe quel énoncé que l'on peut construire en utilisant seulement les atomes p et q correspondra à l'une de ces seize matrices.

Voici maintenant une propriété tout à fait remarquable. Si on retourne le diagramme, il reste valable ! Cette propriété est liée à ce qu'on appelle la *dualité.* Elle repose sur une symétrie entre la conjonction, le vrai et le faux, d'une part, et la disjonction, le faux et le vrai, d'autre part (l'ordre est important). En effet, si nous reprenons les règles de réduction, soit $\top \wedge^* \top = \top$, $\bot \wedge^* \top = \bot$, $\top \wedge^* \bot = \bot$ et $\bot \wedge^* \bot = \bot$ pour la conjonction et

$\top \vee^* \top = \top$, $\bot \vee^* \top = \top$, $\top \vee^* \bot = \top$ et $\bot \vee^* \bot = \bot$ pour la disjonction, nous remarquons qu'elles sont parfaitement symétriques : les secondes sont obtenues à partir des premières en remplaçant respectivement $\wedge^*$, $\bot$ et $\top$ par $\vee^*$, $\top$ et $\bot$. C'est là, d'ailleurs, la principale raison qui a conduit le logicien à adopter le « ou » inclusif plutôt que le « ou » exclusif.

Maintenant, si nous prenons deux matrices quelconques, par exemple :

$$\begin{pmatrix} \bot & \bot \\ \top & \bot \end{pmatrix} \text{ et } \begin{pmatrix} \top & \bot \\ \bot & \bot \end{pmatrix}$$

la matrice immédiatement au-dessus sera $\begin{pmatrix} \bot & \bot \\ \top & \bot \end{pmatrix} \vee \begin{pmatrix} \top & \bot \\ \bot & \bot \end{pmatrix} = \begin{pmatrix} \top & \bot \\ \top & \bot \end{pmatrix}$, et celle immédiatement au-dessous sera $\begin{pmatrix} \bot & \bot \\ \top & \bot \end{pmatrix} \wedge \begin{pmatrix} \top & \bot \\ \bot & \bot \end{pmatrix} = \begin{pmatrix} \bot & \bot \\ \bot & \bot \end{pmatrix}$, c'est-à-dire que pour monter dans le diagramme, on prend la disjonction et, pour descendre, on prend la conjonction.

La propriété du diagramme d'être invariant par rotation – qui semble relever de la prestidigitation – possède une explication on ne peut plus logique. Pour construire ce diagramme en procédant, disons, de bas en haut, il faut partir de la matrice des contradictions $\begin{pmatrix} \bot & \bot \\ \bot & \bot \end{pmatrix}$ et remplacer progressivement les $\bot$ par des $\top$.

Après une première étape nous obtenons :

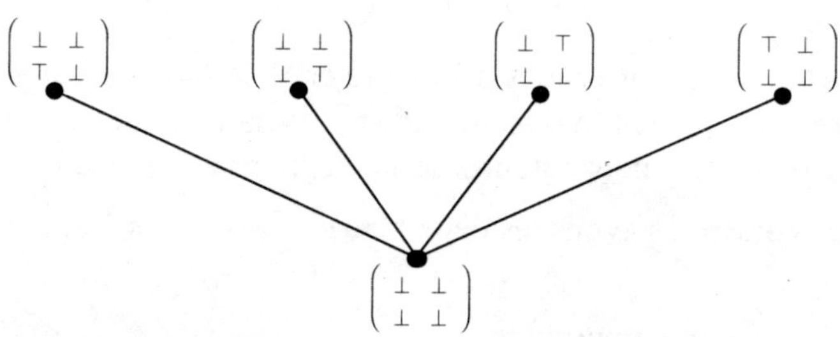

Ces quatre matrices ne se dominent pas l'une l'autre. Pour continuer la construction du diagramme, il faut continuer à substituer des $\top$ aux $\bot$. Par exemple, considérons les deux matrices de droite, soit $\begin{pmatrix} \bot & \top \\ \bot & \bot \end{pmatrix}$ et $\begin{pmatrix} \top & \bot \\ \bot & \bot \end{pmatrix}$.

Quels changements minimaux de $\bot$ en $\top$ nous donneront une matrice qui les dominera toutes deux ? La réponse est simple : pour respecter le réseau d'implications, la matrice qui les dominera toutes les deux devra avoir, pour chaque entrée, un $\top$ si l'une ou l'autre des deux matrices a un $\top$.

La matrice qui correspond à ces changements minimaux est donc :

$$\begin{pmatrix} \bot & \top \\ \bot & \bot \end{pmatrix} \bigvee \begin{pmatrix} \top & \bot \\ \bot & \bot \end{pmatrix} = \begin{pmatrix} \top & \top \\ \bot & \bot \end{pmatrix}$$

On pourrait faire un raisonnement similaire en partant du haut, raisonnant avec la conjonction et le faux plutôt qu'avec la disjonction et le vrai.

Autrement dit, pour utiliser un langage imagé : vers le haut, c'est $\top$ qui l'emporte et vers le bas, c'est $\bot$. Cela n'est pas un hasard. Les tables de vérité de « $\vee$ » et « $\wedge$ », soit :

p	q	$p \vee q$	$p \wedge q$
V	V	**V**	**V**
V	F	**V**	**F**
F	V	**V**	**F**
F	F	**F**	**F**

exprimaient la même chose : $\bigvee$ et $\bigwedge$ au niveau des matrices correspondent bien à « $\vee$ » et « $\wedge$ » au niveau des tables de vérité. Oublions maintenant que $\top$ et V désignent le vrai et $\bot$ et F le faux.

Le comportement de « $\wedge$ » vis-à-vis de F est exactement celui de « $\vee$ » vis-à-vis de V et *vice versa*. De même, le comportement de $\bigwedge$ par rapport aux matrices est le même que celui de $\bigvee$ par rapport aux matrices duales et *vice versa*.

Ou encore, si nous convenons d'interpréter V comme le faux et F comme le vrai, alors « $\wedge$ » devient la disjonction et « $\vee$ » la conjonction ! Examinons ce qui se passe lorsque nous retournons le diagramme.

Supposons que nous ayons les deux matrices $A = \begin{pmatrix} a_1 & a_2 \\ a_3 & a_4 \end{pmatrix}$ et $B = \begin{pmatrix} b_1 & b_2 \\ b_3 & b_4 \end{pmatrix}$.

Dans le diagramme, nous avons :

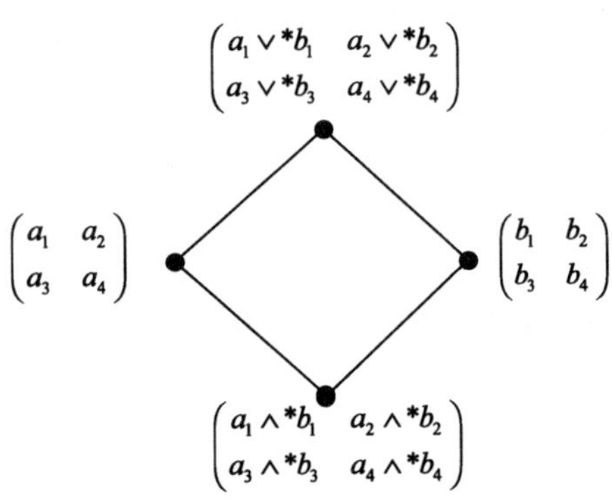

Mais les opérations sont valables à l'envers comme à l'endroit ; par exemple, la règle $\bot \wedge^* \top \rightarrow \bot$ devient $\top \vee^* \bot \rightarrow \top$ car $\bot$ devient $\top$, $\top$ devient $\bot$, $\wedge^*$ devient $\vee^*$ et $\vee^*$ devient $\wedge^*$ (d'où l'idée de prendre $\top$ et $\bot$ et non V et F).

En retournant la portion de diagramme, nous obtenons :

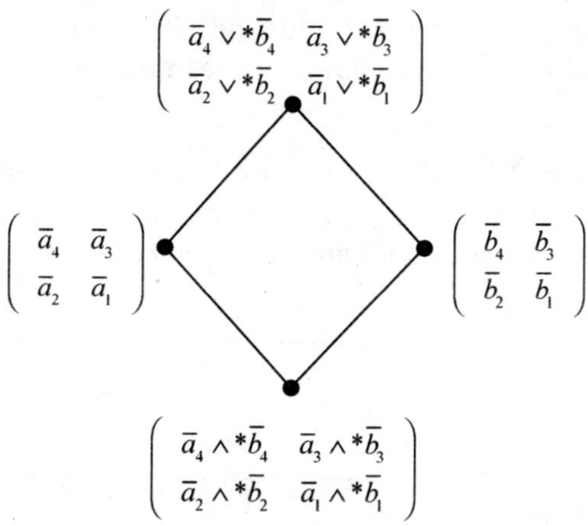

Bref, le fait d'avoir choisi des symboles qui se transforment en leurs « duals » par inversion permet d'obtenir des diagrammes également invariants par inversion.

Voici maintenant quelques propriétés intéressantes liées à la dualité. Prenons un énoncé quelconque ne contenant comme connecteurs que des « $\vee$ », des « $\wedge$ » et des « $\neg$ ». L'énoncé obtenu à partir du premier en changeant les « $\vee$ » en « $\wedge$ », les « $\wedge$ » en « $\vee$ » et en plaçant des « $\neg$ » devant les atomes possède une table de vérité exactement opposée à la table du premier. Il aura en effet des V là où l'autre a des F et *vice versa*.

Si nous prenons maintenant une tautologie ne contenant que des « $\wedge$ », des « $\vee$ » et des « $\neg$ », en appliquant la même transformation, nous obtiendrons une contradiction. Mais les tautologies et les contradictions sont indifférentes aux valeurs de vérité des atomes. Donc, si nous prenons une tautologie, changeant les « $\wedge$ » en « $\vee$ » et les « $\vee$ » en « $\wedge$ », nous obtiendrons une contradiction. De même, cette substitution changera les contradictions en tautologies. Par exemple, $(p \vee \neg p)$ est une tautologie et $(p \wedge \neg p)$ est une contradiction.

EXERCICE 9

Montrez que si l'on applique la transformation ci-dessus à l'énoncé $(p \supset (q \supset p))$ qui est une tautologie, et après avoir éliminé les « $\supset$ » en remplaçant $A \supset B$ par $\neg A \vee B$, on obtient une contradiction.

Nous avons dit que la méthode des matrices pouvait être généralisée aux énoncés complexes comportant plus de deux atomes. La technique est simple, mais elle s'avère trop lourde car les matrices deviennent rapidement énormes.

Les opérations $\bigvee$, $\bigwedge$ et $\overline{}$ demeurent les mêmes. La principale modification porte sur les matrices de base. Si nous adoptons les conventions suivantes pour tout atome p, q et r :

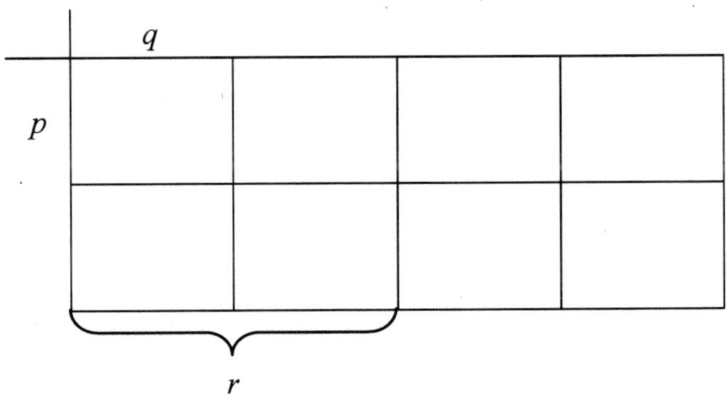

nous obtenons pour les trois atomes les matrices élémentaires suivantes :

pour p : $\begin{pmatrix} \top & \top & \top & \bot \\ \bot & \bot & \bot & \bot \end{pmatrix}$, pour q : $\begin{pmatrix} \top & \bot & \top & \bot \\ \top & \bot & \top & \bot \end{pmatrix}$, pour r : $\begin{pmatrix} \top & \top & \bot & \bot \\ \top & \top & \bot & \bot \end{pmatrix}$.

Le graphe des matrices contiendra $2^8 = 256$ nœuds (2 multiplié par lui-même autant de fois qu'il y a d'entrées dans la matrice).

Pour quatre atomes, nous pourrions adopter la convention suivante :

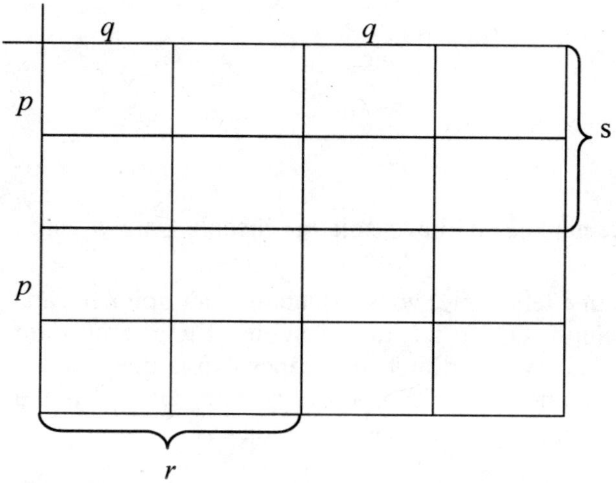

Il y a alors 2^{16} matrices !

*EXERCICE 10**

Donnez un espace de configuration pour un énoncé où apparaissent cinq atomes et dites à combien de matrices cet espace donne naissance.

NOTE HISTORIQUE

L'expression « tautologie » telle qu'utilisée ici remonte à L. WITTGENSTEIN, déjà cité.

Solutions des exercices du chapitre 3

EXERCICE 1

a) Oui, bien que pratiquement la méthode soit inutilisable pour *n* assez grand.

b) Non, car s'il n'y a pas une telle suite, vous calculerez indéfiniment sans jamais pouvoir conclure. On a ici un exemple d'une procédure mécanique qui fonctionne avec certitude si la réponse à la question est oui, mais qui ne fonctionne pas si la réponse est non. Une véritable procédure de décision doit fonctionner dans les deux cas.

c) Non.

d) Oui.

e) C'est un problème pratique impossible. On ne peut dire ni que la méthode est effective, ni qu'elle ne l'est pas. Les méthodes pour lesquelles le caractère d'effectivité s'applique – de façon positive ou négative – sont des méthodes de résolution de problèmes théoriques. Considérée d'un point de vue théorique, la méthode qui consiste à compter les éléments d'un ensemble *fini* pour déterminer combien il en possède est une méthode effective, quelle que soit la taille de l'ensemble. D'un point de vue pratique, il est même douteux qu'il y ait un consensus sur ce qu'est un grain de sable.

EXERCICE 2

p	q	$p \supset q$	$p \supset \neg\neg q$
V	V	**V**	**V** V F
V	F	**F**	**F** F V
F	V	**V**	**V** V F
F	F	**V**	**V** F V

EXERCICE 3

a) $(p \supset q) \models (\neg q \supset \neg p)$
Du fait que q découle de p, on peut conclure que non p découle de non q.

b) $((p \supset q) \wedge (q \supset r)) \models (p \supset r)$
Du fait que q découle de p et que r découle de q, on peut conclure que r découle de p.

c) $((p \wedge q) \supset r) \models (p \supset (q \supset r))$
De l'hypothèse que de p et de q il découle que r, on peut conclure que de p il découle que de q découle r.

d) $(p \supset (q \supset r)) \models ((p \wedge q) \supset r)$
Du fait que de p découle que de q découle r, on peut conclure que r découle de l'hypothèse que p et q.

e) $((p \supset q) \wedge (p \supset \neg q)) \models \neg p$
Si p entraîne le vrai comme le faux, c'est que p est faux.

f) $(p \supset \neg q) \models \neg p$
Quand p entraîne sa propre négation, p est faux.

g) $((\neg p \supset q) \wedge (\neg p \supset \neg q)) \models p$
Si, de l'hypothèse que p est faux, nous pouvons déduire le vrai comme le faux, c'est que p est vrai.

h) $(\neg p \supset p) \models p$
Si, de l'hypothèse que p est faux, il découle que p et vrai, c'est que p est vrai.

i) $p \models (q \supset p)$
Le vrai découle du vrai comme du faux. Ou encore, si p est vrai, il découle de n'importe quel q.

j) $\neg p \models (p \supset q)$
Le faux entraîne le vrai comme le faux.

EXERCICE 4

a)

p	q	$(p \supset q) \supset (q \supset p)$
V	V	V **V** V
V	F	F **V** V
F	V	V **F** F
F	F	V **V** V

Cet énoncé n'est pas une tautologie.

b)

p	q	$(p \wedge q) \supset (p \vee q)$
V	V	V **V** V
V	F	F **V** V
F	V	F **V** V
F	F	F **V** F

Cet énoncé est une tautologie.

c)

p	q	$(p \vee q) \supset (q \wedge p)$
V	V	V **V** V
V	F	V **F** F
F	V	V **F** F
F	F	F **V** F

Cet énoncé n'est pas une tautologie.

d)

p	q	r	$\neg(p \supset q) \supset (q \supset r)$
V	V	V	F V **V** V
V	V	F	F V **V** F
V	F	V	V F **V** V
V	F	F	V F **V** V
F	V	V	F V **V** V
F	V	F	F V **V** F
F	F	V	F V **V** V
F	F	F	F V **V** V

Cet énoncé est une tautologie.

e)

p	$(p \supset \neg p) \vee (\neg p \supset p)$
V	F F **V** F V
F	V F **V** V F

Cet énoncé est une tautologie.

f)

p	q	r	$((p \equiv q) \equiv r) \equiv (p \equiv (q \equiv r))$
V	V	V	V V **V** V V
V	V	F	V F **V** F F
V	F	V	F F **V** F F
V	F	F	F V **V** V V
F	V	V	F F **V** F V
F	V	F	F V **V** V F
F	F	V	V V **V** V F
F	F	F	V F **V** F V

Cet énoncé est une tautologie.

EXERCICE 5

a) Si p entraîne q alors q entraîne p. Ce principe n'est pas intuitivement valide et l'énoncé correspondant n'est pas une tautologie.

b) Si p et q sont tous les deux vrais, alors l'un des deux au moins est vrai. Ce principe est intuitivement valide et l'énoncé correspondant est une tautologie.

c) Si p ou q est vrai, alors les deux le sont. Ce principe n'est pas intuitivement valide et l'énoncé correspondant n'est pas une tautologie.

d) Si p n'entraîne pas q alors q entraîne r. Ce principe ne semble pas intuitivement valide et pourtant l'énoncé est tautologique. Ce « paradoxe » est une conséquence du principe de bivalence. En effet, si p n'entraîne pas q c'est que p est vrai et que q est faux ; mais si q est faux il entraîne r, que ce dernier soit vrai ou faux.

e) Soit p entraine non p, soit non p entraine p. Ce principe ne semble pas intuitivement valide et pourtant l'énoncé est tautologique.

f) Cet énoncé est tautologique mais le principe qu'il exprime, soit l'associativité de « $\equiv$ » n'est pas du tout intuitif. Je ne pense pas que l'on puisse l'exprimer en français de sorte qu'l soit compris par un locuteur n'ayant pas suivi de cours de logique !

En général, les principes intuitivement valides sont des tautologies (essayez de trouver un contre-exemple !), mais la réciproque n'est pas souvent vraie.

Exercice 6

$\models p \vee \neg p$ mais non $\models q \vee \neg p$.

En fait, l'explication est simple. Si p et q ont la même valeur de vérité, ils sont interchangeables dans n'importe quel énoncé du calcul sans que cet énoncé change de valeur. Or, $\models A$ n'est pas un énoncé du calcul ; c'est un énoncé qui dit que l'énoncé A est une tautologie. Un tel énoncé n'est pas vérifonctionnel, il ne dépend pas des valeurs de vérité des atomes sur une ligne, mais affirme que l'énoncé A est vrai sur *toutes* les lignes. Comme p et q n'ont pas la même valeur sur toutes les lignes…

Exercice 8

a) $p \supset (q \supset p)$

Éliminons les connecteurs « $\supset$ » : $\neg p \vee (\neg q \vee p)$

Écrivons l'expression matricielle :

$$\overline{\begin{pmatrix}\top&\top\\\bot&\bot\end{pmatrix}}\vee\left[\overline{\begin{pmatrix}\top&\bot\\\top&\bot\end{pmatrix}}\vee\begin{pmatrix}\top&\top\\\bot&\bot\end{pmatrix}\right]$$

$$\begin{pmatrix}\bot&\bot\\\top&\top\end{pmatrix}\vee\left[\begin{pmatrix}\bot&\top\\\bot&\top\end{pmatrix}\vee\begin{pmatrix}\top&\top\\\bot&\bot\end{pmatrix}\right]$$

$$\begin{pmatrix}\bot&\bot\\\top&\top\end{pmatrix}\vee\begin{pmatrix}\top&\top\\\bot&\top\end{pmatrix}$$

$$\begin{pmatrix}\top&\top\\\top&\top\end{pmatrix}$$

Ce qui donne l'espace de configuration suivant :

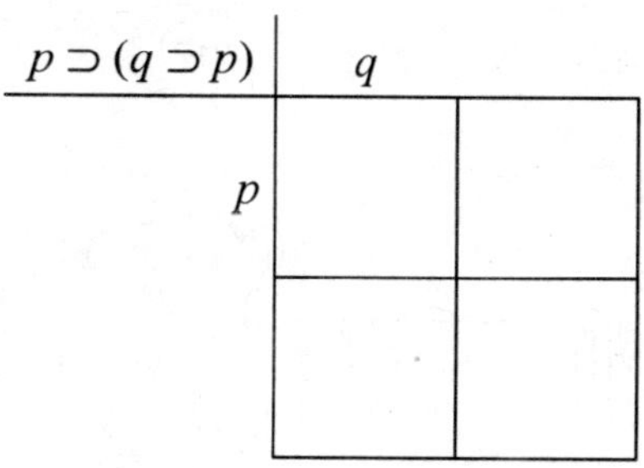

C'est une tautologie.

b) $((p \supset q) \wedge (p \supset \neg q)) \supset \neg p$

Éliminons les « $\supset$ » : $\neg((\neg p \vee q) \wedge (\neg p \vee \neg q)) \vee \neg p$

Écrivons l'expression matricielle :

$$\overline{\left[\left[\overline{\begin{pmatrix}\top&\top\\\bot&\bot\end{pmatrix}}\vee\begin{pmatrix}\top&\bot\\\top&\bot\end{pmatrix}\right]\wedge\left[\overline{\begin{pmatrix}\top&\top\\\bot&\bot\end{pmatrix}}\vee\overline{\begin{pmatrix}\top&\bot\\\top&\bot\end{pmatrix}}\right]\right]}\vee\overline{\begin{pmatrix}\top&\top\\\bot&\bot\end{pmatrix}}$$

$$\overline{\left[\left[\begin{pmatrix}\bot&\bot\\\top&\top\end{pmatrix}\vee\begin{pmatrix}\top&\bot\\\top&\bot\end{pmatrix}\right]\wedge\left[\begin{pmatrix}\bot&\bot\\\top&\top\end{pmatrix}\vee\begin{pmatrix}\bot&\top\\\bot&\top\end{pmatrix}\right]\right]}\vee\begin{pmatrix}\bot&\bot\\\top&\top\end{pmatrix}$$

$$\overline{\left[\begin{pmatrix}\top&\bot\\\top&\top\end{pmatrix}\wedge\begin{pmatrix}\bot&\top\\\top&\top\end{pmatrix}\right]}\vee\begin{pmatrix}\bot&\bot\\\top&\top\end{pmatrix}$$

$$\overline{\begin{pmatrix}\bot&\bot\\\top&\top\end{pmatrix}}\vee\begin{pmatrix}\bot&\bot\\\top&\top\end{pmatrix}$$

$$\begin{pmatrix}\top&\top\\\bot&\bot\end{pmatrix}\vee\begin{pmatrix}\bot&\bot\\\top&\top\end{pmatrix}$$

$$\begin{pmatrix}\top&\top\\\top&\top\end{pmatrix}$$

Ce qui donne l'espace de configuration suivant :

$((p \supset q)\ (p \supset \neg q)) \supset \neg p$	q	
p		

C'est une tautologie.

c) $(p \supset q) \equiv p$

Éliminons « $\supset$ » et « $\equiv$ » : $((\neg p \vee q) \wedge p) \vee (\neg(\neg p \vee q) \wedge \neg p)$

Écrivons l'expression matricielle :

$$\left[\left[\overline{\begin{pmatrix} \top & \top \\ \bot & \bot \end{pmatrix}} \vee \begin{pmatrix} \top & \bot \\ \top & \bot \end{pmatrix}\right] \wedge \begin{pmatrix} \top & \top \\ \bot & \bot \end{pmatrix}\right] \vee \left[\overline{\left[\overline{\begin{pmatrix} \top & \top \\ \bot & \bot \end{pmatrix}} \vee \begin{pmatrix} \top & \bot \\ \top & \bot \end{pmatrix}\right]} \wedge \overline{\begin{pmatrix} \top & \top \\ \bot & \bot \end{pmatrix}}\right]$$

$$\left[\left[\begin{pmatrix} \bot & \bot \\ \top & \top \end{pmatrix} \vee \begin{pmatrix} \top & \bot \\ \top & \bot \end{pmatrix}\right] \wedge \begin{pmatrix} \top & \top \\ \bot & \bot \end{pmatrix}\right] \vee \left[\overline{\left[\begin{pmatrix} \bot & \bot \\ \top & \top \end{pmatrix} \vee \begin{pmatrix} \top & \bot \\ \top & \bot \end{pmatrix}\right]} \wedge \begin{pmatrix} \bot & \bot \\ \top & \top \end{pmatrix}\right]$$

$$\left[\begin{pmatrix} \top & \bot \\ \top & \top \end{pmatrix} \wedge \begin{pmatrix} \top & \top \\ \bot & \bot \end{pmatrix}\right] \vee \left[\overline{\begin{pmatrix} \top & \bot \\ \top & \top \end{pmatrix}} \wedge \begin{pmatrix} \bot & \bot \\ \top & \top \end{pmatrix}\right]$$

$$\begin{pmatrix} \top & \bot \\ \bot & \bot \end{pmatrix} \vee \left[\begin{pmatrix} \bot & \top \\ \bot & \bot \end{pmatrix} \wedge \begin{pmatrix} \bot & \bot \\ \top & \top \end{pmatrix}\right]$$

$$\begin{pmatrix} \top & \bot \\ \bot & \bot \end{pmatrix} \vee \begin{pmatrix} \bot & \bot \\ \bot & \bot \end{pmatrix}$$

$$\begin{pmatrix} \top & \bot \\ \bot & \bot \end{pmatrix}$$

Ce qui donne l'espace de configuration suivant :

$(p \supset q) \equiv p$	q	
p		X
	X	X

Cet énoncé n'est ni une tautologie, ni une contradiction.

d) $(p \wedge q) \supset (p \vee q)$

Éliminons les « $\supset$ » : $\neg(p \wedge q) \vee (p \vee q)$

Écrivons l'expression matricielle :

$$\overline{\left[\begin{pmatrix} \top & \top \\ \bot & \bot \end{pmatrix} \wedge \begin{pmatrix} \top & \bot \\ \top & \bot \end{pmatrix}\right]} \vee \left[\begin{pmatrix} \top & \top \\ \bot & \bot \end{pmatrix} \vee \begin{pmatrix} \top & \bot \\ \top & \bot \end{pmatrix}\right]$$

$$\overline{\begin{pmatrix} \top & \bot \\ \bot & \bot \end{pmatrix}} \vee \begin{pmatrix} \top & \top \\ \top & \bot \end{pmatrix}$$

$$\begin{pmatrix} \bot & \top \\ \top & \top \end{pmatrix} \vee \begin{pmatrix} \top & \top \\ \top & \bot \end{pmatrix}$$

$$\begin{pmatrix} \top & \top \\ \top & \top \end{pmatrix}$$

Ce qui donne l'espace de configuration suivant :

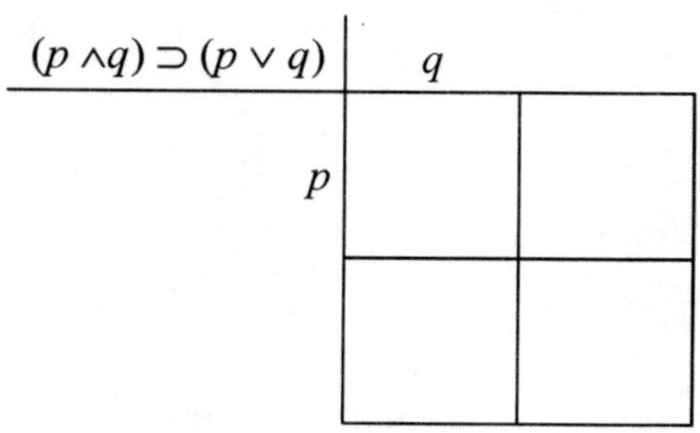

C'est une tautologie.

Exercice 10

L'espace suivant ferait l'affaire :

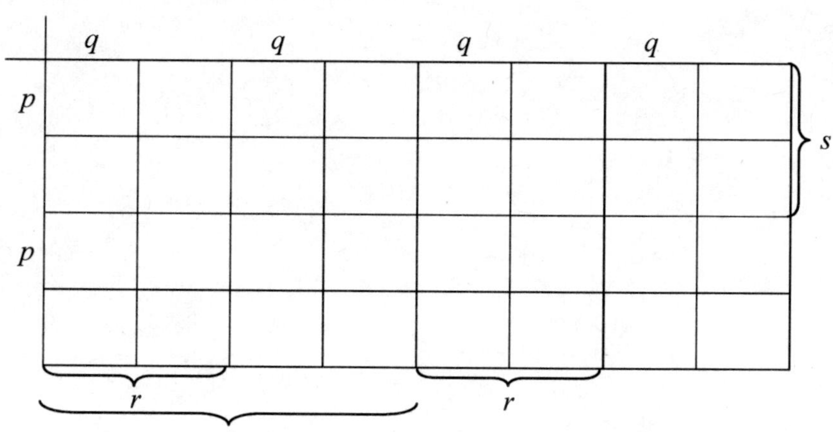

Il y aura 2^{32} matrices.

CHAPITRE IV

Méthodes syntaxiques élémentaires

4.0 Introduction

Les deux méthodes que nous avons étudiées, soit la méthode des tables de vérité et la méthode des matrices, sont directement inspirées des deux thèses de la bivalence et de la vérifonctionnalité. En effet, ces méthodes se fondent sur un même procédé : remplacer les lettres d'énoncés atomiques par des valeurs de vérité et calculer directement la valeur de l'énoncé complexe à partir de ces valeurs. En ce qui concerne la méthode des matrices, ce calcul porte non seulement sur les valeurs des énoncés dans un monde possible, mais aussi sur leurs valeurs dans l'ensemble des mondes possibles. Ces calculs sur la valeur de vérité sont rendus possibles parce que les énoncés nous intéressent uniquement sous l'aspect de leur valeur de vérité.

Pour ces raisons, nous pouvons qualifier ces méthodes de purement *sémantiques*, les calculs qu'elles entraînent ne portant que sur les *valeurs* des énoncés. Ce concept s'oppose à celui de méthodes *syntaxiques* qui, elles, utilisent des calculs sur les *symboles* d'énoncés sans que nous ayons à leur donner une signification. Cette distinction est passablement abstraite ; l'exemple suivant permettra de mieux la saisir.

Supposons que vous désiriez expliquer à un enfant l'addition des nombres entiers naturels. Combien font 2 plus 3 ? L'enfant prend deux doigts de sa main et les réunit (mentalement), puis les trois autres et les réunit, ensuite il fait la réunion de ces deux ensembles et dénombre cette réunion. Sauf erreur ou omission, il arrivera à cinq.

Cette méthode est sémantique. Elle consiste, en gros, à calculer la valeur de « 2 + 3 » à partir d'exemples de valeurs de « 2 », de « 3 » et de la valeur de la fonction « + » : choisir un ensemble de deux éléments, un ensemble de trois éléments et faire l'union (disjointe).

À l'opposé de cette « méthode », il serait possible d'enseigner l'addition simplement à partir de règles de réécriture. Cette méthode serait purement syntaxique. Pour notre exemple, cela consiste en l'apprentissage de règles de réécriture du genre de celle-ci :

$$\begin{array}{r}1\\+0\\\hline 1\end{array},\quad \begin{array}{r}1\\+1\\\hline 2\end{array},\ (\ldots),\quad \begin{array}{r}5\\+3\\\hline 8\end{array},\ (\ldots),\quad \begin{array}{r}5\\+6\\\hline 1\end{array}$$

(et je reporte 1 au-dessus de la colonne immédiatement à gauche)

c'est-à-dire que sous $\begin{array}{r}1\\+0\\\hline\end{array}$ on réécrit 1, sous $\begin{array}{r}1\\+1\\\hline\end{array}$ on réécrit 2, etc.

(la définition exacte de la procédure serait très lourde, il suffit ici d'en comprendre le principe).

On peut vite se rendre compte qu'il est possible d'apprendre à additionner de cette façon et même, à la limite, d'imaginer quelqu'un qui maîtriserait parfaitement l'addition, par exemple qui saurait réécrire :

$$\begin{array}{r}392\\+418\\\hline\end{array}\quad \text{par} \quad \begin{array}{r}11\\392\\+418\\\hline 810\end{array}$$

en suivant la règle et qui ne saurait pas qu'il est en train d'additionner (n'est-ce pas ce que fait une calculatrice ?) !

Bien sûr, une méthode syntaxique n'a d'intérêt que si elle est susceptible d'être interprétée sémantiquement ; une combinatoire de symboles n'est utile que lorsqu'on peut lui donner une signification.

Nous allons maintenant nous intéresser à des méthodes syntaxiques qui permettent de vérifier si un énoncé est une tautologie, de transformer un énoncé en un énoncé équivalent et de vérifier si un énoncé est une conséquence d'un autre.

4.1 L'algèbre de Boole

Nous avons vu au chapitre 3 que si nous avons une tautologie dont le connecteur principal est « ≡», soit $\vDash A \equiv B$, alors A et B ont la même table de vérité. Des énoncés tels que A et B sont alors dits équivalents, notion qui a été précisée par le théorème de la page 59.

Nous allons *sélectionner* une série d'équivalences et, nous appuyant sur ce théorème, proposer des règles de transformation. Ces règles permettront de *transformer* une expression en une expression équivalente tout comme en algèbre élémentaire on transforme $a^2 - b^2$ en $(a - b)(a + b)$. Le « calcul » s'appellera *algèbre de Boole*, du nom de son inventeur, George Boole.

Avant de présenter cette algèbre, il est utile d'introduire deux nouveaux symboles dans la langue-objet. De même que, en arithmétique, 1 et 0 jouent un rôle spécial, en algèbre de Boole, les tautologies et les contradictions auront un rôle particulier. Nous pourrions, par souci d'économie, choisir une tautologie particulière, $p \vee \neg p$, et une antilogie particulière, $\neg(p \vee \neg p)$, pour jouer ce rôle et éviter ainsi d'enrichir la langue-objet, mais comme toutes les tautologies sont équivalentes – de même que toutes les antilogies – il est plus pratique d'utiliser deux symboles spéciaux, « 1 » et « 0 ».

> **Attention** : Il ne faut pas confondre 1 avec V et 0 avec F. « 1 » désigne un énoncé toujours vrai et « 0 » désigne un énoncé toujours faux. V et F ne sont pas des énoncés.

Examinons maintenant les règles de cette algèbre. Comme d'habitude, *A*, *B* et *C* représentent des énoncés quelconques.

(1)	$\neg 0 \Leftrightarrow 1$	$\neg 1 \Leftrightarrow 0$	bivalence
(2)	$\neg\neg A \Leftrightarrow A$		double négation
(3)	$A \wedge 1 \Leftrightarrow A$	$A \vee 0 \Leftrightarrow A$	éléments neutres
(4)	$A \wedge 0 \Leftrightarrow 0$	$A \vee 1 \Leftrightarrow 1$	éléments absorbants
(5)	$A \wedge \neg A \Leftrightarrow 0$	$A \vee \neg A \Leftrightarrow 1$	non-contradiction / tiers exclu
(6)	$A \wedge A \Leftrightarrow A$	$A \vee A \Leftrightarrow A$	idempotence
(7)	$A \wedge (B \wedge C) \Leftrightarrow (A \wedge B) \wedge C$	$A \vee (B \vee C) \Leftrightarrow (A \vee B) \vee C$	associativité
(8)	$(A \wedge B) \Leftrightarrow (B \wedge A)$	$(A \vee B) \Leftrightarrow (B \vee A)$	commutativité
(9)	$(A \wedge (B \vee C)) \Leftrightarrow (A \wedge B) \vee (A \wedge C)$	$(A \vee (B \wedge C)) \Leftrightarrow (A \vee B) \wedge (A \vee C)$	distributivité
(10)	$\neg(A \wedge B) \Leftrightarrow \neg A \vee \neg B$	$\neg(A \vee B) \Leftrightarrow \neg A \wedge \neg B$	lois de De Morgan

On vérifiera que ces règles permettent de transformer une expression en une expression équivalente. On dira que ces règles sont *valides*. En particulier, si on réussit à transformer une expression *A* en 1, on peut conclure que *A* est une tautologie, et si on peut transformer une expression en 0, que c'est une antilogie.

> **Attention :** Les règles « $\Leftrightarrow$» valent dans les deux sens et, quelquefois, une suite d'opérations données peut nous éloigner de la réponse cherchée.

On remarquera que les règles ne concernent que « $\neg$», « $\wedge$» et « $\vee$». Avant d'aborder un calcul, il faut éliminer les « $\supset$» et « $\equiv$». Pour cela, on utilisera, comme pour la méthode des matrices, les transformations suivantes, également valides :

$$A \supset B \Leftrightarrow \neg A \vee B$$

$$A \equiv B \Leftrightarrow (A \wedge B) \vee (\neg A \wedge \neg B)$$

Examinons maintenant quelques exemples de démonstrations. Montrons que $(p \supset q) \supset (\neg q \supset \neg p)$ est une tautologie.

(1)	$(p \supset q) \supset (\neg q \supset \neg p)$	
(2)	$(\neg p \vee q) \supset (\neg\neg q \vee \neg p)$	élimination de $\supset$
(3)	$\neg(\neg p \vee q) \vee (q \vee \neg p)$	élimination de $\supset$ et double négation
(4)	$(\neg\neg p \wedge \neg q) \vee (q \vee \neg p)$	loi de De Morgan
(5)	$(p \wedge \neg q) \vee (q \vee \neg p)$	double négation
(6)	$((p \wedge \neg q) \vee q) \vee \neg p$	associativité
(7)	$((p \vee q) \wedge (\neg q \vee q)) \vee \neg p$	distributivité de $\vee$ sur $\wedge$
(8)	$((p \vee q) \wedge 1) \vee \neg p$	tiers exclu
(9)	$(p \vee q) \vee \neg p$	élément neutre
(10)	$(q \vee p) \vee \neg p$	commutativité
(11)	$q \vee (p \vee \neg p)$	associativité
(12)	$q \vee 1$	tiers exclu
(13)	1	élément absorbant

Ce qui complète la démonstration.

Voici un autre exemple de démonstration. Montrons que $\neg(p \supset (q \supset p))$ est une contradiction.

(1)	$\neg(p \supset (q \supset p))$	
(2)	$\neg(\neg p \vee (\neg q \vee p))$	élimination de $\supset$
(3)	$\neg(\neg p \vee (p \vee \neg q))$	commutativité
(4)	$\neg((\neg p \vee p) \vee \neg q)$	associativité
(5)	$\neg(1 \vee \neg q)$	tiers exclu
(6)	$\neg 1$	élément absorbant
(7)	0	bivalence

Ce qui complète la démonstration.

Lorsque plusieurs termes se trouvent en conjonction (ou en disjonction), ceux-ci peuvent être permutés en utilisant la commutativité et l'associativité. Par exemple, $(\neg r \wedge q) \wedge (p \wedge r)$ peut se ramener à 0 par la suite de transformations suivantes :

(1)	$(\neg r \wedge q) \wedge (p \wedge r)$	
(2)	$(\neg r \wedge q) \wedge (r \wedge p)$	commutativité
(3)	$((\neg r \wedge q) \wedge r) \wedge p$	associativité
(4)	$((q \wedge \neg r) \wedge r) \wedge p$	commutativité
(5)	$(q \wedge (\neg r \wedge r)) \wedge p$	associativité
(6)	$(q \wedge 0) \wedge p$	non-contradiction
(7)	$0 \wedge p$	élément absorbant
(8)	0	élément absorbant

Dans les dérivations, nous nous permettrons de regrouper certaines de ces étapes.

EXERCICE 1⁺

Montrez, en utilisant les transformations booléennes, que les expressions suivantes sont des tautologies.

a) $(p \supset q) \vee (q \supset p)$
b) $(p \equiv q) \supset (p \supset q)$
c) $((p \supset q) \wedge (q \supset r)) \supset (p \supset r)$
d) $(p \supset q) \vee (q \supset r)$
e) $(p \supset \neg p) \supset \neg p$
f) $(p \wedge (p \vee q)) \equiv p$

EXERCICE 2

Montrez, en utilisant les transformations booléennes, que les expressions suivantes sont des tautologies :

a) $\neg(p \supset q) \supset (p \wedge \neg q)$
b) $(p \supset (q \supset r)) \supset ((p \wedge q) \supset r)$

Une question se pose maintenant : si A et B sont deux expressions équivalentes, existe-t-il une suite de transformations booléennes qui permette de transformer A en B ? La réponse est oui, mais il n'est pas toujours facile de trouver cette suite. L'exercice suivant vous en convaincra (peut-être).

*EXERCICE 3**

a) Montrez, en utilisant les transformations booléennes, que $(p \vee (p \wedge q)) \equiv p$ est une tautologie.
b) Puisque $(p \vee (p \wedge q)) \equiv p$ est une tautologie, $p \vee (p \wedge q)$ est équivalent à p. Transformez l'expression $p \vee (p \wedge q)$ en p.
c) En utilisant b), montrez que p est équivalent à $(p \vee q) \wedge (p \vee \neg q)$.

4.2 Les formes normales disjonctives

Prenons un énoncé quelconque, par exemple $\neg((p \supset q) \supset r)$, et considérons sa table de vérité.

p	q	r	$\neg((p \supset q) \supset r)$
V	V	V	**F** V V
V	V	F	**V** V F
V	F	V	**F** F V
V	F	F	**F** F V
F	V	V	**F** V V
F	V	F	**V** V F
F	F	V	**F** V V
F	F	F	**V** V F

Chaque ligne de cette table de vérité nous apprend que l'expression prend la valeur vrai ou faux selon la valeur des atomes sur cette ligne. Si nous voulions décrire en langue naturelle ce que dit cette table, nous pourrions le faire de la façon suivante.

L'expression $\neg((p \supset q) \supset r)$ est vraie si et seulement si *p et q* sont vrais *et r* faux (deuxième ligne), *ou* si *p* est faux, *q* est vrai *et r* est faux (sixième ligne), *ou* si *p, q et r* sont faux (huitième ligne). Bref, il s'agit de décrire la distribution des valeurs de vérité des atomes sur chacune des lignes où l'énoncé complexe est vrai.

Cet énoncé de la langue naturelle utilise des « *et* » et des « *ou* ». Si nous le traduisons dans le langage du calcul des propositions, nous obtenons l'énoncé suivant :

$$(p \wedge q \wedge \neg r) \vee (\neg p \wedge q \wedge \neg r) \vee (\neg p \wedge \neg q \wedge \neg r)$$

Si notre intuition a été un bon guide, cette expression devrait avoir la même table que $\neg((p \supset q) \supset r)$. Vérifions-le.

p	q	r	$((p \wedge q \wedge \neg r) \vee (\neg p \wedge q \wedge \neg r) \vee (\neg p \wedge \neg q \wedge \neg r))$										
V	V	V	F	F	F	F	F	**F**	F	F	F	F	F
V	V	F	V	V	V	F	V	**V**	F	F	F	F	V
V	F	V	F	F	F	F	F	**F**	F	F	V	F	F
V	F	F	F	F	F	F	F	**F**	F	F	V	V	V
F	V	V	F	F	F	F	F	**F**	V	F	F	F	F
F	V	F	F	V	V	V	V	**V**	V	F	F	F	V
F	F	V	F	F	F	F	F	**F**	V	F	V	F	F
F	F	F	F	F	F	F	F	**V**	V	V	V	V	V
			9	8	10	7	6	11	1	5	2	4	3

La forme de cette expression est très particulière :

- Les négations n'apparaissent que devant des atomes.
- L'expression est de la forme $A_1 \vee A_2 \vee \ldots \vee A_n$ où chaque A_i est une conjonction d'atomes ou de négations d'atomes.
- Chaque A_i correspond à une ligne de la table où l'expression est vraie et chaque atome ou sa négation apparaît selon que, dans ce monde, cet atome est vrai ou non.

On appelle ce genre d'énoncé une *forme normale disjonctive* (FND).

L'intérêt d'une FND est qu'elle montre en quelque sorte sa table de vérité ; sa structure *syntaxique* est un portrait de sa structure *sémantique*.

L'intérêt des FND serait grandement limité si nous devions passer par les tables de vérité pour les obtenir. Heureusement, ce n'est pas le cas : quelle que soit l'expression, nous pouvons rapidement trouver une FND équivalente. Comment ? Par des transformations booléennes. Voici les étapes qu'il faut suivre :

(1) traduire les connecteurs autres que « $\neg$ », « $\wedge$ » et « $\vee$ » ;

(2) utiliser les lois de De Morgan jusqu'à ce que toutes les négations portent sur des atomes (en éliminant, bien sûr, les doubles négations) ;

(3) utiliser les lois de distributivité pour « sortir » les « $\vee$ » et « rentrer » les « $\wedge$ ».

Remarque 1 : Il n'est pas nécessaire que chaque terme d'une FND contienne chaque atome ou sa négation. Exemple : $(p \wedge \neg q) \vee (p \wedge q \wedge r)$ est une FND. Lorsque chaque terme contient chacun des atomes (apparaissant dans au moins un terme) ou sa négation, on dit que c'est une FND *totalement développée* (FNDTD).

Remarque 2 : Une FND peut ne contenir qu'un terme. Exemple : $p \wedge q \wedge \neg r$.

Remarque 3 : Une FND peut comporter des termes ne contenant qu'un atome ou qu'une négation d'atome. Exemple : $(p \wedge q) \vee r \vee (\neg p \wedge \neg q \wedge \neg r)$. Un cas limite serait celui d'une FND ne possédant qu'un terme, lui-même composé d'un atome ou d'une négation d'atome. Par exemple, p est une FND ne contenant qu'un terme, ne contenant lui-même qu'un atome.

Lorsqu'une FND n'est pas une FNDTD, par exemple $p \vee (\neg p \wedge \neg q)$, chaque terme incomplet, ici p, représente plusieurs lignes. Lesquelles ? Dans notre exemple, p représente les lignes correspondant à $(p \wedge q) \vee (p \wedge \neg q)$. Peut-on toujours trouver une FNDTD équivalente à une expression donnée ?

Examinons un exemple de calcul de FND. Reprenons l'expression : $\neg((p \supset q) \supset r)$. On a :

(1)	$\neg((p \supset q) \supset r)$	
(2)	$\neg(\neg(\neg p \vee q) \vee r)$	traduction de $\supset$
(3)	$\neg\neg(\neg p \vee q) \wedge \neg r$	loi de De Morgan
(4)	$(\neg p \vee q) \wedge \neg r$	double négation
(5)	$(\neg p \wedge \neg r) \vee (q \wedge \neg r)$	distributivité

Nous sommes arrivés à une FND. Malheureusement, ce n'est pas celle que nous voulions. La différence entre ces deux FND est que celle qui est recherchée est une FNDTD alors que celle que nous avons calculée ne l'est pas. Il s'agit maintenant de développer la FND trouvée. Remarquons d'abord que le premier terme de notre FND, $(\neg p \wedge \neg r)$, décrit deux lignes de la table de vérité, soit les deux lignes où p et r sont faux, que q le soit ou non. Ces deux lignes sont évidemment la ligne où p est faux, q est vrai et r est faux et la ligne où les trois sont faux.

Autrement dit, $(\neg p \wedge \neg r)$ doit être équivalent à :

$$(\neg p \wedge \neg r \wedge q) \vee (\neg p \wedge \neg r \wedge \neg q).$$

On pourrait vérifier cette équivalence en en faisant la table, mais la transformation booléenne suivante est plus convaincante.

(1a)	$(\neg p \wedge \neg r)$	
(2a)	$(\neg p \wedge \neg r \wedge 1)$	élément neutre
(3a)	$(\neg p \wedge \neg r) \wedge (q \vee \neg q)$	tiers exclu
(4a)	$(\neg p \wedge \neg r \wedge q) \vee (\neg p \wedge \neg r \wedge \neg q)$	distributivité de $\wedge$ sur $\vee$

Si, maintenant, nous remarquons que $(q \wedge \neg r)$ est équivalent à $(q \wedge \neg r \wedge p) \vee (q \wedge \neg r \wedge \neg p)$, nous montrons que $(\neg p \wedge \neg r) \vee (q \wedge \neg r)$ est équivalent à :

(6) $(\neg p \wedge \neg r \wedge q) \vee (\neg p \wedge \neg r \wedge \neg q) \vee (p \wedge \neg r \wedge q) \vee (\neg p \wedge \neg r \wedge q)$

Or le premier et le quatrième termes sont identiques ; puisque $A \vee A \Leftrightarrow A$, nous obtenons l'expression :

(7) $(\neg p \wedge \neg r \wedge q) \vee (\neg p \wedge \neg r \wedge \neg q) \vee (p \wedge \neg r \wedge q)$

En appliquant la commutativité et l'associativité plusieurs fois, nous obtenons (enfin !) :

(8) $(p \wedge q \wedge \neg r) \vee (\neg p \wedge q \wedge \neg r) \vee (\neg p \wedge \neg q \wedge \neg r)$

EXERCICE 4✧

Trouvez une FND et une FNDTD équivalente pour chacun des énoncés suivants :

a) $(q \vee r) \supset (r \supset \neg p)$
b) $p \equiv q$
c) $p \supset (p \wedge q)$
d) $(p \supset q) \supset (q \supset p)$

Qu'en sera-t-il des tautologies ? Leurs FNDTD seront des disjonctions de toutes les lignes ! Considérons l'exemple suivant :

(1) $p \supset (q \supset p)$

(2) $\neg p \vee \neg q \vee p$ FND

(3) $(\neg p \wedge q) \vee (\neg p \wedge \neg q) \vee (\neg q \wedge p) \vee (\neg q \wedge \neg p) \vee (p \wedge q) \vee (p \wedge \neg q)$

Le troisième terme est identique au sixième, et le deuxième au quatrième. On obtient donc :

(4) $(p \wedge q) \vee (p \wedge \neg q) \vee (\neg p \wedge q) \vee (\neg p \wedge \neg q)$

ce que nous attendions.

Qu'en est-il des contradictions ? Comme chacun des termes d'une FNDTD « montre » une ligne de la table où l'expression est vraie, une contradiction ne devrait pas avoir de FNDTD. Vérifions ce qui se passe alors.

(1) $\neg(p \supset (q \supset p))$
(2) $\neg(\neg p \vee (\neg q \vee p))$
(3) $p \wedge \neg(\neg q \vee p)$
(4) $p \wedge q \wedge \neg p$
(5) 0

Cet exemple nous montre que, lorsque nous essayons de trouver une FNDTD d'une contradiction, nous ne trouvons que des conjonctions (ici il n'y en a qu'une) qui contiennent un atome et sa négation et donc se ramènent à 0.

Cette propriété nous fournit un nouveau test de vérification du caractère contradictoire d'un énoncé. Dans la section suivante, nous allons étudier une méthode inspirée des FND et qui est, de loin, la plus efficace que nous ayons rencontrée pour tester la validité.

EXERCICE 5✣

Pour chacun des énoncés suivants, trouvez, en utilisant les transformations booléennes, une FNDTD équivalente.

a) $(p \supset q) \supset r$
b) $(p \vee \neg q) \wedge (\neg p \vee q)$

EXERCICE 6

Pour chacun des énoncés suivants, trouvez, en utilisant les transformations booléennes, une FNDTD équivalente.

a) $p \supset (p \supset q)$
b) $p \wedge (p \supset (q \supset p))$
c) $p \vee q$

EXERCICE 7*

Aux notions de *forme normale disjonctive* et de *forme normale disjonctive totalement développée* correspondent des notions duales : celles de *forme normale conjonctive* et de *forme normale conjonctive totalement développée* (FNCTD). Une forme normale conjonctive est une expression de la forme : $A_1 \wedge A_2 \wedge \ldots \wedge A_n$

où chaque A_i est de la forme : $B_1 \vee B_2 \vee \ldots \vee B_n$

où chaque B_i est soit un des m atomes, soit la négation d'un des m atomes apparaissant dans l'énoncé initial.

a) Pour un énoncé quelconque, existe-t-il toujours une FNCTD équivalente ? Justifiez votre réponse.
b) À quoi ressemble une FNCTD équivalente à une tautologie ? À quoi ressemble une FNCTD équivalente à une contradiction ?

EXERCICE 8

Supposons que quelqu'un prétende avoir inventé un connecteur ternaire d'identité, c'est-à-dire un connecteur à trois places, appelons-le $\otimes$, tel que

(i) $(\otimes pqr)$ est vrai si p, q et r sont tous les trois vrais ou tous les trois faux et

(ii) $(\otimes pqr)$ est faux dans tous les autres cas.

a) En vous inspirant de sa table de vérité, donnez une FNDTD équivalente à $(\otimes pqr)$.
b) Montrez par transformations booléennes que $(\otimes pqr)$ est équivalent à : $(p \supset (q \wedge r)) \wedge (r \supset (p \wedge q)) \wedge (q \supset (r \wedge p))$.
c) Que peut-on conclure à propos des connecteurs ternaires en général ? Des connecteurs n-aires en général ?

EXERCICE 9

Marie dit : À moins que Pierre ne vienne à la soirée, il restera de la bière ou du vin.

Pierre répond : Si je ne viens pas à la soirée et qu'il ne reste plus de bière, alors il restera du vin.

Traduisez ce que dit chacun d'eux dans le langage du calcul des propositions et montrez, en utilisant des transformations booléennes, qu'ils disent la même chose.

EXERCICE 10 ✣

Marie dit : Il suffit que cette voiture ne soit pas japonaise pour qu'elle soit américaine ou allemande.

Pierre répond : Si cette voiture n'est ni allemande ni américaine, elle est japonaise.

Exprimez dans le langage du calcul des propositions ce que dit chacun de ces énoncés de la langue naturelle et dites, en utilisant des transformations booléennes, s'ils sont équivalents. (Prendre les lettres p, q et r pour représenter les énoncés atomiques dans l'ordre de leur apparition dans le premier énoncé. Justifiez chaque transformation. Si vous effectuez plusieurs transformations d'un seul coup, justifiez-les toutes.)

4.3 La méthode des arbres

Pour qu'une disjonction soit vraie, il est nécessaire et suffisant que l'un ou l'autre des termes de la disjonction soit vrai ; pour qu'une conjonction soit vraie, il est nécessaire et suffisant que les deux termes soient vrais.

Pour que la négation d'une conjonction soit vraie, il est nécessaire et suffisant qu'un des termes soit faux ; pour que la négation d'une disjonction soit vraie, il est nécessaire et suffisant que les deux termes soient faux.

Enfin, pour qu'une double négation soit vraie, il est nécessaire et suffisant que le terme de la double négation soit vrai également.

Ces propriétés très simples vont nous permettre de développer une méthode graphique, appelée *méthode des arbres*, qui revient pratiquement à construire des FND et qui, par conséquent, va nous donner un test pour vérifier si un énoncé est une contradiction.

Considérons les règles de construction suivantes :

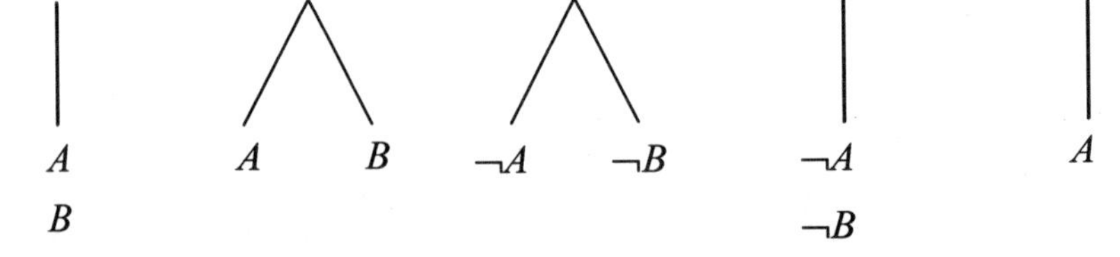

Voici comment ces règles sont utilisées pour construire un arbre. La première nous dit que nous pouvons réécrire $A \wedge B$ comme la suite de A et de B sur la même branche. Voici l'interprétation intuitive dont s'inspire cette règle : si $A \wedge B$ se trouve sur un chemin de l'arbre, alors A et B devront se trouver sur ce même chemin, car si $A \wedge B$ est vrai, A et B le sont aussi. Examinons la troisième. Si $\neg(A \wedge B)$ se trouve sur un chemin, alors $\neg A$ ou $\neg B$ devra se trouver sur le même chemin. Construire un arbre correspondant à une expression complexe va consister à construire des chemins à partir de l'expression en utilisant ces règles. Les chemins ainsi obtenus dans l'arbre (considérés de bas en haut) seront des *chemins de vérité.*

En effet, nous pouvons interpréter

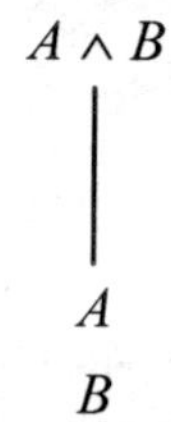

comme disant « A et B sont vrais si et seulement si $A \wedge B$ l'est aussi ».

De même, nous interpréterons

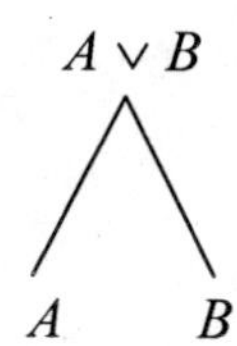

comme disant « A est vrai ou B est vrai si et seulement si $A \vee B$ l'est aussi ».

Ces règles de réécriture vont nous permettre de construire des *arbres* complètement développés (c'est-à-dire jusqu'aux atomes ou négations d'atomes) à partir d'une expression donnée. Considérons l'exemple suivant.

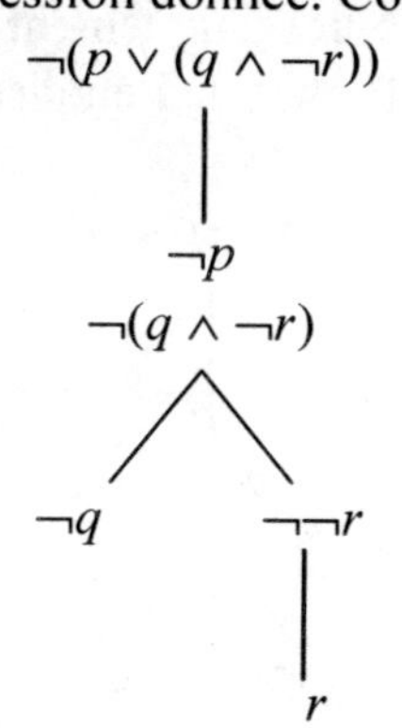

L'application des règles que nous avons énoncées au début de la présente section nous permet d'interpréter cet arbre de la façon suivante :

$\neg(p \vee (q \wedge \neg r))$ est vrai si et seulement si $\neg p$ et $\neg q$ sont vrais ou $\neg p$ et r sont vrais. En effet, il y a deux « chemins de vérité » complets dans cet arbre. Celui de gauche contient $\neg(p \vee (q \wedge \neg r))$, $\neg p$, $\neg(q \wedge \neg r)$, $\neg q$. Mais si $\neg p$ et $\neg(q \wedge \neg r)$ sont vrais, $\neg(p \vee (q \wedge \neg r))$ l'est aussi (quatrième règle). Donc, ce « chemin de vérité » est équivalent à $\neg p$, $\neg(q \wedge \neg r)$, $\neg q$. De même, si $\neg q$ est vrai, $\neg(q \wedge \neg r)$ l'est aussi. Donc, le « chemin de vérité » de départ peut se résumer par $\neg p$ et $\neg q$ sont vrais. On pourrait faire le même raisonnement pour le second chemin.

Notre conclusion que $\neg(p \vee (q \wedge \neg r))$ est vraie si et seulement si $\neg p$ et $\neg q$ ou $\neg p$ et r sont vrais est donc entièrement justifiée.

Si nous essayons de traduire ces « et » et ces « ou » dans la langue-objet, nous obtenons :

$\neg(p \vee (q \wedge \neg r))$ est vrai si et seulement si $(\neg p \wedge \neg q) \vee (\neg p \wedge r)$ est vrai, cet énoncé étant, bien entendu, une FND équivalente.

*Exercice 11**

> Vérifiez que $(\neg p \wedge \neg q) \vee (\neg p \wedge r)$ est bien une FND de $\neg(p \vee (q \wedge \neg r))$.

Résumons-nous. La méthode des arbres permet de construire les FND d'un énoncé de la façon suivante. À partir de l'énoncé de départ, on construit un arbre jusqu'à ce qu'aucune règle ne puisse plus être appliquée. Pour chaque chemin de vérité, la *conjonction* des atomes et des négations d'atomes qui y apparaissent constitue un des termes de la FND.

Jusqu'ici, nous avons rencontré uniquement des arbres ne produisant que des chemins ouverts. Faisons l'arbre de l'énoncé suivant : $p \wedge (\neg p \vee q)$

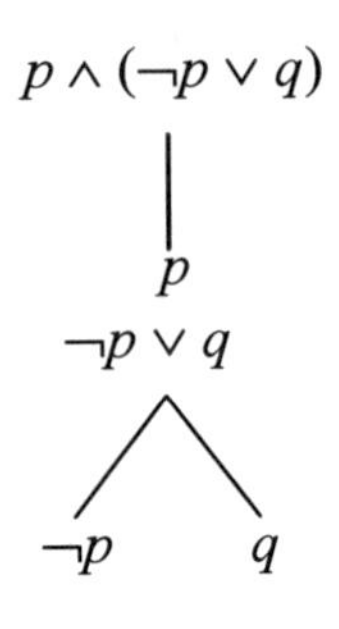

L'un des embranchements n'est pas un chemin de vérité car il contient à la fois p et $\neg p$. Il est impossible que p et $\neg p$ soient simultanément vrais. On dit que ce chemin ferme et on l'indiquera en inscrivant un ×.

Cette situation était prévisible : elle correspond à la présence d'une contradiction dans la FND. En effet,

$$\begin{aligned} p \wedge (\neg p \vee q) &\Leftrightarrow (p \wedge \neg p) \vee (p \wedge q) \\ &\Leftrightarrow 0 \vee (p \wedge q) \\ &\Leftrightarrow p \wedge q \end{aligned}$$

Dire qu'un chemin est fermé, c'est simplement dire que ce chemin correspond à un terme contradictoire dans une FND et que ce terme peut être négligé en vertu de la transformation booléenne $A \vee 0 \Leftrightarrow A$.

Si nous essayons maintenant de faire l'arbre d'une contradiction, nous devons nous attendre à ce que chacun de ses chemins contienne un atome et sa négation. Examinons l'exemple suivant : $\neg(\neg(p \wedge q) \vee (p \wedge q))$.

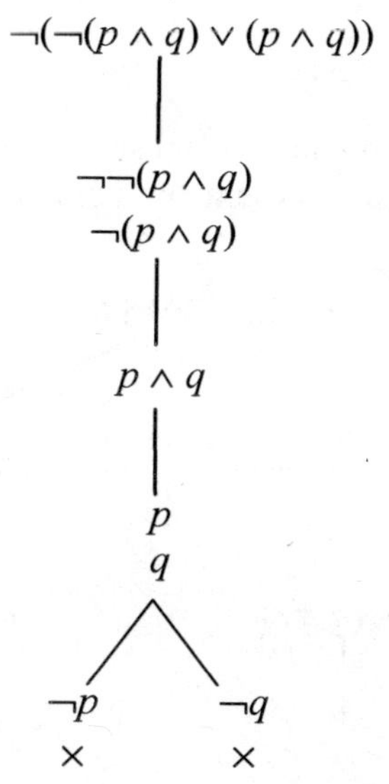

L'un des chemins contient p et $\neg p$, l'autre q et $\neg q$. Cette propriété va nous être très utile.

Mais avant, nous rappelant les équivalences entre $A \supset B$ et $\neg A \vee B$ et entre $A \equiv B$ et $(A \wedge B) \vee (\neg A \wedge \neg B)$, nous pouvons introduire les règles dérivées suivantes :

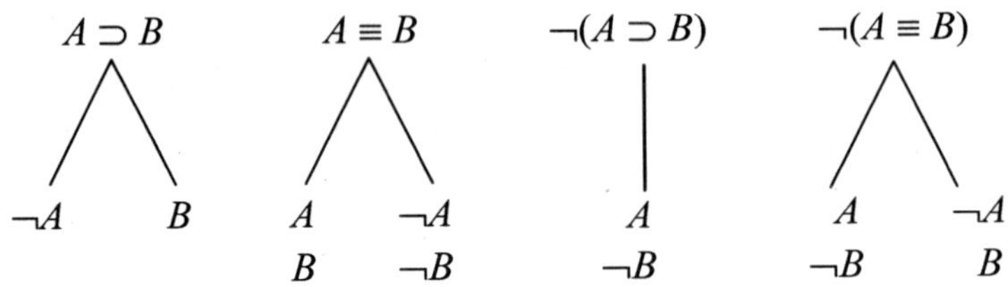

EXERCICE 12✧

Inventez une règle pour la barre de Sheffer (p. 12) et justifiez intuitivement sa validité.

Nous sommes maintenant en mesure de construire un arbre pour n'importe quel énoncé qui contient les connecteurs habituels. Considérons l'exemple suivant :

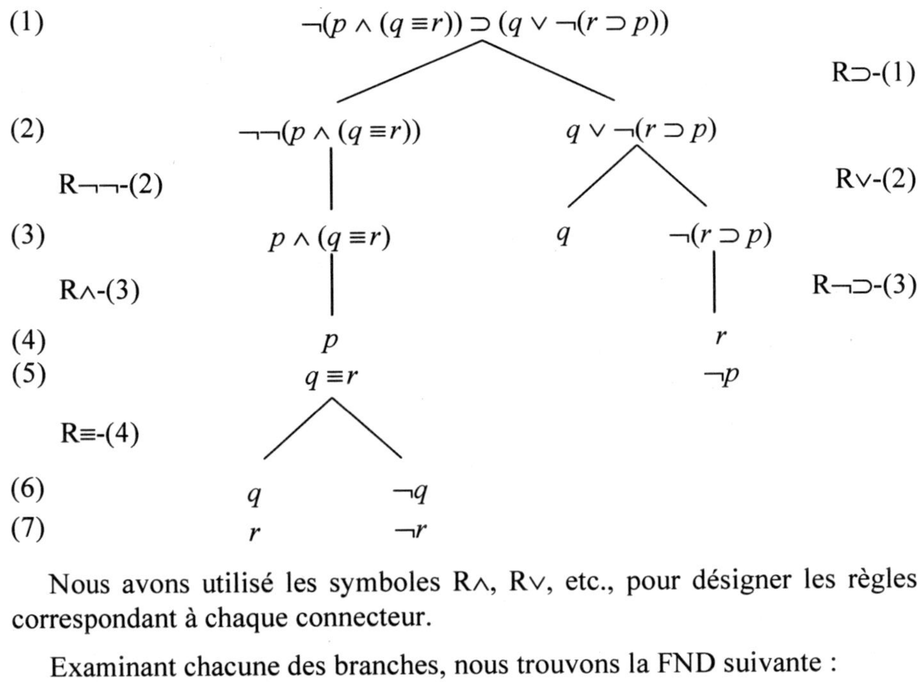

Nous avons utilisé les symboles R∧, R∨, etc., pour désigner les règles correspondant à chaque connecteur.

Examinant chacune des branches, nous trouvons la FND suivante :

$$(p \wedge q \wedge r) \vee (p \wedge \neg q \wedge \neg r) \vee q \vee (r \wedge \neg p)$$

EXERCICE 13*

Vérifiez, par la méthode de votre choix, que les deux expressions sont équivalentes.

Nous avons annoncé plus haut que la méthode des arbres pouvait être utilisée pour tester le caractère tautologique d'un énoncé. Le raisonnement est le suivant. Supposons que nous voulions tester le caractère tautologique de A :

(1) Si A est une tautologie, $\neg A$ est une contradiction.

(2) Si $\neg A$ est une contradiction, $\neg A$ n'a pas de FND (autre que 0).

(3) Si $\neg A$ n'a pas de FND (autre que 0), son arbre n'a que des branches qui contiennent au moins un atome et sa négation. On dira que toutes les branches *ferment*.

Considérons l'exemple suivant. Nous voulons vérifier par la méthode des arbres que $\vDash p \supset p$.

Prenons la négation de $p \supset p$ et construisons son arbre.

(1)	$\neg(p \supset p)$	
	$\vert$	R¬⊃(1)
(2)	p	
(3)	$\neg p$	
	×	

Cet arbre n'a qu'une branche et cette branche contient p et $\neg p$. Donc $\neg(p \supset p)$ est contradictoire et $p \supset p$ est une tautologie.

EXERCICE 14*

Vérifiez par la méthode des arbres que les énoncés suivants sont des tautologies.

a) $(p \supset \neg p) \supset \neg p$

b) $p \supset (q \supset p)$

c) $(p \wedge (p \vee q)) \equiv p$

d) $(\neg q \supset p) \supset (\neg p \supset (\neg q \supset p))$

e) $((p \supset q) \wedge (q \supset r)) \supset (p \supset r)$

f) $\neg(p \equiv q) \equiv (p \equiv \neg q)$

g) $(p \vee q) \equiv ((p \supset q) \supset q)$

EXERCICE 15

Soit l'expression suivante : $(p \supset q) \equiv (q \supset p)$

a) En utilisant la méthode des arbres, trouvez une FND équivalente.
b) Retrouvez la même FND en utilisant les transformations booléennes.

*EXERCICE 16**

Toto n'est pas très fort en logique et, en plus, il est paresseux. Il prétend que pour prouver qu'un énoncé est une tautologie, plutôt que de prendre la négation et d'en faire l'arbre pour vérifier que tous les chemins ferment, il suffit de faire l'arbre et de montrer que tous les chemins sont ouverts. Montrez qu'il a doublement tort.

a) Il y a des énoncés non tautologiques dont l'arbre n'a que des chemins ouverts.
b) Il y a des tautologies dont l'arbre possède des chemins fermés.

4.4 Un test de validité pour les déductions

Avec la méthode des arbres, nous avons un moyen simple, rapide et intuitif pour vérifier si un énoncé est une tautologie. Nous allons maintenant utiliser cette méthode pour vérifier si un raisonnement est valide ou non.

Commençons par rappeler quelques notions. Nous avons vu que si A et B sont des énoncés, on dit que $A \vDash B$, soit que B est une conséquence valide de A, si et seulement si B a des V sur toutes les lignes où A a des V. On dira alors que B peut être déduit de A. Cette notion peut être généralisée. Supposons que nous ayons les $n + 2$ énoncés suivants $A_0, A_1, \ldots, A_n, B$. On dira que B peut être déduit de $A_0, \ldots, A_n$ si et seulement si B a des V sur toutes les lignes où $A_0, \ldots, A_n$ ont simultanément des V.

Intuitivement, cela signifie que dans chaque monde possible où $A_0, \ldots, A_n$ sont vrais, B l'est également.

> **Définition :** $A_0, \ldots, A_n \vDash B$ si et seulement si toute interprétation qui rend vrais simultanément $A_0, \ldots, A_n$ rend B vrai.

Nous voyons tout de suite comment la méthode des arbres peut servir de test. Supposons que nous voulions vérifier la validité de la déduction suivante : $A_0, \ldots, A_n \vDash B$. Cette déduction sera valide si et seulement s'il n'y a pas d'interprétation qui rende $A_0, \ldots, A_n$ simultanément vrais et ne rende pas B vrai, c'est-à-dire si et seulement s'il n'y a pas d'interprétation qui rende simultanément $A_0, \ldots, A_n, \neg B$ vrais.

Nous rappelant la justification intuitive de la méthode des arbres donnée à la section précédente, nous pouvons affirmer que $A_0, \ldots, A_n \vDash B$ si et seulement si l'arbre qui débute par la supposition

$$\begin{array}{c} A_0 \\ \vdots \\ A_n \\ \neg B \end{array}$$

n'a pas de chemins ouverts.

Avant de donner un exemple, une remarque s'impose. La notion de déduction ou de conséquence que nous venons de présenter n'est qu'une généralisation de la notion de conséquence de la section 3.2, ainsi que le montre le théorème suivant (qu'encore une fois nous ne démontrerons pas).

> **Théorème** :
> $A_0, \ldots, A_n \vDash B$ si et seulement si $\vDash (A_0 \wedge \ldots \wedge A_n) \supset B$.

Voici maintenant un exemple d'utilisation de la méthode.

Montrons que $p \supset q, q \supset r \vDash p \supset r$

(1) $p \supset q$
(2) $q \supset r$
(3) $\neg(p \supset r)$
R¬⊃-(3)
(4) p
(5) $\neg r$
R⊃-(2)
(6) $\neg q$ | r ×
R⊃-(1)
(7) $\neg p$ × | q ×

Voici un autre exemple un peu plus complexe.

Montrons que $\neg q \wedge \neg(p \supset q) \vDash p \wedge ((q \supset p) \wedge (r \supset p))$.

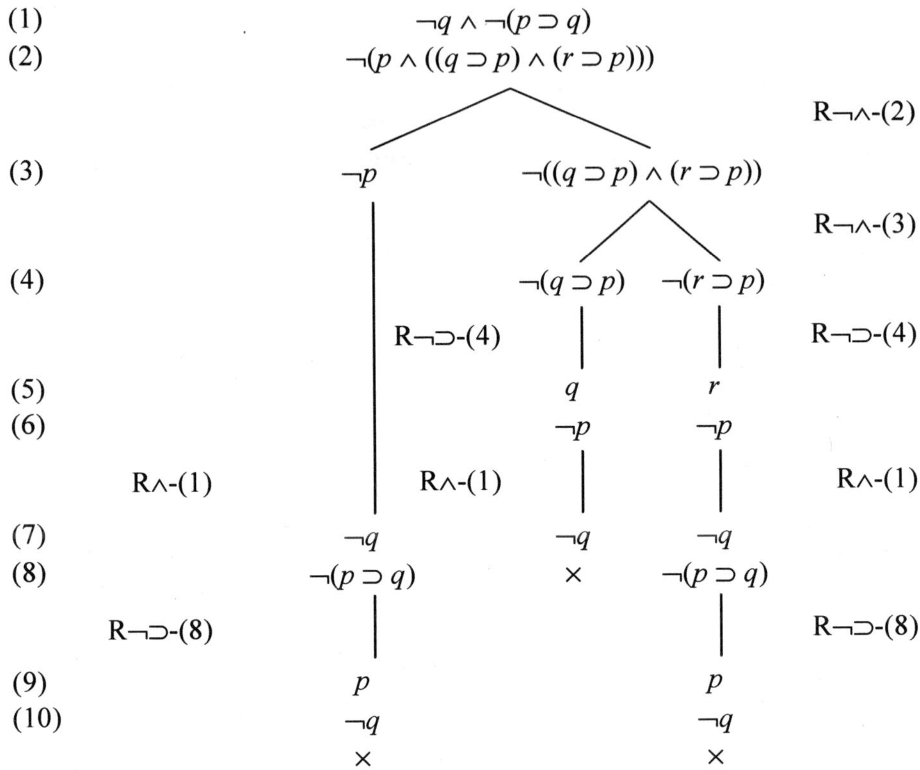

La méthode des arbres est une méthode effective qui permet de déterminer si un énoncé est une tautologie ou non. En effet, l'application d'une règle à une étape quelconque, par exemple R¬⊃ sur $\neg(p \supset q)$ ou R⊃ sur $q \supset r$, a pour résultat de ramener le problème à l'application d'autres règles sur des énoncés *plus courts* qui contiennent moins de symboles. On aura dans ces cas-ci :

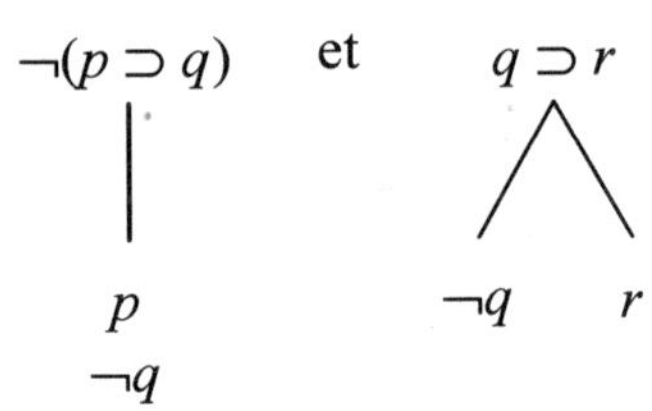

Étant donné qu'au point de départ nous avons un nombre *fini* d'énoncés qui possèdent chacun un nombre *fini* de symboles, après un nombre *fini* d'étapes l'arbre sera totalement développé et nous pourrons vérifier si tous les chemins ferment ou non.

Bien que la méthode soit effective, elle laisse quelque initiative à l'utilisateur. Aux étapes (3)-(4) du premier de mes exemples, nous avions le choix de traiter les énoncés (1), (2) ou (3). Il y a des choix qui conduisent plus rapidement à la réponse que d'autres. La règle d'or est simple : *traiter d'abord les énoncés qui n'ouvrent pas d'embranchements.*

Illustrons ce dernier point en reprenant notre second exemple.

$$\neg q \wedge \neg(p \supset q) \vDash p \wedge ((q \supset p) \wedge (r \supset p))$$

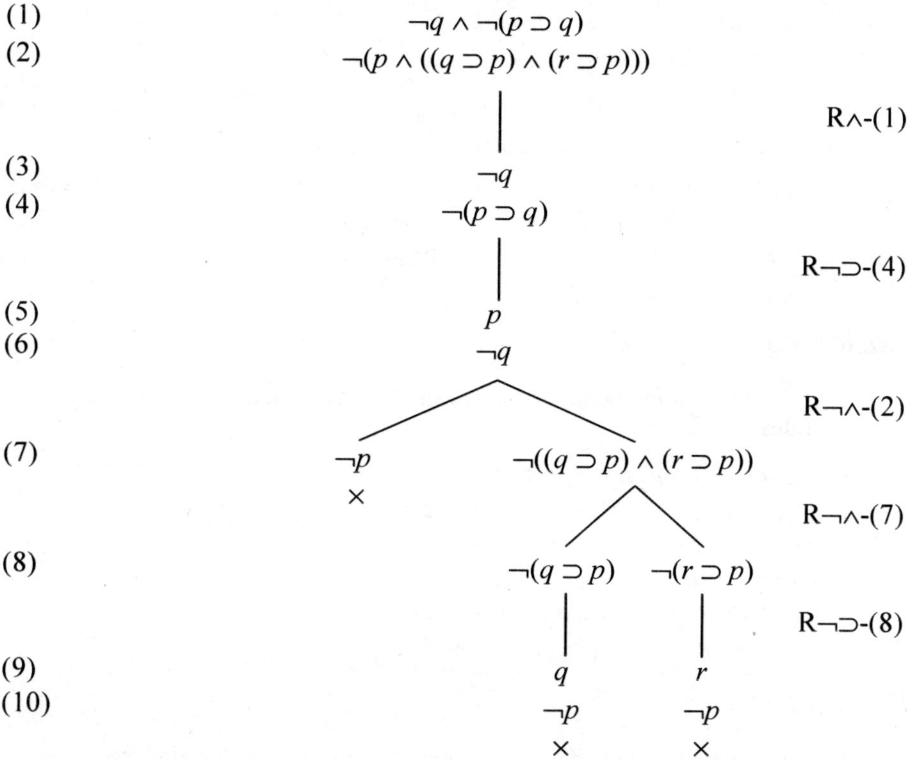

Au cours de la construction de cet arbre, nous avons traité la ligne (1) avant la ligne (2). Pour voir en quoi ce choix est plus économique que le précédent, représentons les arbres correspondants en faisant abstraction des énoncés.

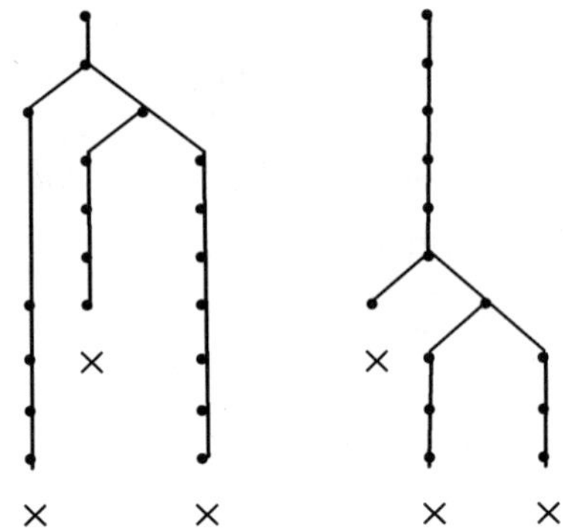

19 nœuds 14 nœuds

Bien qu'ici, comme dans la plupart des cas, les dérivations « équivalentes » aient le même nombre de lignes, certaines ont beaucoup moins de nœuds et sont donc plus économiques.

EXERCICE 17*

Montrez par la méthode des arbres que les déductions suivantes sont valides.

a) $p, q, (q \wedge p) \supset r \models q \supset r$
b) $(p \supset q) \supset r, s \vee p, \neg(s \vee \neg t), t \supset q \models r$
c) $(p \wedge q) \equiv (p \wedge r) \models p \supset (q \equiv r)$
d) $p \vee q, q \supset \neg r \models p \supset \neg r$
e) $(p \wedge q) \supset r, r \supset s, q \wedge \neg s \models \neg p$

EXERCICE 18*

En utilisant la méthode des arbres, déterminez si les déductions suivantes sont valides.

a) $p \equiv q, q \wedge r, r \supset s \models s \supset p$
b) $(p \equiv q) \equiv p \models q$
c) $p \supset r, q \supset r, p \supset q \models p \equiv q$
d) $p \supset (q \supset r), q \supset (r \supset p) \models p \supset r$

EXERCICE 19*

Dites si les raisonnements suivants sont valides. Pour ce faire, traduisez les énoncés de la langue naturelle en énoncés du calcul des propositions et vérifiez la validité de la déduction par la méthode des arbres.

a) Si les poules ont des dents, alors les poules sont des mammifères. Or les poules ne sont pas des mammifères. Donc les poules n'ont pas de dents.
b) Si les poules ont des dents, alors elles n'ont pas de carapace. Mais les poules ont une carapace. Donc elles n'ont pas de dents.
c) Pour que Pierre réussisse le cours de logique, il est nécessaire et suffisant que, premièrement, il assiste au cours, que, deuxièmement, il cesse de parler avec sa voisine, et, finalement, qu'il écoute le professeur. Mais s'il écoute le professeur, c'est qu'il assiste au cours et cesse de parler avec sa voisine. Donc, il est nécessaire et suffisant que Pierre écoute le professeur pour qu'il réussisse le cours de logique.

EXERCICE 20✧

Vérifiez, à l'aide de la méthode des arbres, si les déductions suivantes sont valides.

a) $p \supset (q \supset r), \neg q \supset \neg p, p \models r$
b) $(p \equiv \neg q) \wedge q, (q \vee ((r \supset p) \wedge r)) \supset \neg p \models q \supset \neg p$

EXERCICE 21

Vérifiez, à l'aide de la méthode des arbres, si les déductions suivantes sont valides.

a) $p \wedge (q \equiv r), \neg p \vee (q \supset \neg r) \models p \supset \neg r$
b) $(p \equiv \neg q) \wedge q, (\neg q \vee ((r \equiv p) \wedge r)) \supset \neg p \models r \supset \neg p$

EXERCICE 22

Vérifiez, à l'aide de la méthode des arbres, que la déduction suivante est valide : $q \equiv \neg r, p \equiv \neg q \models r \equiv p$

EXERCICE 23

Soit l'expression suivante : $(p \supset q) \equiv (q \supset p)$

a) En utilisant la méthode des arbres, trouvez une FND équivalente.
b) Retrouvez la même FND en utilisant les transformations booléennes.

EXERCICE 24

Soit le raisonnement suivant.

Si Pierre vient à la fête, alors Marie est triste. Si Marie est triste, Jean ne vient pas à la fête. Mais si Jean ne vient pas à la fête, Pierre ne vient pas non plus. Donc Pierre ne vient pas à la fête.

a) Traduisez ce raisonnement sous la forme $A_1, \ldots, A_n \models B$, où $A_1, \ldots, A_n, B$, sont des énoncés du calcul des énoncés.
b) Trouvez un énoncé du calcul des énoncés qui exprime ce raisonnement.
c) Dites, en utilisant la méthode des arbres, si cet énoncé est valide.

EXERCICE 25✧

Soit l'énoncé suivant : $(p \equiv q) \equiv (p \supset q)$

a) En utilisant la méthode des arbres, vérifiez que cet énoncé n'est pas une tautologie.
b) En vous inspirant de a), décrivez un monde possible où l'énoncé est faux. Justifiez votre réponse.
c) Toujours en vous inspirant de a), donnez une FNDTD de l'énoncé. Justifiez votre réponse.

EXERCICE 26

En utilisant la méthode des arbres en calcul des énoncés, déterminez si le raisonnement suivant est valide.

L'augmentation des frais de scolarité n'est une bonne chose que si les étudiants ne sont pas obligés de travailler. Mais si leurs revenus diminuent, les étudiants sont obligés de travailler. Donc, les revenus des étudiants ne diminuent pas ou l'augmentation des frais de scolarité n'est pas une bonne chose.

NOTE HISTORIQUE

Comme son nom l'indique, l'algèbre de Boole est due à BOOLE, G., déjà cité. La méthode des arbres est directement inspirée des *model sets* de HINTIKKA, J., « Form and Content in Quantification Theory », *Acta Philosophica Fennica*, vol. 8, pp. 7-55 (1955), et des *semantic tableaux* de BETH, E. W., *Foundations of Mathematics*, North-Holland, 1959. L'idée était déjà présente dans GENTZEN, G., «Untersuchungen über das logische Schliessen», *Mathematische Zeitschrift*, vol. 39, pp. 176-210 et 405-431 (1934-1935). La forme spécifique de la technique utilisée ici est celle de SMULLYAN, R. M., *First-Order Logic*, Springer-Verlag, 1968.

Solutions des exercices du chapitre 4

EXERCICE 1

a) $(p \supset q) \vee (q \supset p)$

(1)	$(\neg p \vee q) \vee (\neg q \vee p)$	élimination de $\supset$
(2)	$((\neg p \vee q) \vee \neg q) \vee p$	associativité
(3)	$(\neg p \vee (q \vee \neg q)) \vee p$	associativité
(4)	$(\neg p \vee 1) \vee p$	tiers exclu
(5)	$1 \vee p$	élément absorbant
(6)	1	élément absorbant

b) $(p \equiv q) \supset (p \supset q)$

(1)	$\neg(p \equiv q) \vee (\neg p \vee q)$	élimination de $\supset$
(2)	$\neg((p \wedge q) \vee (\neg p \wedge \neg q)) \vee (\neg p \vee q)$	élimination de $\equiv$
(3)	$(\neg(p \wedge q) \wedge \neg(\neg p \wedge \neg q)) \vee (\neg p \vee q)$	loi de De Morgan
(4)	$((\neg p \vee \neg q) \wedge (p \vee q)) \vee (\neg p \vee q)$	loi de De Morgan/double négation
(5)	$((\neg p \vee \neg q) \vee (\neg p \vee q)) \wedge ((p \vee q) \vee (\neg p \vee q))$	distributivité de $\vee$ sur $\wedge$
(6)	$((\neg p \vee \neg q \vee q) \vee \neg p) \wedge ((p \vee q \vee \neg p) \vee q)$	commutativité/ associativité
(7)	$((\neg p \vee 1) \vee \neg p) \wedge ((q \vee 1) \vee q)$	commutativité/associativité/ tiers exclu
(8)	$(1 \vee \neg p) \wedge (1 \vee q)$	élément absorbant
(9)	$1 \wedge 1$	élément absorbant
(10)	1	élément neutre

c) $((p \supset q) \wedge (q \supset r)) \supset (p \supset r)$

(1)	$\neg((\neg p \vee q) \wedge (\neg q \vee r)) \vee (\neg p \vee r)$	élimination de $\supset$
(2)	$\neg(\neg p \vee q) \vee \neg(\neg q \vee r) \vee (\neg p \vee r)$	loi de De Morgan
(3)	$(p \wedge \neg q) \vee (q \wedge \neg r) \vee (\neg p \vee r)$	loi de De Morgan/double négation
(4)	$((p \wedge \neg q) \vee \neg p) \vee ((q \wedge \neg r) \vee r)$	associativité
(5)	$((p \vee \neg p) \wedge (\neg q \vee \neg p)) \vee ((q \vee r) \wedge (\neg r \vee r))$	distributivité de $\vee$ sur $\wedge$
(6)	$(1 \wedge (\neg q \vee \neg p)) \vee ((q \vee r) \wedge 1)$	tiers exclu
(7)	$(\neg q \vee \neg p) \vee (q \vee r)$	élément neutre
(8)	$(\neg q \vee q) \vee (\neg p \vee r)$	commutativité/associativité
(9)	$1 \vee (\neg p \vee r)$	tiers exclu
(10)	1	élément absorbant

d) $(p \supset q) \vee (q \supset r)$

(1)	$(\neg p \vee q) \vee (\neg q \vee r)$	élimination de $\supset$
(2)	$(\neg p \vee (q \vee \neg q)) \vee r$	associativité
(3)	$(\neg p \vee 1) \vee r$	tiers exclu
(4)	$1 \vee r$	élément absorbant
(5)	1	élément absorbant

e) $(p \supset \neg p) \supset \neg p$

(1)	$(\neg p \vee \neg p) \supset \neg p$	élimination de $\supset$
(2)	$\neg(\neg p \vee \neg p) \vee \neg p$	élimination de $\supset$
(3)	$\neg\neg p \vee \neg p$	idempotence de $\vee$
(4)	$p \vee \neg p$	double négation
(5)	1	tiers exclu

f) $(p \wedge (p \vee q)) \equiv p$

(1)	$((p \wedge (p \vee q)) \wedge p) \vee (\neg(p \wedge (p \vee q)) \wedge \neg p)$	élimination de ≡
(2)	$(((p \vee 0) \wedge (p \vee q)) \wedge p) \vee (\neg(p \wedge (p \vee q)) \wedge \neg p)$	élément neutre
(3)	$((p \vee (0 \wedge q)) \wedge p) \vee (\neg(p \wedge (p \vee q)) \wedge \neg p)$	(anti)distributivité de $\vee$ sur $\wedge$
(4)	$((p \vee 0) \wedge p) \vee (\neg(p \wedge (p \vee q)) \wedge \neg p)$	élément absorbant
(5)	$(p \wedge p) \vee (\neg(p \wedge (p \vee q)) \wedge \neg p)$	élément neutre
(6)	$p \vee (\neg(p \wedge (p \vee q)) \wedge \neg p)$	idempotence
(7)	$(p \vee \neg(p \wedge (p \vee q)) \wedge (p \vee \neg p)$	distributivité de $\vee$ sur $\wedge$
(8)	$(p \vee \neg(p \wedge (p \vee q)) \wedge 1$	tiers exclu
(9)	$p \vee \neg(p \wedge (p \vee q)$	élément neutre
(10)	$p \vee (\neg p \vee \neg(p \vee q))$	loi de De Morgan
(11)	$(p \vee \neg p) \vee \neg(p \vee q)$	associativité
(12)	$1 \vee \neg(p \vee q)$	tiers exclu
(13)	1	élément absorbant

EXERCICE 3

a) Montrez que $\models (p \vee (p \wedge q)) \equiv p$

(1)	$(p \vee (p \wedge q)) \equiv p$	
(2)	$((p \vee (p \wedge q)) \wedge p) \vee (\neg(p \vee (p \wedge q)) \wedge \neg p)$	élimination de ≡
(3)	$(p \wedge p) \vee (p \wedge q \wedge p) \vee (\neg p \wedge \neg(p \wedge q) \wedge \neg p)$	distributivité de $\wedge$ sur $\vee$ / loi de De Morgan
(4)	$(p \wedge p) \vee (p \wedge q \wedge p) \vee (\neg p \wedge (\neg p \vee \neg q))$	idempotence / loi de De Morgan
(5)	$p \vee (p \wedge q) \vee (\neg p \wedge (\neg p \vee \neg q))$	idempotence/commutativité/ associativité
(6)	$(p \wedge q) \vee (p \vee (\neg p \wedge (\neg p \vee \neg q))$	commutativité/associativité
(7)	$(p \wedge q) \vee ((p \vee \neg p) \wedge (p \vee \neg p \vee \neg q))$	distributivité de $\vee$ sur $\wedge$
(8)	$(p \vee q) \vee (1 \wedge (1 \vee \neg q))$	tiers exclu
(9)	$(p \vee q) \vee (1 \wedge 1)$	élément absorbant
(10)	1	élément neutre/élément absorbant

b) Puisque $p \vee (p \wedge q) \equiv p$ est une tautologie, transformez l'expression $p \vee (p \wedge q)$ en p.

(1)	$(p \vee (p \wedge q))$	
(2)	$(p \wedge 1) \vee (p \wedge q)$	élément neutre
(3)	$p \wedge (1 \vee q)$	(anti)distributivité de $\vee$ sur $\wedge$
(4)	$p \wedge 1$	élément absorbant
(5)	p	élément neutre

c) En utilisant b), montrez que p est équivalent à $(p \vee q) \wedge (p \vee \neg q)$

(1)	$(p \vee q) \wedge (p \vee \neg q)$	
(2)	$((p \vee q) \wedge p) \vee ((p \vee q) \wedge \neg q)$	distributivité de $\wedge$ sur $\vee$
(3)	$((p \wedge p) \vee (p \wedge q)) \vee ((p \wedge \neg q) \vee (q \wedge \neg q))$	distributivité de $\wedge$ sur $\vee$
(4)	$(p \vee (p \wedge q) \vee (p \wedge \neg q) \vee 0$	idempotence/ tiers exclu/ élément neutre
(5)	$(p \vee (p \wedge q) \vee (p \wedge \neg q)$	commutativité
(6)	$(p \vee (p \wedge \neg q)$	ex. 3b)
(7)	p	ex. 3b) (où $\neg q$ joue le rôle de q)

EXERCICE 4

a) $(q \vee r) \supset (r \supset \neg p)$

(1) $(q \vee r) \supset (r \supset \neg p)$

(2) $\neg(q \vee r) \vee (\neg r \vee \neg p)$

(3) $(\neg q \wedge \neg r) \vee (\neg r \vee \neg p)$

(4) $(\neg q \wedge \neg r) \vee \neg r \vee \neg p$ FND

(5) $(\neg q \wedge \neg r \wedge p) \vee (\neg q \wedge \neg r \wedge \neg p) \vee (\neg r \wedge p \wedge q) \vee (\neg r \wedge p \wedge \neg q) \vee \ldots$
$\ldots \vee (\neg p \wedge q \wedge r) \vee (\neg p \wedge q \wedge \neg r) \vee (\neg p \wedge \neg q \wedge r) \vee (\neg p \wedge \neg q \wedge \neg r)$

(6) $(p \wedge \neg q \wedge \neg r) \vee (\neg p \wedge \neg q \wedge \neg r) \vee (p \wedge q \wedge \neg r) \vee (\neg p \wedge q \wedge \neg r) \vee$
$(\neg p \wedge q \wedge r) \vee (\neg p \wedge \neg q \wedge r)$ FNDTD

b) $p \equiv q$

(1) $p \equiv q$

(2) $(p \wedge q) \vee (\neg p \wedge \neg q)$ FNDTD

c) $p \supset (p \wedge q)$

(1) $p \supset (p \wedge q)$
(2) $\neg p \vee (p \wedge q)$ FND
(3) $(\neg p \wedge q) \vee (\neg p \wedge \neg q) \vee (p \wedge q)$ FNDTD

d) $(p \supset q) \supset (q \supset p)$

(1) $(p \supset q) \supset (q \supset p)$
(2) $\neg(\neg p \vee q) \vee (\neg q \vee p)$
(3) $(p \wedge \neg q) \vee \neg q \vee p$ FND
(4) $(p \wedge \neg q) \vee (\neg q \wedge p) \vee (\neg q \wedge \neg p) \vee (p \wedge q) \vee (p \wedge \neg q)$
(5) $(p \wedge \neg q) \vee (\neg p \wedge \neg q) \vee (p \wedge q)$ FNDTD

EXERCICE 5

a) $(p \supset q) \supset r$

(1) $(p \supset q) \supset r$
(2) $\neg(\neg p \vee q) \vee r$
(3) $(\neg\neg p \wedge \neg q) \vee r$
(4) $(p \wedge \neg q) \vee r$ FND
(5) $((p \wedge \neg q) \wedge 1) \vee r$
(6) $((p \wedge \neg q) \wedge (r \vee \neg r)) \vee r$
(7) $(p \wedge \neg q \wedge r) \vee (p \wedge \neg q \wedge \neg r) \vee r$
(8) $(p \wedge \neg q \wedge r) \vee (p \wedge \neg q \wedge \neg r) \vee (r \wedge 1)$
(9) $(p \wedge \neg q \wedge r) \vee (p \wedge \neg q \wedge \neg r) \vee (r \wedge (p \vee \neg p))$
(10) $(p \wedge \neg q \wedge r) \vee (p \wedge \neg q \wedge \neg r) \vee (r \wedge p) \vee (r \wedge \neg p)$
(11) $(p \wedge \neg q \wedge r) \vee (p \wedge \neg q \wedge \neg r) \vee ((r \wedge p) \wedge 1) \vee ((r \wedge \neg p) \wedge 1)$
(12) $(p \wedge \neg q \wedge r) \vee (p \wedge \neg q \wedge \neg r) \vee ((r \wedge p) \wedge (q \vee \neg q)) \vee ((r \wedge \neg p) \wedge (q \vee \neg q))$
(13) $(p \wedge \neg q \wedge r) \vee (p \wedge \neg q \wedge \neg r) \vee (r \wedge p \wedge q) \vee (r \wedge p \wedge \neg q) \vee (r \wedge \neg p \wedge q) \vee (r \wedge \neg p \wedge \neg q)$
(14) $(p \wedge \neg q \wedge r) \vee (p \wedge \neg q \wedge \neg r) \vee (p \wedge q \wedge r) \vee (p \wedge \neg q \wedge r) \vee (\neg p \wedge q \wedge r) \vee (\neg p \wedge \neg q \wedge r)$

Les termes 1 et 4 sont identiques et s'éliminent (via la commutativité et l'associativité) par idempotence. On obtient donc :

$$(p \wedge \neg q \wedge r) \vee (p \wedge \neg q \wedge \neg r) \vee (p \wedge q \wedge r) \vee (\neg p \wedge q \wedge r) \vee (\neg p \wedge \neg q \wedge r)$$

On peut vérifier qu'il manque trois termes correspondant à trois lignes de la table de vérité, soit : $(p \wedge q \wedge \neg r)$, $(\neg p \wedge q \wedge \neg r)$ et $(\neg p \wedge \neg q \wedge \neg r)$. On voit facilement que sur ces trois lignes $p \supset q$ est vrai et r est faux : cela correspond à ce que nous attendions de la table de $(p \supset q) \supset r$.

b) $(p \vee \neg q) \wedge (\neg p \vee q)$

(1) $(p \vee \neg q) \wedge (\neg p \vee q)$

(2) $((p \vee \neg q) \wedge \neg p) \vee ((p \vee \neg q) \wedge q)$

(3) $((p \wedge \neg p) \vee (\neg q \wedge \neg p)) \vee ((p \wedge q) \vee (\neg q \wedge q)$

(4) $0 \vee (\neg q \wedge \neg p) \vee (p \wedge q) \vee 0$

(5) $(\neg q \wedge \neg p) \vee (p \wedge q)$ FNDTD

EXERCICE 7

a) Oui. Pour former une FNCTD correspondant à un énoncé donné, il suffit de lui faire subir la suite de transformations suivantes :

i.éliminer les connecteurs autres que $\neg$, $\wedge$, $\vee$;

ii.« rentrer » les $\neg$ jusqu'aux atomes et éliminer les doubles négations ;

iii.distribuer les $\vee$ et les $\wedge$ jusqu'à épuisement et appliquer les règles d'idempotence et d'absorption.

Une telle procédure ne peut conduire qu'à une FNC. Pour obtenir une FNCTD on procède de façon symétrique à celle utilisée pour obtenir une FNDTD, c'est-à-dire que, pour chaque terme qui n'est pas totalement développé, on fait la disjonction avec 0 que l'on transforme en $(x \wedge \neg x)$, où x est un atome n'apparaissant pas dans le terme, et on distribue. On simplifie en appliquant les règles d'idempotence et d'absorption.

Exemple : $\neg(p \supset q) \vee p$

$\neg(\neg p \vee q) \vee p$

$(\neg\neg p \wedge \neg q) \vee p$

$(p \wedge \neg q) \vee p$

$(p \vee p) \wedge (\neg q \vee p)$

$p \wedge (\neg q \vee p)$FNC

$(p \vee 0) \wedge (\neg q \vee p)$

$(p \vee (q \wedge \neg q)) \wedge (\neg q \vee p)$

$(p \vee q) \wedge (p \vee \neg q) \wedge (\neg q \vee p)$

$(p \vee q) \wedge (p \vee \neg q) \wedge (p \vee \neg q)$

$(p \vee q) \wedge (p \vee \neg q)$ FNCTD

b) Par symétrie avec la FNDTD, une FNCTD d'une tautologie sera 1 et celle d'une contradiction sera la conjonction de toutes les disjonctions possibles d'atomes et de négations d'atomes.

EXERCICE 10

p : cette voiture est japonaise
q : cette voiture est américaine
r : cette voiture est allemande

Marie dit : $\neg p \supset (q \vee r)$
Pierre dit : $(\neg q \wedge \neg r) \supset p$

Effectuons une transformation booléenne.

(1)	$\neg p \supset (q \vee r)$	
(2)	$\neg\neg p \vee (q \vee r)$	élimination de $\neg$
(3)	$p \vee (q \vee r)$	double négation
(4)	$(q \vee r) \vee p$	commutativité
(5)	$\neg\neg (q \vee r) \vee p$	double négation
(6)	$\neg(\neg q \wedge \neg r) \vee p$	loi de De Morgan
(7)	$(\neg q \wedge \neg r) \supset p$	introduction de $\supset$

EXERCICE 11

Effectuons une transformation booléenne.

(1)	$\neg(p \vee (q \wedge \neg r))$	
(2)	$\neg p \wedge (\neg q \vee \neg\neg r)$	loi de De Morgan
(3)	$(\neg p \wedge \neg q) \vee (\neg p \wedge r)$	double négation/distributivité

EXERCICE 12

Rappelons que la table de $p \mid q$ est

p	q	$p \mid q$
V	V	F
V	F	V
F	V	V
F	F	V

c'est-à-dire que $\models (p \mid q) \equiv \neg(p \wedge q)$. L'arbre de $\neg(p \wedge q)$ est :

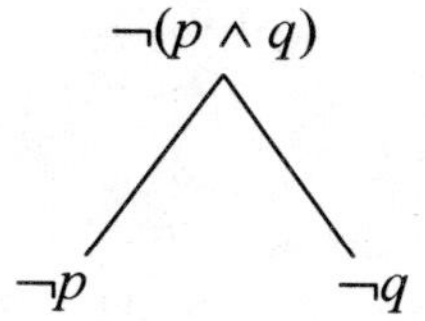

Nous aurons ainsi la règle dérivée :

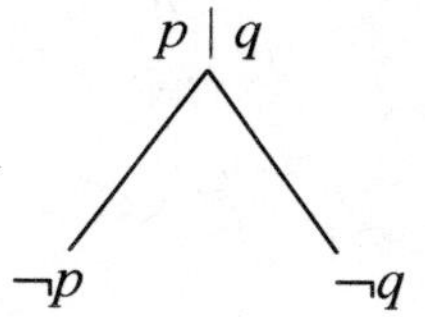

EXERCICE 13

Effectuons une transformation booléenne.

(1)	$\neg(p \wedge (q \equiv r)) \supset (q \vee \neg(r \supset p))$	
(2)	$\neg\neg(p \wedge (q \equiv r)) \vee (q \vee \neg(r \supset p))$	élimination de $\supset$
(3)	$(p \wedge ((q \wedge r) \vee (\neg q \wedge \neg r))) \vee (q \vee \neg(\neg r \vee p))$	double négation/ élimination de $\equiv$ et de $\supset$
(4)	$(p \wedge q \wedge r) \vee (p \wedge \neg q \wedge \neg r) \vee q \vee (\neg\neg r \wedge \neg p)$	distributivité/loi de De Morgan
(5)	$(p \wedge q \wedge r) \vee (p \wedge \neg q \wedge \neg r) \vee q \vee (r \wedge \neg p)$	double négation

EXERCICE 14

a)

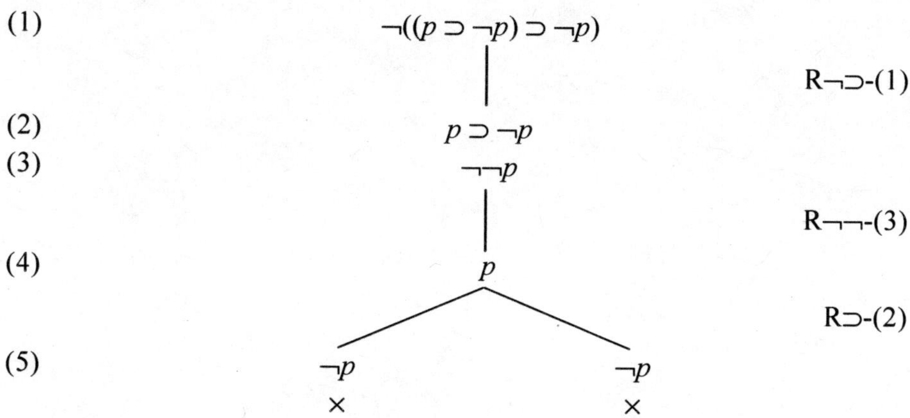

b)

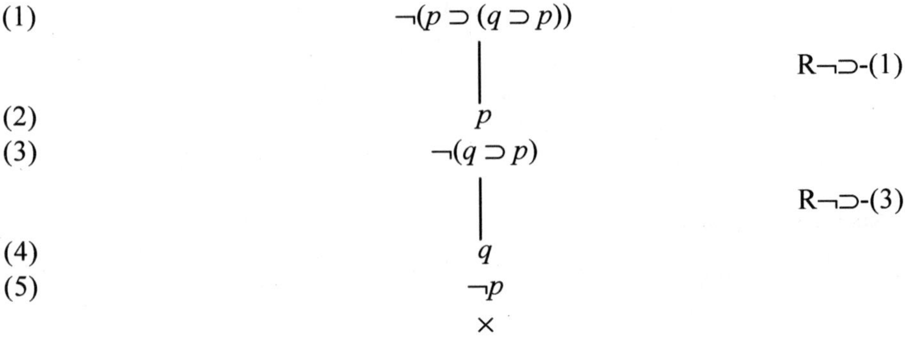

(1) ¬(p ⊃ (q ⊃ p))
R¬⊃-(1)
(2) p
(3) ¬(q ⊃ p)
R¬⊃-(3)
(4) q
(5) ¬p
×

c)

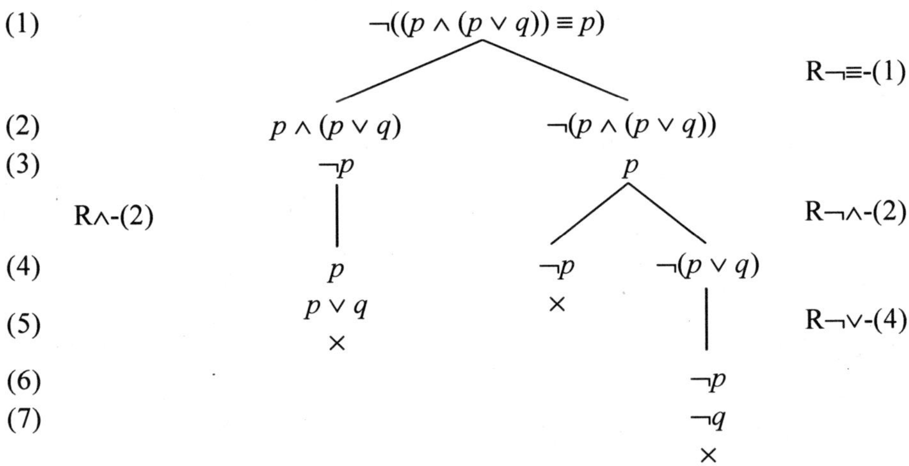

(1) ¬((p ∧ (p ∨ q)) ≡ p)
R¬≡-(1)
(2) p ∧ (p ∨ q) ¬(p ∧ (p ∨ q))
(3) ¬p p
R∧-(2)
R¬∧-(2)
(4) p ¬p ¬(p ∨ q)
(5) p ∨ q ×
R¬∨-(4)
×
(6) ¬p
(7) ¬q
×

d)

(1)		$\neg((\neg q \supset p) \supset (\neg p \supset (\neg q \supset p)))$		
				R¬⊃-(1)
(2)		$\neg q \supset p$		
(3)		$\neg(\neg p \supset (\neg q \supset p))$		
				R⊃-(2)
(4)		$\neg\neg q$	p	
	R¬¬-(4)			R¬⊃-(3)
(5)		q	$\neg p$	
(6)	R¬⊃-(3)		$\neg(\neg q \supset p)$	
(7)		$\neg p$	×	
(8)		$\neg(\neg q \supset p)$		
	R¬⊃-(8)			
(9)		$\neg q$		
(10)		$\neg p$		
		×		

e)

(1)	$\neg(((p \supset q) \wedge (q \supset r)) \supset (p \supset r))$			
				R¬⊃-(1)
(2)	$(p \supset q) \wedge (q \supset r)$			
(3)	$\neg(p \supset r)$			
				R¬⊃-(3)
(4)	p			
(5)	$\neg r$			
				R∧-(2)
(6)	$p \supset q$			
(7)	$q \supset r$			
				R⊃-(6)
(8)	$\neg p$	q		
	×			R⊃-(7)
(9)		$\neg q$	r	
		×	×	

f)

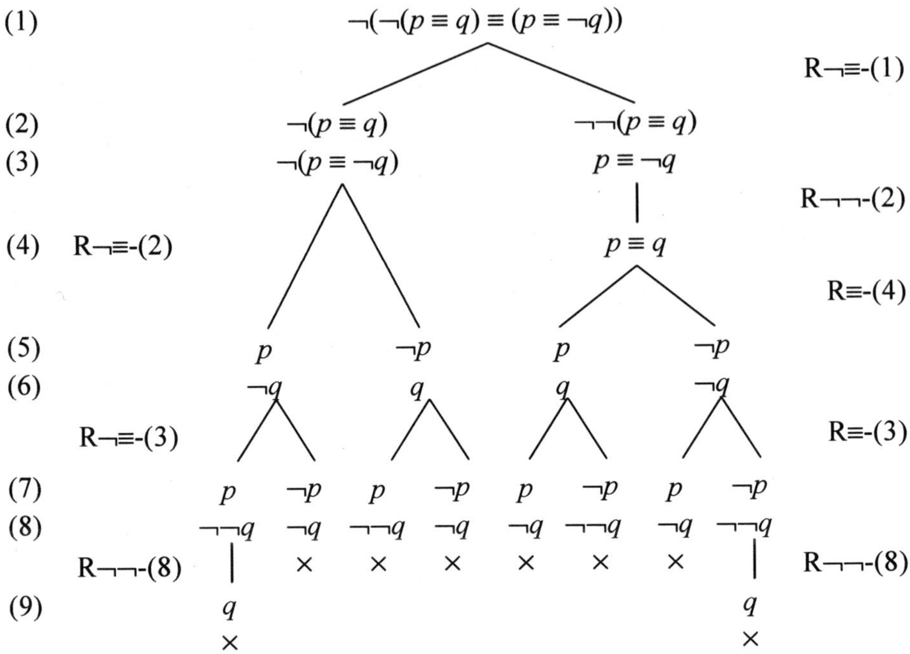
(1) ¬(¬(p ≡ q) ≡ (p ≡ ¬q))
R¬≡-(1)
(2) ¬(p ≡ q) ¬¬(p ≡ q)
(3) ¬(p ≡ ¬q) p ≡ ¬q
R¬¬-(2)
(4) R¬≡-(2) p ≡ q
R≡-(4)
(5) p ¬p p ¬p
(6) ¬q q q ¬q
R¬≡-(3) R≡-(3)
(7) p ¬p p ¬p p ¬p p ¬p
(8) ¬¬q ¬q ¬¬q ¬q ¬q ¬¬q ¬q ¬¬q
R¬¬-(8) × × × × × × R¬¬-(8)
(9) q q
× ×

g)

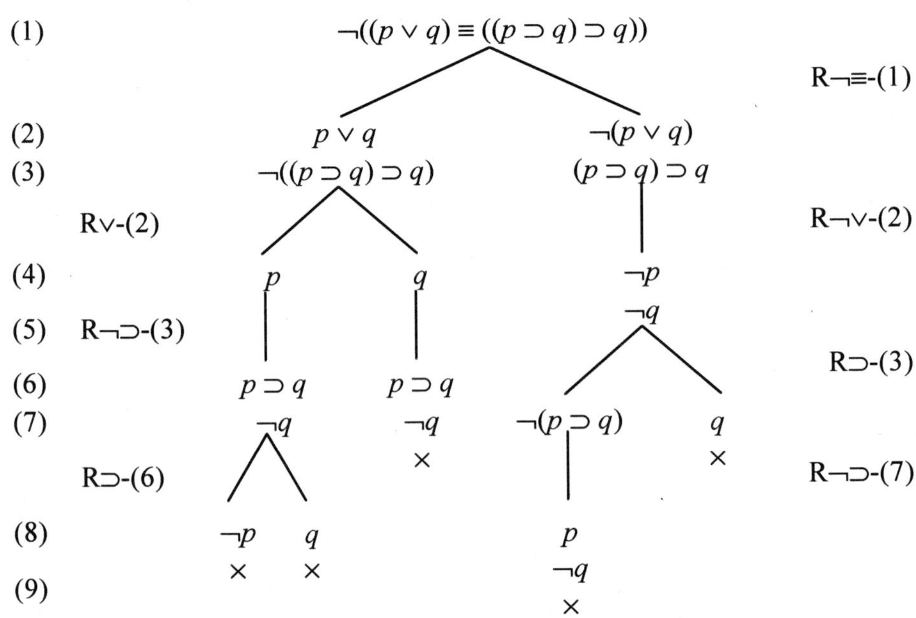
(1) ¬((p ∨ q) ≡ ((p ⊃ q) ⊃ q))
R¬≡-(1)
(2) p ∨ q ¬(p ∨ q)
(3) ¬((p ⊃ q) ⊃ q) (p ⊃ q) ⊃ q
R∨-(2) R¬∨-(2)
(4) p q ¬p
(5) R¬⊃-(3) ¬q
R⊃-(3)
(6) p ⊃ q p ⊃ q
(7) ¬q ¬q ¬(p ⊃ q) q
R⊃-(6) × × R¬⊃-(7)
(8) ¬p q p
(9) × × ¬q
×

EXERCICE 16

a)

(1) $p \supset q$

R⊃-(1)

(2) $\neg p$ $\quad$ q

Et pourtant, ce n'est pas une tautologie.

b)

(1) $(p \wedge \neg p) \supset (q \wedge \neg q)$

R⊃-(1)

(2) $\neg(p \wedge \neg p)$ $\quad$ $q \wedge \neg q$

R¬∧-(2) $\quad$ R∧-(2)

(3) $\neg p$ $\quad$ $\neg\neg p$ $\quad$ q

(4) $\quad$ $\neg q$ ×

(5) p

Et pourtant, c'est une tautologie.

EXERCICE 17

a)

(1) p

(2) q

(3) $(q \wedge p) \supset r$

(4) $\neg(q \supset r)$

R¬⊃-(4)

(5) q

(6) $\neg r$

R⊃-(3)

(7) $\neg(q \wedge p)$ $\quad$ r ×

R¬∧-(7)

(8) $\neg q$ × $\quad$ $\neg p$ ×

b)

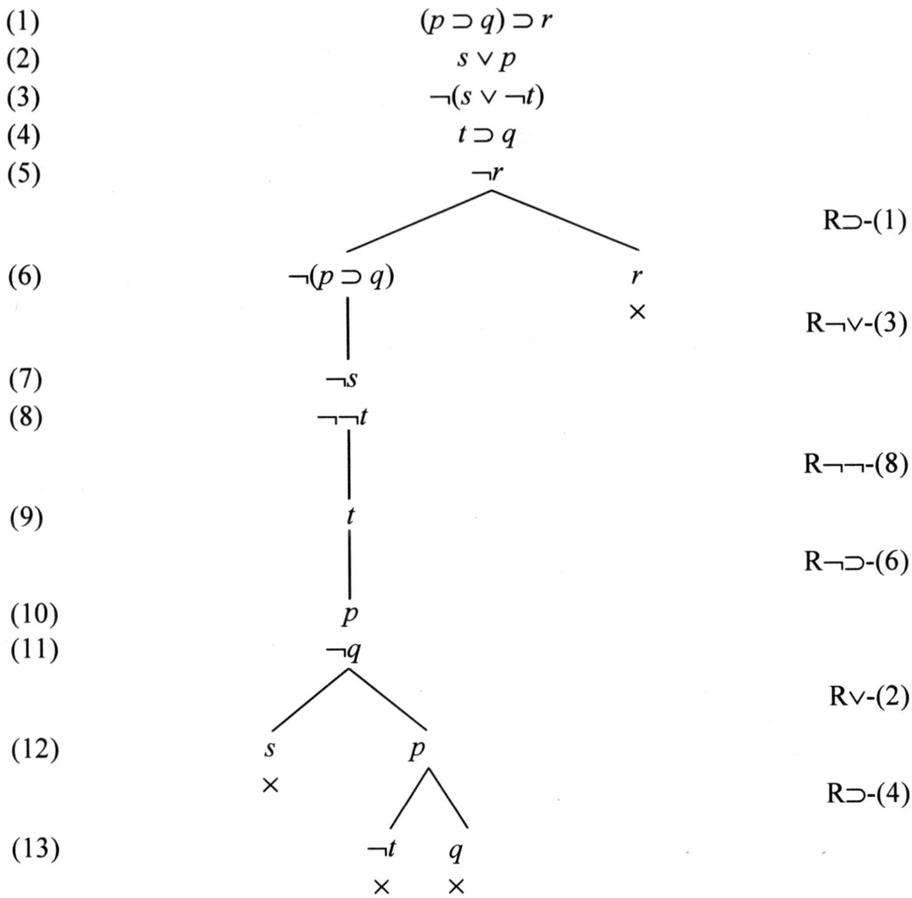
(1) (p ⊃ q) ⊃ r
(2) s ∨ p
(3) ¬(s ∨ ¬t)
(4) t ⊃ q
(5) ¬r
R⊃-(1)
(6) ¬(p ⊃ q)
r
×
R¬∨-(3)
(7) ¬s
(8) ¬¬t
R¬¬-(8)
(9) t
R¬⊃-(6)
(10) p
(11) ¬q
R∨-(2)
(12) s
p
×
R⊃-(4)
(13) ¬t
q
×
×

c)

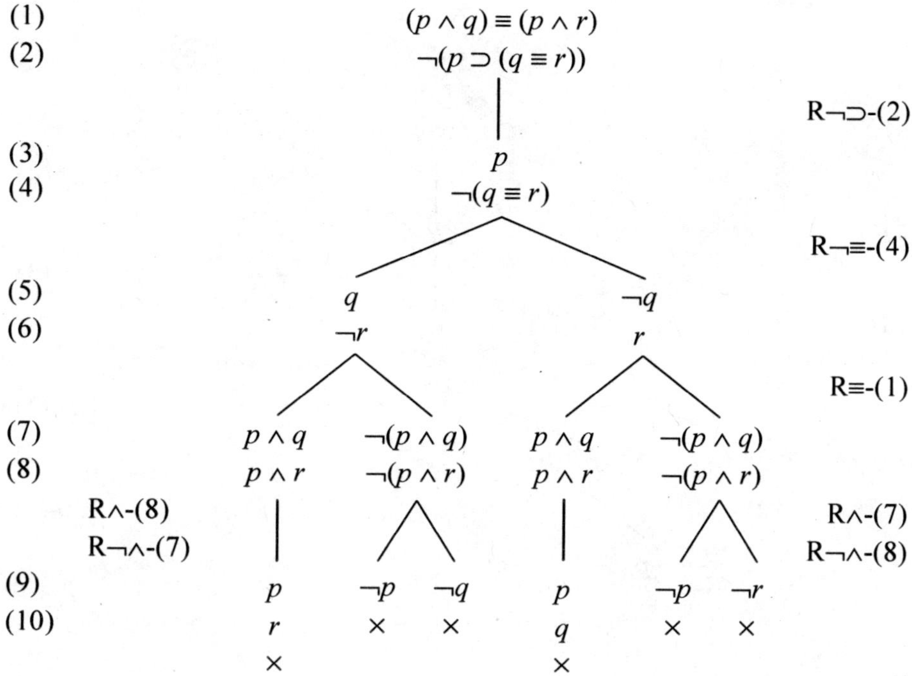

(1) (p ∧ q) ≡ (p ∧ r)
(2) ¬(p ⊃ (q ≡ r))
R¬⊃-(2)
(3) p
(4) ¬(q ≡ r)
R¬≡-(4)
(5) q ¬q
(6) ¬r r
R≡-(1)
(7) p ∧ q ¬(p ∧ q) p ∧ q ¬(p ∧ q)
(8) p ∧ r ¬(p ∧ r) p ∧ r ¬(p ∧ r)
R∧-(8)
R¬∧-(7)
R∧-(7)
R¬∧-(8)
(9) p ¬p ¬q p ¬p ¬r
(10) r × × q × ×
× ×

d)

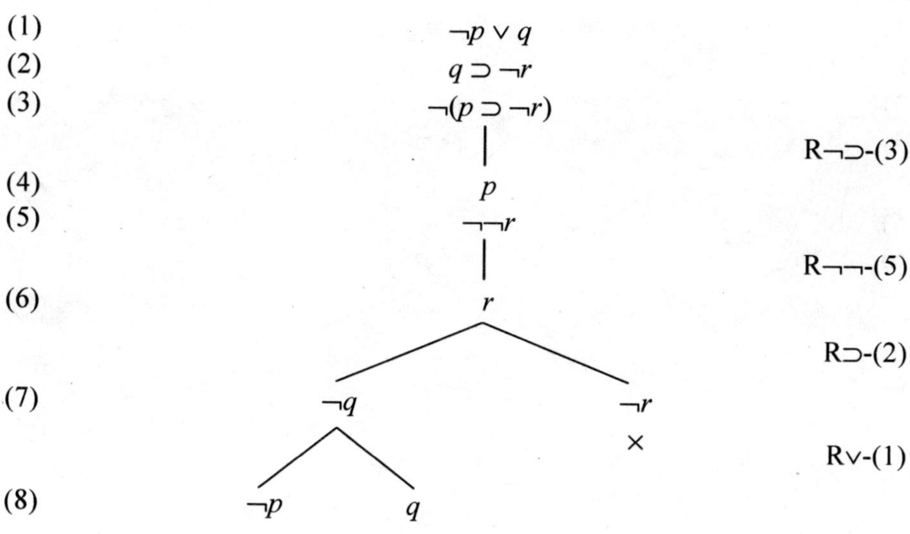

(1) ¬p ∨ q
(2) q ⊃ ¬r
(3) ¬(p ⊃ ¬r)
R¬⊃-(3)
(4) p
(5) ¬¬r
R¬¬-(5)
(6) r
R⊃-(2)
(7) ¬q ¬r
×
R∨-(1)
(8) ¬p q
× ×

e)

(1) $(p \wedge q) \supset r$

(2) $r \supset s$

(3) $q \wedge \neg s$

(4) $\neg\neg p$

R¬¬-(4)

(5) p

R∧-(3)

(6) q

(7) $\neg s$

R⊃-(1)

(8) $\neg(p \wedge q)$ | r

R¬∧-(8) | R⊃-(2)

(9) $\neg p$ | $\neg q$ | $\neg r$ | s

× × × ×

EXERCICE 18

a)

(1) $p \equiv q$

(2) $q \wedge r$

(3) $r \supset s$

(4) $\neg(s \supset p)$

R¬⊃-4

(5) s

(6) $\neg p$

R≡-(1)

(7) p | $\neg p$

(8) q | $\neg q$

× | R∧-(2)

(9) q

(10) r

×

Déduction valide.

b)

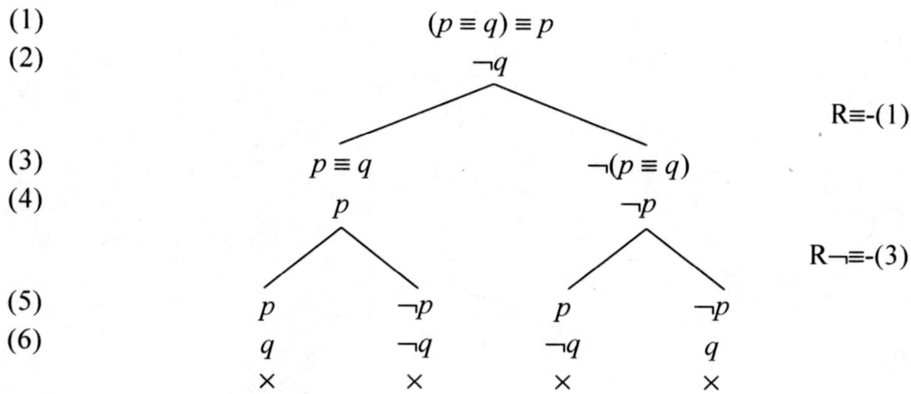

Déduction valide.

c)

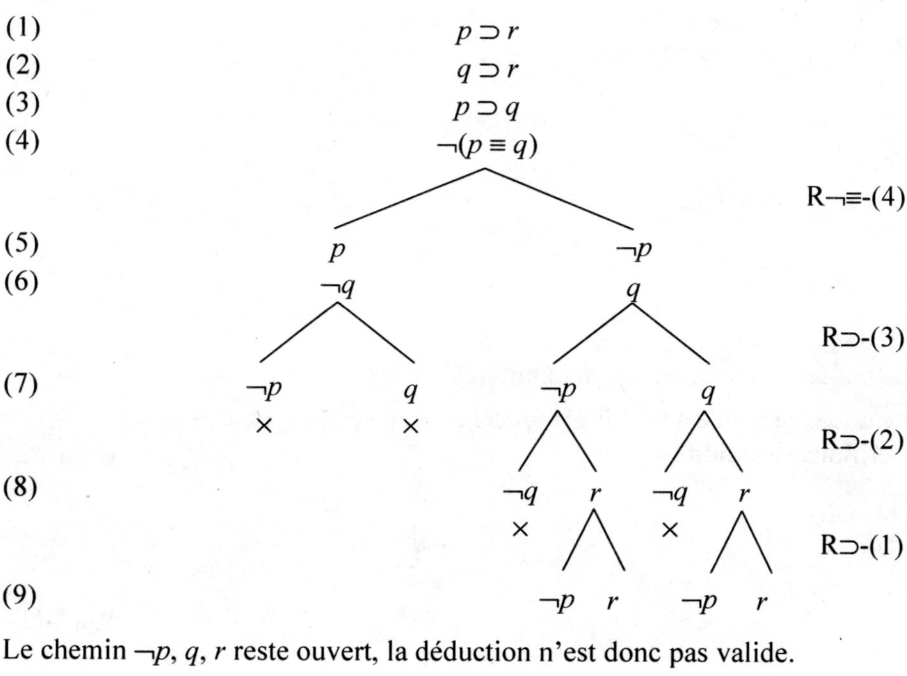

Le chemin $\neg p$, q, r reste ouvert, la déduction n'est donc pas valide.

d)

(1) $p \supset (q \supset r)$

(2) $q \supset (r \supset p)$

(3) $\neg(p \supset r)$

R¬⊃-(3)

(4) p

(5) $\neg r$

R⊃-(1)

(6) $\neg p$ × | $q \supset r$

R⊃-(6)

(7) $\neg q$ | r ×

R⊃-(2)

(8) $\neg q$ | $r \supset p$

R⊃-(8)

(9) $\neg r$ | p

Déduction non valide.

EXERCICE 19

a) p : Les poules ont des dents.
q : Les poules sont des mammifères.

Le raisonnement est le suivant : $p \supset q, \neg q \models \neg p$
Vérifions sa validité :

(1) $p \supset q$

(2) $\neg q$

(3) $\neg\neg p$

R¬¬-(3)

(4) p

R⊃-(1)

(5) $\neg p$ × | q ×

Le raisonnement est valide.

b) p : Les poules ont des dents
q : Les poules ont une carapace.

Le raisonnement est le suivant : $p \supset \neg q, q \vDash \neg p$

Vérifions sa validité :

(1)	$p \supset \neg q$		
(2)	q		
(3)	$\neg\neg p$		
	|		R$\neg\neg$-(3)
(4)	p		
	/ \		R$\supset$-(1)
(5)	$\neg p$	$\neg q$	
	×	×	

Le raisonnement est valide.

c) p : Pierre réussit le cours de logique
q : Pierre assiste au cours.
r : Pierre cesse de parler à sa voisine.
s : Pierre écoute le professeur.

Le raisonnement est le suivant : $p \equiv (q \wedge r \wedge s), s \supset (r \wedge q) \vDash p \equiv s$

Vérifions sa validité :

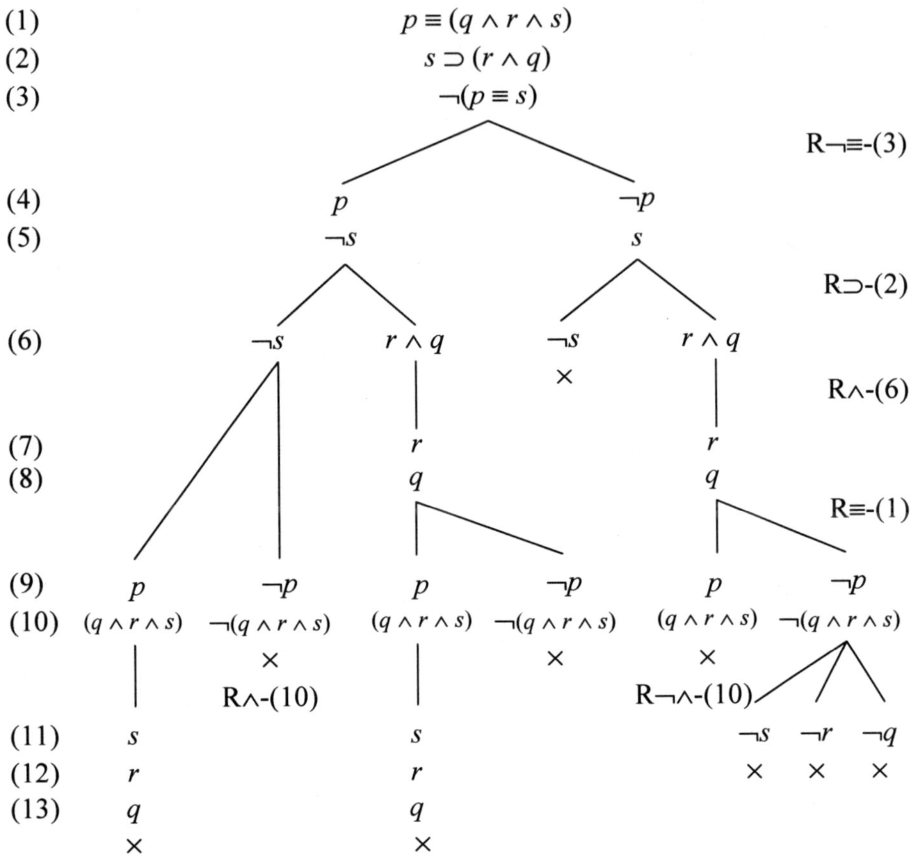

Le raisonnement est valide.

EXERCICE 20

a)

(1)	$p \supset (q \supset r)$			
(2)	$\neg q \supset \neg p$			
(3)	p			
(4)	$\neg r$			
				R$\supset$-(1)
(5)	$\neg p$ ×	$q \supset r$		
				R$\supset$-(5)
(6)		$\neg q$	r ×	
				R$\supset$-(2)
(7)		$\neg\neg q$	$\neg p$ ×	
				R$\neg\neg$-(7)
(8)		q ×		

La déduction est valide

b)

(1)	$(p \equiv \neg q) \wedge q$		
(2)	$(q \vee ((r \supset p) \wedge r)) \supset \neg p$		
(3)	$\neg(q \supset \neg p)$		
			R$\neg\supset$-(3)
(4)	q		
(5)	$\neg\neg p$		
			R$\neg\neg$-(5)
(6)	p		
			R$\wedge$-(1)
(7)	$(p \equiv \neg q)$		
(8)	q		
			R$\equiv$-(7)
(9)	p	$\neg p$	
(10)	$\neg q$ ×	$\neg\neg q$ ×	

Déduction valide. Remarquez que nous n'avons pas utilisé la prémisse (2).

EXERCICE 25

a) On prend la négation.

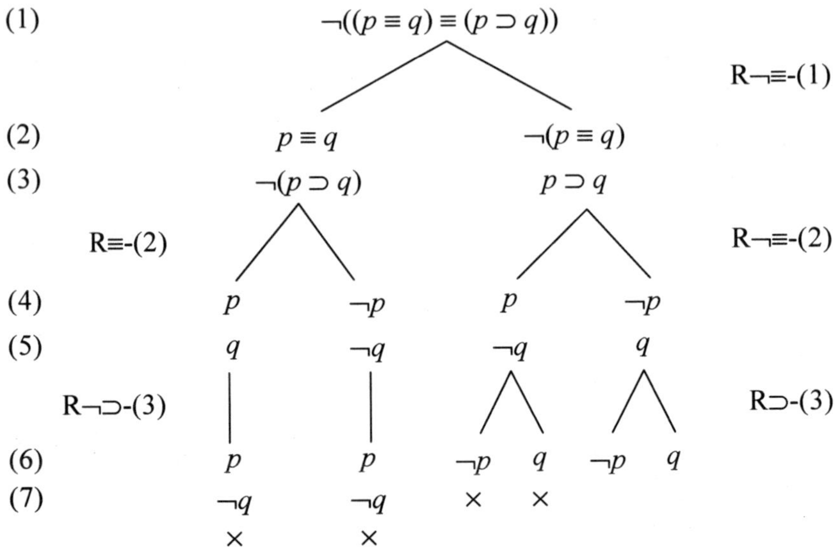

b) L'énoncé est faux dans le monde où p est faux et q est vrai parce que, sur les deux branches ouvertes, p est faux et q est vrai.

c) La négation de l'énoncé possède $\neg p \wedge q$ comme FND. L'énoncé a donc la même FNDTD que $\neg(\neg p \wedge q)$.

(1)	$\neg(\neg p \wedge q)$	
(2)	$\neg\neg p \vee \neg q$	loi de De Morgan
(3)	$p \vee \neg q$	Double négation
(4)	$(p \wedge 1) \vee (\neg q \wedge 1)$	élément neutre
(5)	$(p \wedge (q \vee \neg q)) \vee (\neg q \wedge (p \vee \neg p))$	tiers exclu
(6)	$(p \wedge q) \vee (p \wedge \neg q) \vee (\neg q \wedge p) \vee (\neg q \wedge \neg p)$	distributivité de $\wedge$ sur $\vee$
(7)	$(p \wedge q) \vee (p \wedge \neg q) \vee (p \wedge \neg q) \vee (\neg p \wedge \neg q)$	commutativité
(8)	$(p \wedge q) \vee (p \wedge \neg q) \vee (\neg p \wedge \neg q)$	idempotence

CHAPITRE V

La déduction naturelle

Aucune des méthodes que nous avons vues jusqu'ici — aussi bien les méthodes que nous avons qualifiées de purement sémantiques que celles que nous avons qualifiées de syntaxiques — ne procède selon l'enchaînement naturel des raisons dans une argumentation. Les méthodes comme celle des arbres sont mécaniques et efficaces, mais elles ne correspondent pas à ce qui se passe dans un jeu de langage argumentatif. La méthode des arbres ne permet pas de reconstruire le raisonnement qui, à partir des prémisses, conduit à la conclusion.

Nous allons maintenant aborder l'étude d'une méthode de construction de preuve qui est exclusivement fondée sur les propriétés intuitives associées aux connecteurs logiques tout en restant purement syntaxique. Le principe en est simple. Étant donné un ensemble de prémisses $A_1, \ldots, A_n$, il s'agit de construire une suite $A_{n+1}, \ldots, A_p$ (que l'on appellera une *dérivation* ou *preuve de conclusion* A_p) qui soit telle que l'occurrence de chacun des énoncés $A_{n+1}, \ldots, A_p$ fasse l'objet d'une justification *purement syntaxique*. Autrement dit, la présence de chacun des énoncés dans la suite devra être justifiée par un appel à une *règle*. La règle la plus élémentaire est celle qui autorise la répétition ou réitération des prémisses. Nous appellerons cette règle R. Les autres règles sont directement liées aux propriétés logiques des connecteurs. Lorsqu'il existe une dérivation de B à partir de $A_1, \ldots, A_n$, on écrira $A_1, \ldots, A_n \vdash B$

5.0 La conjonction

Nous pouvons dire que nous avons une preuve de $A \wedge B$ si et seulement si nous avons une preuve de A et une preuve de B.

Bien que l'intuition qui justifie cette règle soit sémantique, la règle, elle, est purement syntaxique : elle décrit les circonstances dans lesquelles nous aurons le droit d'écrire $A \wedge B$, soit si nous avons déjà écrit A et nous avons déjà écrit B.

D'un point de vue pratique, nous utiliserons l'artifice graphique suivant.

On écrit tout d'abord les *hypothèses* ou *prémisses* (A_1, ..., A_n) de la déduction les unes sous les autres. À gauche, on inscrit leur rang et on sépare le tout d'un trait vertical. On trace un trait horizontal rejoignant la ligne verticale sous la dernière prémisse. Sous le trait horizontal, on écrit la suite des énoncés déduits (A_{n+1}) ... qui constitue la *dérivation* proprement dite.

1	A_1
	⋮
n	A_n
n+1	A_{n+1}
	⋮
p	A_p

Pour pouvoir écrire un énoncé sous le trait horizontal, il faut une justification, c'est-à-dire qu'un énoncé ne peut être inscrit qu'en vertu de l'application d'une *règle*. Conformément à l'intuition que nous avons de la conjonction, soit que de p et q nous pouvons dériver $p \wedge q$ (nous dirons que nous avons une preuve de $p \wedge q$ à partir de p et de q ou encore que nous avons une démonstration de $p \wedge q$ à partir de p et de q), nous aurons :

1	p	H
2	q	H
3	p	R-1 (réitération de la ligne 1)
4	q	R-2
5	$p \wedge q$	(Nous pouvons écrire $p \wedge q$ parce que nous avons déjà écrit p et nous avons déjà écrit q)

Une première composante de la règle concernant la conjonction pourra donc s'écrire sous la forme suivante :

1	A_1	
	⋮	
n	A_n	
	⋮	
o	B	← Si nous avons réussi à écrire B
	⋮	
p	C	← et que nous avons réussi à écrire C,
	⋮	
q	$B \wedge C$	← alors nous avons le droit d'écrire $B \wedge C$.
	⋮	

Une seconde composante de la règle concernant la conjonction porte sur ce que nous pouvons écrire si nous avons déjà écrit $A \wedge B$.

$$\begin{array}{l|ll}
1 & A_1 & \\
 & \vdots & \\
n & \underline{A_n} & \\
 & \vdots & \\
o & B \wedge C & \leftarrow \text{Si nous avons réussi à écrire } B \wedge C, \\
 & \vdots & \\
p & B & \leftarrow \text{alors nous avons le droit d'écrire } B, \\
 & \vdots & \\
q & C & \leftarrow \text{et nous avons le droit d'écrire } C. \\
 & \vdots &
\end{array}$$

Pour chaque connecteur, nous aurons ainsi une règle à deux composantes. La première exprime les circonstances dans lesquelles nous pouvons *introduire* un énoncé ayant ce connecteur comme connecteur principal ; c'est une règle d'*introduction*. La seconde exprime les circonstances dans lesquelles nous pouvons *dériver* des énoncés à partir d'un énoncé plus complexe possédant ce connecteur comme connecteur principal ; c'est une règle d'*élimination*. Pour des raisons mnémotechniques, on appelle ces règles des règles *intélim* et nous les noterons respectivement ∧I et ∧E, dans le cas de la conjonction.

5.1 L'implication matérielle

Commençons par la règle d'élimination ⊃E qui est conceptuellement plus simple que la règle ⊃I d'introduction.

Si nous avons une preuve de A et une preuve de $A \supset B$, nous avons une preuve de B. Cette règle est ce qu'on appelle traditionnellement le *modus ponens*. La règle d'élimination pourra donc s'écrire schématiquement :

$$\begin{array}{l|ll}
1 & A_1 & \\
 & \vdots & \\
n & \underline{A_n} & \\
 & \vdots & \\
o & A & \leftarrow \text{Si nous avons réussi à écrire } A \\
 & \vdots & \\
p & A \supset B & \leftarrow \text{et que nous avons réussi à écrire } A \supset B, \\
 & \vdots & \\
q & B & \leftarrow \text{alors nous avons le droit d'écrire } B. \\
 & \vdots &
\end{array}$$

> **Remarque** : Il est nécessaire d'avoir réussi à écrire A et $A \supset B$ avant de pouvoir écrire B.

Cette règle appelle peu de commentaires.

La règle d'introduction $\supset$I est plus délicate. Quand avons-nous le droit d'écrire $A \supset B$? On pourrait répondre « quand on a réussi à écrire A et à écrire B ». Bien que cette règle soit valide, elle est beaucoup trop forte : $A \supset B$ peut être vrai sans que A et B soient tous les deux vrais. Si on regarde la table de vérité de $A \supset B$, ce n'est pas une condition nécessaire pour que $A \supset B$ soit vrai. Que A soit vrai et B soit vrai est une condition nécessaire et suffisante pour que $A \wedge B$ soit vrai et c'est pour ça que nous avons choisi cette règle pour l'introduction de la conjonction.

Revenons au théorème de la page 60 qui affirme que $A \vDash B$ si et seulement si $\vDash A \supset B$. Ce théorème suggère fortement qu'une bonne règle d'introduction de $\supset$ serait la suivante. Si on est capable de dériver B en prenant comme hypothèse A, alors on pourra écrire $A \supset B$.

Cette règle pose cependant un problème, car la première partie n'affirme rien en ce qui concerne le droit d'écrire A ou d'écrire B et seule la conclusion est catégorique. Ici, A est une hypothèse auxiliaire, tout comme B est une conclusion auxiliaire. Ces remarques nous conduisent à adopter la représentation graphique suivante :

1	A_1		
	⋮		
n	A_n		
	⋮		
o		A	← Nous prenons A comme hypothèse,
		⋮	
p		B	← nous avons réussi à dériver B de A,
p+1	$A \supset B$		← alors nous avons le droit d'écrire $A \supset B$.

On remarque que ni A, ni B n'apparaissent dans la dérivation principale : ils ne pourront donc *pas* être utilisés plus tard dans la dérivation principale. Par exemple on ne peut écrire en p+2 ni A, ni B, encore moins $A \wedge B$.

Exemple : montrer que de $p \supset q$ et $q \supset r$, on peut déduire $p \supset r$.

1	$p \supset q$		H
2	$q \supset r$		H
3		p	H
4		p	R-3
5		$p \supset q$	R-1
6		q	$\supset$E-4, 5
7		$q \supset r$	R-2
8		r	$\supset$E-6, 7
9	$p \supset r$		$\supset$I-3, 8

Attention : Au risque de nous répéter, les énoncés apparaissant dans une sous-dérivation ne sont pas démontrés pour autant. On ne peut les réécrire dans la dérivation principale. Dans notre exemple, nous n'avons pas le droit d'écrire q à la ligne 10 bien que q apparaisse à la ligne 6. La règle R n'autorise pas la réitération dans la dérivation principale des énoncés d'une sous-déduction. Nous pouvons, par contre, à l'intérieur d'une sous-déduction, réitérer les énoncés de la dérivation principale, par exemple aux lignes 5 et 7.

5.2 La disjonction

Si nous avons une preuve de A ou une preuve de B, nous avons une preuve de $A \vee B$ ($\vee$I).

En effet, une condition nécessaire et suffisante pour que $A \vee B$ soit vrai est que A ou (inclusif !) B soit vrai.

La règle d'introduction ∨I sera donc la suivante :

1	A_1	ou encore	1	A_1
	⋮			⋮
n	A_n		n	A_n
	⋮			⋮
o	A	← Si nous avons réussi à écrire A (ou B) →	o	B
	⋮			⋮
p	$A \vee B$	← nous avons le droit d'écrire $A \vee B$ →	p	$A \vee B$
	⋮			⋮

La règle d'élimination est plus abstraite. On peut l'exprimer de la façon suivante.

Si nous avons une preuve de C à partir de l'hypothèse que A et une preuve de C à partir de l'hypothèse que B, alors nous avons une preuve de C à partir de $A \vee B$ (∨E).

Intuitivement, la règle d'élimination de « ∨ » peut s'interpréter comme suit. Supposons que nous sachions que soit A, soit B, soit les deux sont vrais (nous avons une preuve de $A \vee B$), sans savoir le(s)quel(s) (nous n'avons de preuve ni de A, ni de B). Supposons par ailleurs que nous sachions que si A est vrai, alors C est vrai (nous avons une preuve de C à partir de A) et que nous sachions que si B est vrai, C est vrai (nous avons une preuve de C à partir de B), alors nous avons une preuve de C.

1	A_1		
	⋮		
n	A_n		
	⋮		
o	$A \vee B$		←Si nous avons réussi à dériver $A \vee B$, et que
	⋮		
p		A	← de l'hypothèse que A
		⋮	
q		C	← nous avons réussi à dériver C,
	⋮		
r		B	← de l'hypothèse que B
		⋮	
s		C	← nous avons réussi à dériver C
	⋮		
t	C		← nous avons le droit d'écrire C tout court.
	⋮		

Autrement dit, l'information que l'on peut tirer d'une disjonction est l'information commune que l'on peut tirer de chacun des disjoints.

5.3 La négation

Si, à partir de l'hypothèse que A, nous avons une preuve de B et une preuve de $\neg B$ (B quelconque), alors nous avons une preuve de $\neg A$ ($\neg$I).

Si nous avons une preuve de $\neg\neg A$, nous avons une preuve de A ($\neg$E).

Cette règle d'introduction est très intuitive. Si de A nous pouvons dériver une contradiction, c'est que A est faux (le faux ne découle pas du vrai). Mais savoir que A est faux, c'est savoir que $\neg A$.

Règle intélim :

1	A_1		
	⋮		
n	A_n		
	⋮		
o		A	← De l'hypothèse que A
		⋮	
p		B	← nous avons réussi à dériver B
		⋮	
q		$\neg B$	← et $\neg B$
q+1	$\neg A$		← nous avons réussi à dériver $\neg A$.
	⋮		

1	A_1	
	⋮	
n	A_n	
	⋮	
o	$\neg\neg B$	← Nous avons réussi à dériver $\neg\neg B$
	B	← nous avons réussi à dériver B.
p	⋮	

5.4 Le biconditionnel

Nous avons une preuve de $A \equiv B$ si et seulement si nous avons une preuve de B à partir de A et une preuve de A à partir de B. Cela nous donne la règle d'introduction $\equiv$I suivante.

1	A_1		
	⋮		
n	A_n		
	⋮		
o		A	← De l'hypothèse que A
		⋮	
p		B	← nous avons réussi à dériver B,
	⋮		
q		B	← de l'hypothèse que B
		⋮	
r		A	← nous avons réussi à dériver A,
s	$A \equiv B$		← nous avons le droit d'écrire $A \equiv B$.
	⋮		

On remarque l'analogie avec le conditionnel.

En ce qui concerne l'élimination du biconditionnel, l'analogie avec le conditionnel tient encore.

Le règle ≡E sera la suivante.

1	A_1	ou encore	1	A_1
	⋮			⋮
n	A_n		n	A_n
	⋮			⋮
o	$A \equiv B$	← Si nous avons réussi à écrire $A \equiv B$ →	o	$A \equiv B$
	⋮			⋮
p	A	← et nous avons réussi à écrire A (ou B), →	p	B
	⋮			⋮
q	B	← nous avons le droit d'écrire B (ou A). →	q	A

Remarquons qu'aucune des règles intélim (à part celle concernant la négation) ne fait appel à l'existence de propriétés de connecteurs. Ces règles expriment en quelque sorte la contribution de chaque connecteur à la forme logique de l'énoncé dont il est le connecteur principal. En d'autres mots, connaître ces règles, c'est connaître tout ce qui peut être connu de l'usage du connecteur, tout comme connaître comment se meut un fou aux échecs, c'est connaître la contribution d'un fou dans une partie d'échec.

5.5 Une stratégie efficace

Nous allons présenter une heuristique qui est très efficace, même si elle est quelques fois un peu lourde. Il ne s'agit pas, bien sûr, de la suivre à la lettre, mais elle est un guide sûr.

Supposons qu'on demande de montrer que

1	A_1	H
	$\vdots$	
n	A_n	H
	$\vdots$	
q	C	

où C est la conclusion, c'est-à-dire la dernière étape de la dérivation.

La démarche à suivre dépend de la forme des prémisses et de la forme de la conclusion. L'idée générale est d'utiliser la règle intélim pour « sortir » l'information que contiennent les prémisses pour arriver à la conclusion. Cette information est plus ou moins difficile à « sortir » selon la forme des prémisses (il faudrait dire « prémisses ou formules déjà démontrées », mais pour ne pas alourdir le texte, nous dirons simplement « prémisses »). Les deux cas les plus simples à examiner en premier sont les suivants. Il y a une prémisse de la forme $A \wedge B$ ou encore deux prémisses de la forme A et $A \supset B$. On utilise alors respectivement $\wedge$E et $\supset$E.

Ce sont les deux seuls cas (avec le cas trivial de la réitération) où les prémisses peuvent être utilisées directement.

On examine ensuite la conclusion. Si elle est de la forme $A \supset B$, on ouvre une sous-dérivation.

1	p		H
2	$q \supset (p \supset \mathrm{r})$		H
3		q	H
		r	
	$q \supset r$		

Le problème est maintenant de démontrer que de p, $q \supset (p \supset \mathrm{r})$ et q, nous pouvons dériver r.

Lorsque, comme ici, la conclusion est un atome, on examine les prémisses. Ici, il y a deux prémisses dont l'une est de la forme A (= q) et $A \supset B$ (= $q \supset (p \supset \mathrm{r})$).

On réitère ces prémisses et on applique ⊃E.

	Prémisses	Sous-dérivation	
1	p		H
2	$q \supset (p \supset \mathrm{r})$		H
3		q	H
4		q	R-3
5		$q \supset (p \supset \mathrm{r})$	R-2
6		$(p \supset \mathrm{r})$	⊃E-4, 5
		r	
	$q \supset r$		

Ici encore la conclusion r est un atome mais nous avons réussi à montrer $p \supset r$. Si nous pouvions démontrer p, nous pourrions réutiliser ⊃E et le tour serait joué. Mais p est une prémisse !

	Prémisses	Sous-dérivation	
1	p		H
2	$q \supset (p \supset \mathrm{r})$		H
3		q	H
4		q	R-3
5		$q \supset (p \supset \mathrm{r})$	R-2
6		$(p \supset \mathrm{r})$	⊃E-4, 5
7		p	R-1
8		r	⊃E-7, 6
9	$q \supset r$		⊃I-3, 8

EXERCICE 1⁂

Montrez que les déductions suivantes sont valides.

a) $p \wedge q, p \supset (q \supset r) \vdash r$
b) $p \supset (q \supset r) \vdash q \supset (p \supset r)$
c) $p, q \supset (p \supset r) \vdash q \supset r$
d) $p \supset (q \supset r) \vdash (p \wedge q) \supset r$

Examinons le cas où la conclusion a la forme $\neg A$. Dans ce cas, on ouvre une sous-dérivation avec A comme prémisse et on cherche une contradiction. Lorsqu'on cherche une contradiction, on regarde les prémisses. S'il y en a une de la forme $B \supset C$, on cherche à dériver B pour sortir C et réessayer d'obtenir une contradiction. S'il y a une prémisse de la forme $\neg(A \supset B)$ ou $\neg(A \wedge B)$ on cherche à dériver $A \supset B$ ou $A \wedge B$ pour obtenir la contradiction.

Exemple : $p \supset \neg q \vdash \neg(p \wedge q)$

1	$p \supset \neg q$	H
2	$\quad p \wedge q$	H
3	$\quad p \wedge q$	R-2
4	$\quad p$	$\wedge$E-(3)
5	$\quad p \supset \neg q$	R-1
6	$\quad \neg q$	$\supset$E-6, 7
7	$\quad q$	$\wedge$E-3
8	$\neg(p \wedge q)$	$\neg$I-2,6,7

EXERCICE 2*

Montrez que les déductions suivantes sont valides.

a) $\neg(p \supset q) \vdash \neg q$
b) $\neg(p \supset (p \supset q)) \vdash \neg q$

EXERCICE 3

Montrez que les déductions suivantes sont valides.

a) $\neg(p \supset q) \vdash (p \supset \neg q)$
b) $(p \supset q) \vdash (p \wedge r) \supset q$
c) $p \supset (q \supset r) \vdash (p \supset q) \supset (p \supset r)$
d) $(p \supset q) \vdash \neg(p \wedge \neg q)$
e) $p, p \supset (p \supset r) \vdash r$

Lorsque la conclusion est un atome et qu'il n'y a visiblement pas de dérivation directe, on ouvre une sous-dérivation commençant par la négation de l'atome et on essaie de dériver une contradiction. On obtient ainsi une double négation de l'atome qu'on élimine par la suite.

Exemple : Montrez que la déduction suivante est valide.

$$\neg(p \wedge \neg q) \vdash p \supset q$$

1	$\mid \neg(p \wedge \neg q)$	H
2	$\mid \quad \mid p$	H
3	$\mid \quad \mid \quad \mid \neg q$	H
4	$\mid \quad \mid \quad \mid p$	R-2
5	$\mid \quad \mid \quad \mid \neg q$	R-3
6	$\mid \quad \mid \quad \mid p \wedge \neg q$	$\wedge$I-4,5
7	$\mid \quad \mid \quad \mid \neg(p \wedge \neg q)$	R-1
8	$\mid \quad \mid \neg\neg q$	$\neg$I-3,6,7
9	$\mid \quad \mid q$	$\neg$E-8
10	$\mid p \supset q$	$\supset$I-2,9

*EXERCICE 4**

Montrez que les déductions suivantes sont valides.

a) $\neg(p \supset q) \vdash (q \supset r)$
b) $(p \wedge q) \supset r \vdash (q \wedge \neg r) \supset \neg p$

EXERCICE 5

Montrez que les déductions suivantes sont valides.

a) $\neg(p \supset q) \vdash (\neg p \supset q)$
b) $\neg(p \supset q) \vdash (\neg q \supset p)$
c) $\neg(p \vee q) \vdash p \supset q$
d) $(p \supset q) \vdash (\neg q \supset \neg p)$
e) $(\neg p \supset \neg q) \vdash (q \supset p)$
f) $(p \supset q) \vdash (p \wedge r) \supset (q \wedge (r \supset r))$
g) $((p \supset q) \supset q) \supset q \vdash p \supset q$
h) $((p \supset q) \wedge (p \supset \neg q)) \vdash \neg p$
i) $(p \wedge q) \supset r \vdash p \supset (q \supset r)$
j) $q \vdash \neg(p \wedge \neg p)$
k) $(p \supset \neg p) \vdash \neg p$
l) $p \supset (q \supset r) \vdash (p \wedge q) \supset r$
m) $\neg p \vdash (p \supset q)$
n) $\neg p \supset q, \neg p \supset \neg q \vdash p$

Pour simplifier la chose, nous n'avons pas encore utilisé des énoncés contenant des « $\vee$ » ou des « $\equiv$ ». Commençons par « $\vee$ ».

Lorsque la conclusion a la forme $A \vee B$, il y a trois tactiques possibles.

a) Tenter de dériver A et obtenir $A \vee B$ en utilisant $\vee$I.

b) Tenter de dériver B et obtenir $A \vee B$ en utilisant $\vee$I.

Ces deux tactiques ne sont bien sûr pertinentes que lorsque A ou B est une conséquence des prémisses. Nous avons vu, dans l'exemple de la page 141, que $\neg(p \wedge \neg q) \vdash (p \supset q)$. Nous pourrions montrer que $\neg(p \wedge \neg q) \vdash (p \supset q) \vee q$ ou encore que $\neg(p \wedge \neg q) \vdash (p \supset q) \vee r$ en remplaçant la dérivation utilisée dans l'exemple et en introduisant q dans le premier cas et r dans le second en utilisant $\vee$I sur une onzième ligne. Tous les cas de dérivations de formules de la forme $A \vee B$ ne sont cependant pas de ce type.

Considérons l'exemple très simple de la tautologie $p \vee \neg p$. On devrait pouvoir montrer que $\vdash p \vee \neg p$, c'est-à-dire pouvoir établir une preuve de $p \vee \neg p$ sans prémisse. Or il est illusoire de penser dériver p ou $\neg p$ et d'utiliser $\vee$I pour obtenir $p \vee \neg p$: ni p, ni $\neg p$ ne sont des tautologies. Ceci nous amène à la troisième tactique.

c) Ouvrir une sous-dérivation avec $\neg(A \vee B)$ comme prémisse et essayer de dériver une contradiction.

Exemple : $\vdash p \vee \neg p$

1	$\mid \quad \mid\ \underline{\neg (p \vee \neg p)}$	H
2	$\mid \quad \mid \quad \mid\ \underline{p}$	H
3	$\mid \quad \mid \quad \mid\ p$	R-2
4	$\mid \quad \mid \quad \mid\ p \vee \neg p$	$\vee$I-3
5	$\mid \quad \mid \quad \mid\ \neg (p \vee \neg p)$	R-1
6	$\mid \quad \mid\ \neg p$	$\neg$I-2, 4, 5
7	$\mid \quad \mid\ p \vee \neg p$	$\vee$I-6
8	$\mid \quad \mid\ \neg (p \vee \neg p)$	R-1
9	$\mid\ \neg\neg (p \vee \neg p)$	$\neg$I-1, 7, 8
10	$\mid\ p \vee \neg p$	$\neg$E-9

Cette tactique pour dériver une contradiction de $\neg(A \vee B)$ pour obtenir $A \vee B$ est généralisable. L'idée est la suivante. Si $A \vee B$ est dérivable à partir des prémisses, alors de $\neg(A \vee B)$ on doit pouvoir dériver $\neg A$ (et $\neg B$). Dans l'exemple ci-haut, cela correspond aux lignes 1-6. Mais si $A \vee B$ est dérivable, et que l'on a réussi à dériver $\neg A$ (ou $\neg B$) de $\neg(A \vee B)$ et $\neg A$, on doit pouvoir dériver B ! Ici le cas est trivial puisque A est p et B est $\neg p$. À la ligne 6 on a directement B. Tous les cas ne sont pas aussi faciles.

Exemple : Montrez que $\vdash (p \supset q) \vee p$

D'abord il est clair que $\vdash (p \supset q) \vee p$ est valide car si p est vrai, la disjonction est vraie, si p est faux, $p \supset q$ est vrai et la disjonction est vraie.

1	$\vert\ \vert\ \underline{\neg((p \supset q) \vee p)}$	H
2	$\vert\ \vert\ \vert\ \underline{p}$	H
3	$\vert\ \vert\ \vert\ p$	R-2
4	$\vert\ \vert\ \vert\ (p \supset q) \vee p$	$\vee$I-3
5	$\vert\ \vert\ \vert\ \neg((p \supset q) \vee p)$	R-1
6	$\vert\ \vert\ \neg p$	$\neg$I-2, 4, 5
7	$\vert\ \vert\ \vert\ \underline{p}$	H
8	$\vert\ \vert\ \vert\ \vert\ \underline{\neg q}$	H
9	$\vert\ \vert\ \vert\ \vert\ p$	R-7
10	$\vert\ \vert\ \vert\ \vert\ \neg p$	R-6
11	$\vert\ \vert\ \vert\ \neg\neg q$	$\neg$I-8, 9, 10
12	$\vert\ \vert\ \vert\ q$	$\neg$E-11
13	$\vert\ \vert\ p \supset q$	$\supset$I-7, 12
14	$\vert\ \vert\ (p \supset q) \vee p$	$\vee$I-13
15	$\vert\ \vert\ \neg((p \supset q) \vee p)$	R-1
16	$\vert\ \neg\neg((p \supset q) \vee p)$	$\neg$I-1, 14, 15
17	$\vert\ (p \supset q) \vee p$	$\neg$E-16

À la ligne 2, on aurait pu choisir $p \supset q$ plutôt que p. À partir de la ligne 6, le problème est le suivant : il faut dériver $p \supset q$ à partir de $\neg((p \supset q) \vee p)$ et de $\neg p$. On aura donc la sous-dérivation avec l'hypothèse que p et on aurait à dériver q. Le reste est routine.

EXERCICE 6

Montrez que les déductions suivantes sont valides.

a) $\vdash (p \supset q) \supset (p \supset (q \vee r))$
b) $\vdash p \supset (q \vee \neg q)$
c) $\vdash \neg(p \vee q) \supset (p \supset q)$
d) $\vdash \neg(p \wedge \neg q) \supset (\neg p \vee q)$
e) $\vdash (\neg p \vee q) \supset \neg(p \wedge \neg q)$
f) $\vdash (p \wedge \neg q) \vee (\neg p \vee q)$
g) $p \wedge q \vdash p \vee q$
h) $p \wedge q \vdash \neg(\neg p \vee \neg q)$
i) i) $p \supset q, r \vee \neg q, \neg(p \wedge r) \vdash \neg p$
j) j) $p \vee q, q \supset r, \neg q \vee \neg r \vdash p$
k) $\vdash (\neg p \supset q) \supset (p \vee q)$
l) $\vdash (\neg p \vee q) \supset (p \supset q)$

m) $\vdash ((p \supset p) \supset q) \supset q$

n) $q \supset (q \supset p), (q \supset p) \supset q \vdash q \supset p$

Nous arrivons ainsi au dernier connecteur « ≡ ». Ce connecteur ne pose pas de problème particulier car les règles intélim qui lui sont associées sont celles de « ⊃ », mais dans les deux sens.

Exemple : montrez que $\vdash (\neg p \vee \neg q) \equiv (p \supset \neg q)$

1	$\neg p \vee \neg q$	H
2	p	H
3	$\neg p \vee \neg q$	R-1
4	$\neg p$	H
5	q	H
6	p	R-2
7	$\neg p$	R-4
8	$\neg q$	¬I-5, 6, 7
9	$\neg q$	H
10	$\neg q$	R-9
11	$\neg q$	∨E-3, 4, 8, 9, 10
12	$p \supset \neg q$	⊃I-2, 11
13	$p \supset \neg q$	H
14	$\neg(\neg p \vee \neg q)$	H
15	$\neg p$	H
16	$\neg p$	R-15
17	$\neg p \vee \neg q$	∨I-16
18	$\neg(\neg p \vee \neg q)$	R-14
19	$\neg\neg p$	¬I-15, 17, 18
20	p	¬E-19
21	$p \supset \neg q$	R-13
22	$\neg q$	⊃I-20, 21
23	$\neg p \vee \neg q$	∨I-22
24	$\neg(\neg p \vee \neg q)$	R-14
25	$\neg\neg(\neg p \vee \neg q)$	¬I-14, 23, 24
26	$\neg p \vee \neg q$	¬E-25
27	$(\neg p \vee \neg q) \equiv (p \supset \neg q)$	≡I-1, 12, 13, 26

EXERCICE 7

Montrez que les déductions suivantes sont valides.

a) $p \wedge q \vdash (p \equiv (p \supset q))$
b) $p \equiv (p \supset q) \vdash p \wedge q$
c) $\vdash p \equiv p$
d) $\vdash (p \wedge p) \equiv p$
e) $(p \equiv q) \equiv p \vdash q$
f) $p \equiv q, \neg p \vdash \neg q$
g) $p \equiv q \vdash \neg p \equiv \neg q$
h) $\neg(p \equiv q) \vdash p \equiv \neg q$
i) $p \equiv q \vdash (p \wedge q) \vee (\neg p \wedge \neg q)$
j) $p \equiv q \vdash (p \vee q) \supset (p \wedge q)$
k) $q \equiv \neg r, p \supset \neg q \vdash p \supset r$

*EXERCICE 8**

Montrez que les déductions suivantes sont valides.

a) $\vdash (p \vee q) \supset ((p \supset q) \vee (q \supset p))$
b) $(p \vee q) \supset (p \supset q) \vdash p \supset q$
c) $(p \supset q) \supset (q \supset p) \vdash q \supset p$
d) $(p \vee q) \supset (p \wedge q) \vdash p \supset q$
e) $(p \supset (q \vee r)) \supset p \vdash p$

EXERCICE 9

Nous avons vu, au tout début du cours, qu'il y avait 16 connecteurs binaires possibles. Soit * le connecteur dont la table de vérité est la suivante :

p	q	$p*q$
V	V	**V**
V	F	**V**
F	V	**F**
F	F	**F**

Inventez une règle d'introduction et une règle d'élimination en déduction naturelle pour ce connecteur. Justifiez votre réponse.

EXERCICE 10

Supposons que nous ayons une dérivation de $\neg B$ à partir de A. Montrez que l'on a également une preuve de $\neg A$ à partir de B.

NOTE HISTORIQUE

La méthode de déduction naturelle est due à JAŚKOWSKI, S., « On the Rules of Suppositions in Formal Logic », *Studia Logica*, vol. 1 (1934), et à GENTZEN, déjà cité. La forme spécifique reprise ici provient de FITCH, F. B., *Symbolic Logic : An Introduction*, The Ronald Press, 1952, et LEBLANC, H. et WISDOM, W. A., *Deductive Logic*, Allyn and Bacon, 1976 (1972).

Solutions des exercices du chapitre 5

EXERCICE 1

a)

1	$p \wedge q$	H
2	$p \supset (q \supset r)$	H
3	$p \wedge q$	R-1
4	p	∧E-3
5	q	∧E-3
6	$p \supset (q \supset r)$	R-2
7	$q \supset r$	⊃E-4,6
8	r	⊃E-5,7

b)

1	$p \supset (q \supset r)$	H
2	q	H
3	p	H
4	$p \supset (q \supset r)$	R-1
5	p	R-3
6	$q \supset r$	⊃E-5,4
7	q	R-2
8	r	⊃E-7, 6
9	$p \supset r$	⊃I-3,8
10	$q \supset (p \supset r)$	⊃I-2,9

c)

1	p	H
2	$q \supset (p \supset \mathrm{r})$	H
3	$\quad q$	H
4	$\quad q$	R-3
5	$\quad q \supset (p \supset \mathrm{r})$	R-2
6	$\quad p \supset \mathrm{r}$	⊃E-4, 5
7	$\quad p$	R-1
8	$\quad r$	⊃E-7, 6
9	$q \supset r$	⊃I-3, 8

d)

1	$p \supset (q \supset r)$	H
2	$\quad p \wedge q$	H
3	$\quad p \wedge q$	R-2
4	$\quad p$	∧E-3
5	$\quad q$	∧E-3
6	$\quad p \supset (q \supset r)$	R-1
7	$\quad q \supset r$	⊃E-4, 6
8	$\quad r$	⊃E-5,7
9	$(p \wedge q) \supset r$	⊃I-2, 8

EXERCICE 2

a)

1	$\neg(p \supset q)$	H
2	$\quad q$	H
3	$\quad\quad p$	H
4	$\quad\quad q$	R-2
5	$\quad p \supset q$	⊃I-3,4
6	$\quad \neg(p \supset q)$	R-1
7	$\neg q$	¬I-2,5,6

b)

1	$\neg(p \supset (p \supset q))$	H
2	$\quad q$	H
3	$\quad\quad p$	H
4	$\quad\quad\quad p$	H
5	$\quad\quad\quad q$	R-2
6	$\quad\quad p \supset q$	$\supset$I-4,5
7	$\quad p \supset (p \supset q)$	$\supset$I-3,6
8	$\quad \neg(p \supset (p \supset q))$	R-1
9	$\neg q$	$\neg$I-2,7,8

EXERCICE 4

a)

1	$\neg(p \supset q)$	H
2	$\quad q$	H
3	$\quad\quad \neg r$	H
4	$\quad\quad\quad p$	H
5	$\quad\quad\quad q$	R-2
6	$\quad\quad p \supset q$	$\supset$I-4,5
7	$\quad\quad \neg(p \supset q)$	R-1
8	$\quad \neg\neg r$	$\neg$I-3,6,7
9	$\quad r$	$\neg$E-8
10	$q \supset r$	$\supset$I-2,9

b)

1	$(p \wedge q) \supset r$	H
2	$\quad q \wedge \neg r$	H
3	$\quad\quad p$	H
4	$\quad\quad q \wedge \neg r$	R-2
5	$\quad\quad q$	$\wedge$E-4
6	$\quad\quad \neg r$	$\wedge$E-4
7	$\quad\quad p$	R-3
8	$\quad\quad p \wedge q$	$\wedge$I-5,7
9	$\quad\quad (p \wedge q) \supset r$	R-1
10	$\quad\quad r$	$\supset$E-8,9
11	$\quad \neg p$	$\neg$I-3,6,10
12	$(q \wedge \neg r) \supset \neg p$	$\supset$I-2,11

EXERCICE 5

g)

1	$\mid ((p \supset q) \supset q) \supset q$	H
2	$\mid \mid p$	H
3	$\mid \mid \mid \neg q$	H
4	$\mid \mid \mid \mid p \supset q$	H
5	$\mid \mid \mid \mid \mid \neg q$	H
6	$\mid \mid \mid \mid \mid \mid p$	H
7	$\mid \mid \mid \mid \mid \mid p$	R-6
8	$\mid \mid \mid \mid \mid \mid p \supset q$	R-4
9	$\mid \mid \mid \mid \mid \mid q$	$\supset$E-7,8
10	$\mid \mid \mid \mid \mid \mid \neg q$	R-5
11	$\mid \mid \mid \mid \mid \neg p$	$\neg$I-6,9,10
12	$\mid \mid \mid \mid \mid p$	R-2
13	$\mid \mid \mid \mid \neg\neg q$	$\neg$I-5,11,12
14	$\mid \mid \mid \mid q$	$\neg$E-13
13	$\mid \mid \mid (p \supset q) \supset q$	$\supset$I-4,14
14	$\mid \mid \mid \mid ((p \supset q) \supset q) \supset q$	H
15	$\mid \mid \mid \mid ((p \supset q) \supset q) \supset q$	R-14
16	$\mid \mid \mid \mid (p \supset q) \supset q$	R-13
17	$\mid \mid \mid \mid q$	$\supset$E-15,16
18	$\mid \mid \mid \mid \neg q$	R-3
19	$\mid \mid \mid \neg(((p \supset q) \supset q) \supset q)$	$\neg$I-14,17,18
20	$\mid \mid \mid ((p \supset q) \supset q) \supset q$	R-1
21	$\mid \mid \neg\neg q$	$\neg$I-3,19,20
22	$\mid \mid q$	$\neg$E-21
23	$\mid p \supset q$	$\supset$I-2,22

Exercice 6

i)

1	$\mid p \supset q$	H
2	$\mid r \vee \neg q$	H
3	$\mid \neg(p \wedge r)$	H
4	$\mid \quad \mid p$	H
5	$\mid \quad \mid p$	R-4
6	$\mid \quad \mid p \supset q$	R-1
7	$\mid \quad \mid q$	$\supset$E-5,6
8	$\mid \quad \mid \quad \mid \neg r$	H
9	$\mid \quad \mid \quad \mid r \vee \neg q$	R-2
10	$\mid \quad \mid \quad \mid \quad \mid r$	H
11	$\mid \quad \mid \quad \mid \quad \mid r$	R-10
12	$\mid \quad \mid \quad \mid \quad \mid \neg q$	H
13	$\mid \quad \mid \quad \mid \quad \mid \quad \mid \neg r$	H
14	$\mid \quad \mid \quad \mid \quad \mid \quad \mid \neg q$	R-12
15	$\mid \quad \mid \quad \mid \quad \mid \quad \mid q$	R-7
16	$\mid \quad \mid \quad \mid \quad \mid \neg\neg r$	$\neg$I-13,14,15
17	$\mid \quad \mid \quad \mid \quad \mid r$	$\neg$E-16
18	$\mid \quad \mid \quad \mid r$	$\vee$E-9, 10, 11, 12,17
19	$\mid \quad \mid \quad \mid \neg r$	R-8
20	$\mid \quad \mid \neg\neg r$	$\neg$I-8,18,19
21	$\mid \quad \mid r$	$\neg$E-20
22	$\mid \quad \mid p \wedge r$	$\wedge$I-5,21
23	$\mid \quad \mid \neg (p \wedge r)$	R-3
24	$\mid \neg p$	$\neg$I-4,22,23

EXERCICE 8

a)

1	$p \vee q$			H
2	$p \vee q$			R-1
3		p		H
4			q	H
5			p	R-3
6		$q \supset p$		$\supset$I-4,5
7		$(p \supset q) \vee (q \supset p)$		$\vee$I-6
8		q		H
9			p	H
10			q	R-8
11		$p \supset q$		$\supset$I-9,10
12		$(p \supset q) \vee (q \supset p)$		$\vee$I-11
13	$(p \supset q) \vee (q \supset p)$			$\vee$E-2,3,7,8,12

b)

1	$(p \vee q) \supset (p \supset q)$				H
2		p			H
3			$\neg q$		H
4				$p \supset q$	H
5				p	R-2
6				$p \supset q$	R-4
7				q	$\supset$E-5,6
8				$\neg q$	R-3
9			$\neg(p \supset q)$		$\neg$I-4,7,8
10			p		R-2
11			$p \vee q$		$\vee$I-10
12			$(p \vee q) \supset (p \supset q)$		R-1
13			$p \supset q$		$\supset$E-11,12
14		$\neg\neg q$			$\neg$I-3,9,13
15		q			$\neg$E-14
16	$p \supset q$				$\supset$I-2,15

c)	1	$(p \supset q) \supset (q \supset p)$	H
	2	q	H
	3	$\neg p$	H
	4	p	H
	5	$\neg q$	H
	6	p	R-4
	7	$\neg p$	R-3
	8	$\neg\neg q$	¬I-5,6,7
	9	q	¬E-8
	10	$p \supset q$	⊃I-4,9
	11	$(p \supset q) \supset (q \supset p)$	R-1
	12	$q \supset p$	⊃E-10,11
	13	q	R-2
	14	p	⊃E-12,13
	15	$\neg p$	R-3
	16	$\neg\neg p$	¬I-3,14,15
	17	p	¬E-16
	18	$q \supset p$	⊃I-2,17

d)	1	$(p \vee q) \supset (p \wedge q)$	H
	2	p	H
	3	p	R-2
	4	$p \vee q$	∨I-3
	5	$(p \vee q) \supset (p \wedge q)$	R-1
	6	$p \wedge q$	⊃E-4,5
	7	q	∧E-6
	8	$p \supset q$	⊃I-2,8

e)

1	$(p \supset (q \vee r)) \supset p$	H
2	$\vert\ \neg p$	H
3	$\vert\ \vert\ p$	H
4	$\vert\ \vert\ \vert\ \neg(q \vee r)$	H
5	$\vert\ \vert\ \vert\ p$	R-3
6	$\vert\ \vert\ \vert\ \neg p$	R-2
7	$\vert\ \vert\ \neg\neg(q \vee r)$	¬I-4,5,6
8	$\vert\ \vert\ q \vee r$	¬E-7
9	$\vert\ p \supset (q \vee r)$	⊃I-3,8
10	$\vert\ (p \supset (q \vee r)) \supset p$	R-1
11	$\vert\ p$	⊃E-9,10
12	$\vert\ \neg p$	R-2
13	$\neg\neg p$	¬I-2,11,12
14	p	¬E-13

LES MÉTHODES SYNTAXIQUES D'UN COUP D'ŒIL

L'algèbre de Boole

(1)	$\neg 0 \Leftrightarrow 1$	$\neg 1 \Leftrightarrow 0$	bivalence
(2)	$\neg\neg A \Leftrightarrow A$		double négation
(3)	$A \wedge 1 \Leftrightarrow A$	$A \vee 0 \Leftrightarrow A$	éléments neutres
(4)	$A \wedge 0 \Leftrightarrow 0$	$A \vee 1 \Leftrightarrow 1$	éléments absorbants
(5)	$A \wedge \neg A \Leftrightarrow 0$	$A \vee \neg A \Leftrightarrow 1$	non-contradiction / tiers exclu
(6)	$A \wedge A \Leftrightarrow A$	$A \vee A \Leftrightarrow A$	idempotence
(7)	$A \wedge (B \wedge C) \Leftrightarrow (A \wedge B) \wedge C$	$A \vee (B \vee C) \Leftrightarrow (A \vee B) \vee C$	associativité
(8)	$(A \wedge B) \Leftrightarrow (B \wedge A)$	$(A \vee B) \Leftrightarrow (B \vee A)$	commutativité
(9)	$(A \wedge (B \vee C)) \Leftrightarrow (A \wedge B) \vee (A \wedge C)$	$(A \vee (B \wedge C)) \Leftrightarrow (A \vee B) \wedge (A \vee C)$	distributivité
(10)	$\neg(A \wedge B) \Leftrightarrow \neg A \vee \neg B$	$\neg(A \vee B) \Leftrightarrow \neg A \wedge \neg B$	lois de De Morgan ou de dualité

Méthode pour élaborer une FND

(1) Traduire les connecteurs autres que « $\neg$ », « $\wedge$ » et « $\vee$ ».
(2) Utiliser les lois de De Morgan jusqu'à ce que toutes les négations portent sur des atomes (en éliminant, bien sûr, les doubles négations)
(3) Utiliser les lois de distributivité pour « sortir » les « $\vee$ » et « rentrer » les « $\wedge$ ».

La méthode des arbres

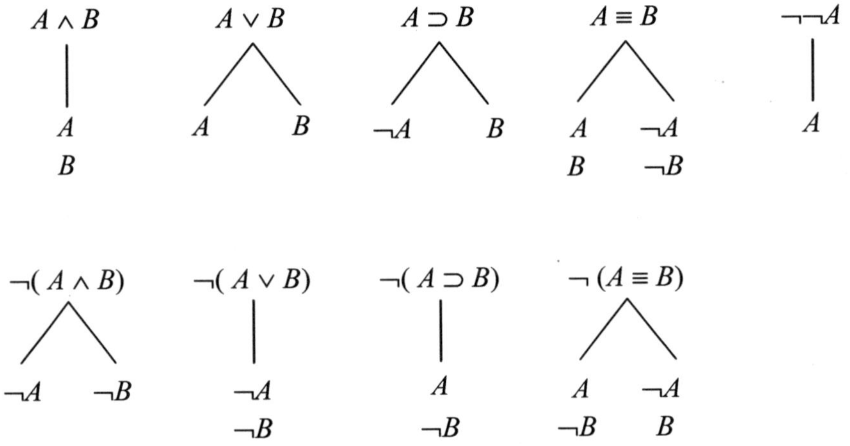

La déduction naturelle

conjonction

$\wedge$I

```
1   | A1
    | ⋮
n   | An
    |----
    | ⋮
o   | B
    | ⋮
p   | C
    | ⋮
q   | B ∧ C
    | ⋮
```

$\wedge$E

```
1   | A1
    | ⋮
n   | An
    |----
    | ⋮
o   | B ∧ C
    | ⋮
p   | B
    | ⋮
q   | C
    | ⋮
```

implication matérielle

$\supset$I

```
1   | A1
    | ⋮
n   | An
    |----
    | ⋮
o   |     | A
    |     |----
    |     | ⋮
p   |     | B
p+1 | A ⊃ B
    | ⋮
```

$\supset$E

```
1   | A1
    | ⋮
n   | An
    |----
    | ⋮
o   | A
    | ⋮
p   | A ⊃ B
    | ⋮
    | B
    | ⋮
```

disjonction

$\vee$I

```
1   | A1
    | ⋮
n   | An
    |----
    | ⋮
o   | A
    | ⋮
p   | A ∨ B
    | ⋮
```

$\vee$E

```
1   | A1
    | ⋮
n   | An
    |----
    | ⋮
o   | A ∨ B
    | ⋮
p   |     | A
    |     |----
    |     | ⋮
q   |     | C
    | ⋮
r   |     | B
    |     |----
    |     | ⋮
s   |     | C
    | ⋮
t   | C
    | ⋮
```

biconditionnel

$\equiv$I

```
1   | A1
    | ⋮
n   | An
    |----
    | ⋮
o   |     | A
    |     |----
    |     | ⋮
p   |     | B
    | ⋮
q   |     | B
    |     |----
    |     | ⋮
r   |     | A
s   | A ≡ B
    | ⋮
```

$\equiv$E

```
1   | A1
    | ⋮
n   | An
    |----
    | ⋮
o   | A ≡ B
    | ⋮
p   | A
    | ⋮
q   | B
    | ⋮
```

négation

$\neg$I

```
1   | A1
    | ⋮
n   | An
    |----
    | ⋮
o   |     | A
    |     |----
    |     | ⋮
p   |     | B
    |     | ⋮
q   |     | ¬B
q+1 | ¬A
    | ⋮
```

$\neg$E

```
1   | A1
    | ⋮
n   | An
    |----
    | ⋮
o   | ¬¬B
    | ⋮
p   | B
    | ⋮
```

UNE HEURISTIQUE POUR LA DÉDUCTION NATURELLE

Comme on a pu le constater, la plupart des problèmes en déduction naturelle admettent un grand nombre de solutions différentes. Certaines sont élégantes, d'autres moins. Voici une heuristique qui ne produit pas toujours les preuves les plus élégantes mais qui dépannera dans tous les cas.

1) Y a-t-il des prémisses ou des propositions déjà démontrées de la forme $A \wedge B$?

Utilisez $\wedge$E.

2) Y a-t-il deux prémisses ou des propositions déjà démontrées de la forme A, $A \supset B$?

Utilisez $\supset$E.

3) La conclusion a-t-elle la forme $A \supset B$?

Ouvrez une sous-dérivation

| A
|---
|
| B

4) La conclusion a-t-elle la forme $A \wedge B$?

Essayez de dériver A et de dériver B.

5) La conclusion a-t-elle la forme $\neg A$?

Ouvrez une sous-dérivation

| A
|---
|
| Contradiction

6) La conclusion est-elle un atome p?

Ouvrez une sous-dérivation

| $\neg p$
|---
|
| Contradiction

Lorsque vous cherchez une contradiction, examinez les prémisses.

S'il y a une prémisse de la forme $\neg(A \supset B)$ ou $\neg(A \wedge B)$, cherchez à dériver $A \supset B$ ou $A \wedge B$ pour obtenir une contradiction.

S'il y a une prémisse de la forme $(A \supset B)$, cherchez à dériver A pour sortir B en utilisant $\supset$E et recommencez à chercher une contradiction.

4') La conclusion est-elle de la forme $A \vee B$?

Il y a trois possibilités :
a) essayez de dériver A,
b) essayez de dériver B,
c) ouvrez une sous-dérivation

| $\neg(A \vee B)$
|---
|
| Contradiction

4'') Une des prémisses est-elle de la forme $A \vee B$?

Essayez de dériver la conclusion à partir de A et à partir de B et utilisez $\vee$E.

6') Une des prémisses est-elle de la forme $\neg(A \vee B)$?

Essayez de dériver A (ou B), et utilisez $\vee$I pour obtenir la contradiction.

L'ordre dans lequel les étapes sont présentées n'est pas canonique. Pour certains problèmes, un autre ordre peut être plus efficace.

Deuxième partie

Le calcul des prédicats

CHAPITRE VI

Les concepts fondamentaux du calcul des prédicats

6.0 La notion de prédicat

Le langage que nous venons d'étudier tire ses propriétés structurelles des deux postulats posés au chapitre 1 : la bivalence et la vérifonctionnalité. C'est l'adoption à la lettre de ces deux postulats qui nous a permis d'élaborer ce calcul où les énoncés ne sont finalement que des marqueurs de valeurs de vérité, c'est-à-dire des noms du vrai et du faux. Cette prise de position n'a pas que l'avantage de donner naissance à un calcul extrêmement simple, elle a surtout l'intérêt de nous donner un instrument qui permet d'exprimer de façon claire et précise des notions et concepts qui autrement seraient bien difficiles à décrire explicitement. Imaginons, par exemple, que nous voulions exprimer le concept de tautologie (énoncé vrai dans tous les mondes possibles en vertu de sa forme logique) en utilisant exclusivement des exemples en langue naturelle. Nous serions vite limités par notre capacité de compréhension et par la difficulté de faire abstraction des contenus sémantiques spécifiques des exemples choisis.

Avec le calcul des énoncés, nous avons donc dégagé un « noyau dur » de lois et de propriétés fondamentales qui permettent d'expliciter le concept d'*inférence valide en vertu de la forme logique*. Le fait que nous prenions les énoncés comme de simples marqueurs de valeurs de vérité nous a permis d'exprimer ces lois sans nous égarer dans le labyrinthe de la structure des énoncés de la langue naturelle. Cela vient de ce que nous comprenons de façon totalement explicite la syntaxe et la sémantique du calcul des énoncés. Ce n'est pas le cas de la langue naturelle : même un locuteur parfaitement compétent est incapable de donner une caractérisation explicite de la syntaxe du dialecte français qu'il utilise.

Le langage que nous allons maintenant étudier est également bivalent et vérifonctionnel, mais il respecte un postulat supplémentaire touchant cette fois la *structure* des énoncés élémentaires ou atomiques. Le calcul qui en résulte sera plus riche et plus complexe que le calcul des propositions tout en en conservant ses propriétés fondamentales.

Ce postulat a été énoncé par Frege et il ne porte pas de nom. Il dit simplement que les énoncés (considérés jusqu'ici comme véritablement atomiques, c'est-à-dire insécables) s'analysent en un *symbole incomplet* et une suite d'arguments qui viennent le compléter. Prenons un exemple. Soit l'énoncé suivant : « La terre tourne autour du soleil ». Selon le postulat en question, cet énoncé s'analyse comme suit : tout d'abord un symbole incomplet (nous indiquons l'incomplétude par les trois points) « ... tourne autour de ... », et la suite d'arguments « la terre », « le soleil ». Nous aurons des symboles à un degré d'incomplétude, à deux degrés d'incomplétude, etc.

Remarquons que l'ordre des arguments qui viennent compléter le symbole incomplet pour former l'énoncé est très important : l'énoncé « La terre tourne autour du soleil » n'est pas le même que « Le soleil tourne autour de la terre ». Nous sommes donc justifiés de parler de suite d'arguments et non d'ensemble d'arguments.

Nous appellerons les symboles incomplets des *prédicats* n-*aires*, « *n* » étant le nombre de « vides » à combler. « ... tourne autour de ... » est donc un prédicat binaire. Les prédicats unaires seront souvent tout simplement appelés prédicats. Les arguments qui viennent les compléter seront appelés des *termes* ou *constantes d'individus*. Les prédicats quelconques seront désignés par des lettres majuscules P, Q, R, ..., et les termes par a, b, c, ... Si P est le prédicat « ... tourne autour de ... », a le terme « terre » et b le terme « soleil », « La terre tourne autour du soleil » s'écrira Pab.

En quoi ce langage sera-t-il fondamentalement plus riche que le calcul des propositions ? Rappelons, une fois de plus, que notre problème principal est de caractériser les raisonnements valides en vertu de leur forme (avec à nouveau, bien sûr, le cas limite des énoncés valides qui sont en quelque sorte des conclusions valides de raisonnements sans prémisse).

Nous pouvons déjà soupçonner que, parmi ces énoncés, nous trouverons des énoncés du genre $Pa \supset Pa$, c'est-à-dire du genre : « Si Socrate est mortel, alors Socrate est mortel ». Ce nouveau calcul contiendra ainsi, nous l'avons déjà dit, le calcul des propositions, en ce sens que si nous prenons une tautologie quelconque et que nous remplaçons les atomes qui y apparaissent par des énoncés du calcul des prédicats, nous obtenons un énoncé valide que nous appellerons *instance de tautologie*. Par exemple :

$p \supset (q \supset p)$ étant une tautologie,
$Pab \supset (Qa \supset Pab)$ est valide.

Il faudra, bien sûr, adapter notre définition de la validité, de la vérité, etc., et définir avec précision ce qu'est l'interprétation des prédicats et des termes. Mais est-ce là l'enrichissement dont nous parlions plus haut ? Plus précisément, y a-t-il des énoncés valides en vertu de leur forme qui ne sont pas des instances de tautologies ? Examinons les exemples suivants :

Tous les hommes sont mortels.
Or Socrate est un homme.
Donc Socrate est mortel.

Les riches ne paient pas suffisamment d'impôts.
Or les fils de riches sont riches.
Donc les fils de riches ne paient pas suffisamment d'impôts.

Ces deux exemples ne sont visiblement *pas* des instances d'inférences valides en calcul des propositions, mais ils sont intuitivement valides. Leur validité est liée à l'utilisation d'expressions linguistiques (« tous les », « les ») qui permettent de faire référence à des classes d'objets et à des relations entre objets (dans le premier cas, la classe des *hommes* et celle des *mortels*, dans le second, la classe des *riches*, la relation *être le fils de* et la classe de *ceux qui ne paient pas suffisamment d'impôts*) et d'exprimer ainsi des généralités à propos des objets.

On appellera ces expressions des *quantificateurs.* C'est l'introduction de quantificateurs dans ce langage qui le rend plus riche. Voyons comment.

6.1 Le quantificateur universel

Le quantificateur universel, qui sera noté « $\forall$ » (« A » à l'envers ; cette notation provient de l'allemand *alle*, « tout »), sera appelé à jouer le rôle des expressions « tous les », « n'importe quel », « quels que soient », « les », etc., de la langue naturelle.

Reprenons l'exemple de l'énoncé « Tous les hommes sont mortels ». Un énoncé comme celui-ci ne peut pas s'analyser en un terme et un symbole incomplet, c'est-à-dire simplement comme un énoncé de la forme Pa. Il semble, en fait, contenir deux symboles incomplets, c'est-à-dire deux prédicats, soit H et M pour « homme » et « mortel », et exprimer un lien entre les hommes et les mortels. Le problème est que cet énoncé ne contient pas de terme particulier, mais semble plutôt affirmer quelque chose qui vaille pour tous les termes. « Tous les hommes sont mortels » peut intuitivement se paraphraser : « Pour n'importe quel objet, si cet objet est un homme, alors cet objet est mortel ».

Nous savons déjà exprimer le « si ..., alors ... ». Par exemple, « Si Socrate est un homme, alors Socrate est mortel » se traduira par :

$$Hs \supset Ms$$

Mais l'énoncé « Tous les hommes sont mortels » ne porte pas seulement sur Socrate. On devrait peut-être le traduire par :

$$(Hs \supset Ms) \wedge (Ha \supset Ma) \wedge (Hb \supset Mb) \wedge ...$$

en introduisant une implication matérielle pour chaque objet *s*, *a*, *b*, ... , de l'univers du discours. Outre l'aspect peu pratique (!) de cette approche, deux critiques s'imposent :

(1) ce procédé ne peut fonctionner si l'ensemble des objets de l'univers du discours est très « grand » (par exemple les nombres réels) ;

(2) ce procédé ne peut fonctionner si on admet que certains objets n'ont pas de nom.

L'intuition qui nous a amenés à paraphraser « Tous les hommes sont mortels » par une conjonction d'implications matérielles mérite cependant d'être retenue. Ce qu'il nous faut, c'est introduire un nouveau symbolisme qui servira à former des énoncés qui pourront être interprétés comme la conjonction en question tout en évitant les problèmes (1) et (2).

Encore une fois, c'est Frege qui a résolu le problème en introduisant la notion de *variable d'individu.* Une variable se comporte comme un terme au point de vue syntaxique. Suivant la tradition, les lettres *x*, *y*, *z* seront utilisées pour désigner les variables. Dire qu'une variable se comporte comme un terme signifie simplement que si nous remplaçons *s* par *x* dans l'énoncé *Ms* (Socrate est mortel) pour obtenir *Mx*, nous obtenons une expression bien formée « *x* est mortel ». Cette expression n'est pas une proposition, mais une *forme propositionnelle.* Syntaxiquement, une forme propositionnelle est donc une expression qui contient des variables et qui devient un énoncé lorsqu'on remplace les variables par des termes. Un énoncé du genre *Pab* qui ne contient pas de variables est un cas limite : nous conviendrons que c'est une forme propositionnelle qui contient zéro variable[1].

L'introduction des variables dans la langue-objet a pour conséquence d'augmenter son pouvoir expressif. Nous pourrons dorénavant traduire une plus grande classe d'énoncés, soit ceux qui contiennent des quantificateurs.

Notre problème de quantification trouve ainsi une expression naturelle : « Tous les hommes sont mortels » se traduit alors par « pour tout *x*, si *x* est un homme, alors *x* est mortel ». En symboles :

$$(\forall x)(Hx \supset Mx)$$

On voit ici l'utilité du quantificateur universel. Un énoncé commençant par $(\forall x)$ affirme que la forme propositionnelle qui suit est vraie pour tout objet dont *x* tient la place. Les variables sont ainsi des noms spéciaux qui

---

[1] Cette convention nous permettra d'utiliser l'expression « forme propositionnelle » pour désigner à la fois les expressions qui contiennent des variables et les énoncés qui, eux, peuvent ne pas en contenir.

n'existent pas dans la langue naturelle et qui ne sont utilisés que pour marquer des places d'individus dans les formes propositionnelles.

Une fois ces intuitions mises en ordre, il nous reste à préciser de façon rigoureuse le langage du calcul des prédicats du premier ordre[1] et à interpréter « $\forall x$ » de façon à satisfaire nos intuitions tout en évitant les problèmes que nous venons d'évoquer.

Le langage que nous allons décrire contiendra un deuxième quantificateur, « $\exists$ », qui signifie « il existe au moins un ». Ce quantificateur est lié au premier, ainsi que nous allons le voir, par un effet de double négation : « il y a un *x* qui est un *P* » est synonyme de « il n'est pas le cas que tous les *x* ne sont pas des *P* ».

6.2 Le langage du calcul des prédicats du premier ordre et la langue naturelle

Notre langage-objet sera construit à partir des symboles suivants :

(1) une liste de symboles de prédicats (unaires, binaires, etc.) :
$P, Q, R, \ldots$;

(2) une liste de variables :
$x, y, z, \ldots$;

(3) une liste de termes ou constantes d'individus :
$a, b, c, \ldots$;

(4) deux symboles de quantificateur :
$\forall$ et $\exists$;

(5) des connecteurs :
$\neg, \wedge, \vee, \supset, \equiv$;

(6) des parenthèses qui, encore une fois, serviront à éviter les ambiguïtés.

Décrivons d'abord l'ensemble des formes propositionnelles (fp). Une fp élémentaire est formée d'une lettre de prédicat (unaire, binaire, etc.) suivie du nombre d'arguments nécessaires pour la compléter, les arguments étant

---

[1] L'expression « premier ordre » vient du fait que nous n'introduisons dans ce langage que des quantificateurs portant sur des variables de termes. Dans ce langage, nous ne pouvons traduire, par exemple, « Napoléon avait toutes les qualités d'un grand général ». Voici un exemple de raisonnement intuitivement valide que l'on ne peut exprimer en calcul des prédicats du premier ordre.

Napoléon avait toutes les qualités d'un grand général.
L'intelligence est une qualité d'un grand général.
Donc Napoléon était intelligent.

soit des termes, soit des variables. Par exemple, si P est un prédicat unaire, Pa, Pb, Px, Py sont des fp élémentaires. Si R est un prédicat binaire, alors Rab, Rxb, Ray, Rxy sont des fp élémentaires. On procède de la même façon pour les prédicats n-aires.

Nous pouvons maintenant définir les fp quelconques. L'ensemble des fp contiendra (et ne contiendra rien d'autre que) :

(i) les fp élémentaires ;

(ii)les expressions que l'on a construites à partir de la règle suivante : si A et B sont des fp déjà formées ou élémentaires, alors $\neg A$, $(A \wedge B)$, $(A \vee B)$, $(A \supset B)$, $(A \equiv B)$, $(\forall x)A$ et $(\exists x)A$ sont des fp.

EXERCICE 1⁺

Suivant la définition des fp qui vient d'être donnée, dites si les expressions suivantes sont des fp ou non (P est unaire et R est binaire).

a) $(\forall x)Px$
b) $(\forall x)(\exists y)(Rxy \supset (\exists z)Pz)$
c) $(\exists x)\neg Rab$
d) $(\exists x)Py \wedge Rab$

Les formes propositionnelles (fp) seront donc soit des fp simples, Pa, Rab, soit des fp complexes, $((Pa \supset Rab) \vee Qc)$. Nous aurons également des fp complexes construites à partir de formes propositionnelles plus simples en utilisant les quantificateurs. Par exemple $(\forall x)Px$ ou encore $(\exists x)(Qx \wedge Rx)$, qui doivent se lire respectivement « Pour tout x, P de x » et « Il existe (au moins) un x tel que Q de x et R de x ». Le quantificateur existentiel « $\exists$ » aurait pu être introduit comme une abréviation (tout comme « $\supset$ » et « $\equiv$ » en calcul des propositions) par la définition suivante : « $(\exists x)A$ » est une abréviation pour la fp « $\neg(\forall x)\neg A$ » (lire : il n'est pas le cas que pour tout x non A).

Avant d'étudier le langage du calcul des prédicats, il est souhaitable d'en examiner les liens avec la langue naturelle.

D'une façon générale, un énoncé du genre $(\forall x)(Px \supset Qx)$ se traduit par « tous les P sont des Q ». Par exemple, « Tous les hommes sont mortels » est la traduction de $(\forall x)(Hx \supset Mx)$. Il existe cependant plusieurs façons d'exprimer un énoncé de la forme $(\forall x)(Hx \supset Mx)$. Par exemple :

« Les hommes sont mortels »
« Un humain est un mortel »
« Chaque homme est mortel »

« Quiconque est un homme est mortel »

En ce qui concerne le quantificateur existentiel, nous aurons la traduction suivante : « Il y a au moins un homme » pour $(\exists x)Hx$.

Remarquons ici l'absence de symétrie entre « pour tout » et « il y a ». Nous ne pouvons pas traduire l'expression « Tous les hommes » hors contexte. En effet, « $(\forall x)Hx$ » signifie « Tous les objets sont des hommes » et n'est pas une partie de « Tous les hommes sont mortels ». Par contre, pour l'expression « Il y a un homme qui est mortel », on retrouve comme sous-expression « Il y a un homme ». Nous pouvons proposer l'explication suivante. Dans « Tous les hommes sont mortels », dont la traduction est $(\forall x)(Hx \supset Mx)$, il n'est pas affirmé de quoi que ce soit qu'il est un homme. Par contre, dans « Il existe un homme qui est mortel », dont la traduction est $(\exists x)(Hx \wedge Mx)$, à cause de la nature de la conjonction, il est affirmé qu'il existe un homme.

Il n'y a pas de recette universelle pour passer du calcul des prédicats à la langue naturelle et vice-versa. Il faut se fier à son intuition et, le cas échéant, tenter de développer son intuition. On peut quand même faire deux remarques générales.

La première est qu'il n'existe pas d'énoncé du français qui se traduise par $(\exists x)(\mathrm{H}x \supset \mathrm{M}x)$. On peut toujours paraphraser un tel énoncé, mais il n'existe pas de formulation qui serait perçue comme pertinente à l'extérieur d'un cours de logique. Par exemple : « Il existe un objet tel que si cet objet est un homme alors cet objet est mortel ». La raison est que cet énoncé est vrai du simple fait qu'il existe un objet qui ne soit pas un homme. Ma chatte, Bobo, n'est pas un homme, donc $Hb \supset Mb$ est vrai parce que Hb est faux ! Les énoncés existentiels ont souvent plutôt la forme de conjonction. Par exemple, « il existe des corbeaux blancs » se traduit par $(\exists x)(Cx \wedge Bx)$. De tels énoncés sont très utilisés parce qu'ils apportent de l'information sur le monde lorsqu'il sont vrais.

La deuxième remarque générale est en quelque sorte symétrique de la première. Il n'existe pas d'énoncé du français commençant par un quantificateur universel qui soit de la forme d'une conjonction $(\forall x)(Hx \wedge Mx)$ et qu'il serait pertinent d'affirmer. La raison est simple : de tels énoncés ne sont vrais que si tous les objets du discours sont à la fois des H et des M. Cela ne se produit jamais. L'énoncé « Tous les objets sont des hommes et sont mortels » n'a pas une grande utilité en dehors du cours de logique ! Par contre, beaucoup d'énoncés du français se traduisent par $(\forall x)(Hx \supset Mx)$. Pourquoi ? Encore une fois parce qu'ils sont très informatifs. Ils affirment que si un objet possède la propriété H, il possède alors la propriété M. Un énoncé qui exprime que la possession d'une propriété pour un objet entraîne qu'il possède une autre propriété est la forme universelle pour affirmer des généralités. « Les électrons ont une masse au repos de $9,11.10^{-31}$ kg », « Un jour compte 24 heures », « Les feuilles des arbres sont vertes », etc.

*EXERCICE 2**

Traduisez les énoncés suivants de la langue naturelle en langage du calcul des prédicats.

a) Une porte est ouverte ou fermée.
Px : *x* est une porte.
Ox : *x* est ouvert.
Fx : *x* est fermé.

b) Toutes les vérités sont dans la Bible.
Vx : *x* est une vérité.
Bx : *x* est dans la Bible.

c) Les hommes préfèrent les blondes aux brunes.
Blx : *x* est une blonde.
Brx : *x* est une brune.
Hx : *x* est un homme.
Pxyz : *x* préfère *y* à *z*.

d) Les femmes sont plus intelligentes que les hommes.
Fx : *x* est une femme.
Hx : *x* est un homme.
Ixy : *x* est plus intelligent que y.

e) Si les femmes sont plus intelligentes que les hommes, alors il y a une femme plus intelligente que le professeur.
Fx : *x* est une femme.
Hx : *x* est un homme.
Ixy : *x* est plus intelligent que y.
a : le professeur.

f) Tout ce qui brille n'est pas or.
Bx : *x* brille.
Ox : *x* est en or.

g) Il y a des peines et il y a des plaisirs, mais aucune peine n'est un plaisir.
Pex :*x* est une peine.
Plx : *x* est un plaisir.

h) Les seules peines qui soient un plaisir sont les peines d'amour.
Pex :*x* est une peine.
Plx : *x* est un plaisir.
Pax : *x* est une peine d'amour.

i) Il y a de bonnes actions qui ne sont pas récompensées, mais aucune mauvaise action n'est récompensée.

Ax : x est une bonne action.
Rx : x est récompensé.

Une fois de plus, les différentes combinaisons de quantificateurs, de connecteurs et de négations posent des problèmes de traduction.

EXERCICE 3✧

i) Trouvez une expression de la négation de chacun des énoncés de l'exercice 2.

ii) Donnez-en une traduction en langue naturelle.

EXERCICE 4✧

Parmi les énoncés suivants, trouvez ceux qui sont équivalents et ceux qui sont la négation l'un de l'autre. Traduisez chacun des énoncés en langage du calcul des prédicats.

a) Les amours heureuses sont imaginaires.
b) Les amours imaginaires sont heureuses.
c) Les amours malheureuses ne sont pas imaginaires.
d) Il n'y a pas d'amours heureuses qui ne soient imaginaires.
e) Il n'y a d'imaginaire que les amours heureuses.
f) Toutes les amours imaginaires sont heureuses.

EXERCICE 5✧

Trouvez des énoncés qui soient la négation des énoncés de l'exercice précédent.

EXERCICE 6✧

Traduisez les énoncés suivant dans le langage du calcul des prédicats.

a) Personne ne réussira à ramener la paix en Afghanistan à moins que tous ne désirent la fin des combats.
b) S'il y a au moins un québécois qui n'est pas pour l'indépendance, alors Carla Bruni n'est pas pour l'indépendance.

EXERCICE 7

Traduisez les énoncés suivant dans le langage du calcul des prédicats.

a) Les professeurs qui donnent des examens trop difficiles méritent d'être congédiés.
   Px : x est un professeur.
   Ex : x est un examen trop difficile.
   Dxy : x donne *y*.
   Mx : *x* mérite d'être congédié.

b) Tout le monde n'aime pas tout le monde.
   (L'univers du discours est l'ensemble des personnes)
   Axy : *x* aime *y*.

c) Aucun crme ne mérite la peine de mort.
   Cx : *x* est un crime.
   Mx : *x* mérite la peine de mort.

Ces exercices illustrent bien les rapports existant entre les deux quantificateurs : $(\forall x)Ax$ est bien équivalent à $\neg(\exists x)\neg Ax$, et $(\exists x)Ax$ est équivalent à $\neg(\forall x)\neg Ax$. Ces équivalences sont très intuitives dans la plupart des cas, mais elles peuvent quelquefois entrer en conflit avec le sens commun. En particulier, l'adoption de cette conception du quantificateur universel a pour conséquence qu'un énoncé universel *n'a pas* de portée existentielle. « Toutes les licornes sont bleues » devrait être considéré comme un énoncé vrai (dans le monde actuel du moins) car, en vertu de notre équivalence, cet énoncé serait faux si et seulement s'il y avait au moins une licorne non bleue.

Les raisons qui ont présidé au choix théorique d'interpréter $(\forall x)Ax$ comme voulant dire $\neg(\exists x)\neg Ax$ sont d'ordre pragmatique. D'une certaine manière, ce choix est sans conséquence, car celui qui voudrait donner une portée existentielle au quantificateur universel aurait la possibilité de l'exprimer à l'intérieur du calcul des prédicats. Pour notre exemple, avec *Lx : x* est une licorne, *Bx* : *x* est bleue, nous pourrions traduire notre énoncé par :

$$(\exists x)Lx \wedge (\forall x)(Lx \supset Bx)$$

qui est faux si et seulement si l'une des deux conditions suivantes est satisfaite : (1) il y a au moins une licorne non bleue ou (2) il n'y a pas de licorne.

6.3 La notion d'interprétation

Donner une interprétation en calcul des propositions consistait à attribuer une valeur de vérité à chaque atome. Chaque énoncé, atomique ou complexe, se voyait ainsi conférer une valeur de vérité pour cette interprétation, laquelle était déterminée à partir de la contribution des connecteurs logiques et des atomes telle qu'exprimée par les tables de vérité.

En calcul des prédicats, la situation est plus complexe. Le type d'interprétation que nous allons décrire, sous une forme simplifiée, a été proposé pour la première fois par Alfred Tarski dans les années trente. Une telle interprétation consiste à attribuer des valeurs aux termes, aux prédicats *n*-aires et aux variables. Il faudra ensuite décrire la contribution des quantificateurs et des connecteurs. Nous pouvons, dès maintenant, régler la question des connecteurs : leur contribution sera en gros la même qu'en calcul des propositions.

Les valeurs des termes et des prédicats seront respectivement des objets et des ensembles de suites d'objets. Considérons l'exemple suivant : « Marie aime Pierre ». Cet énoncé est de la forme *Qab*. Les valeurs de « *a* » et de « *b* » seront des objets, ici Marie et Pierre, pris dans un domaine fixé au départ : l'*univers du discours*. Quant à « ... aime ... », sa valeur sera un ensemble de paires d'objets $<\alpha, \beta>$ du domaine, plus précisément l'ensemble des paires d'objets du domaine dont le premier aime le second.

Pour simplifier l'écriture, utilisons le symbole « $\underline{a}$ » comme nom, dans la métalangue, de l'objet dont « *a* » est un nom dans la langue-objet et « *P* » comme nom, dans la métalangue, de la suite de paires constituant la valeur de « *P* ». On peut alors exprimer les conditions de vérité des énoncés de la façon suivante : *Pab* est vrai si et seulement si la suite $<\underline{a}, \underline{b}>$ est dans $\underline{P}$, ce que l'on exprime par $<\underline{a}, \underline{b}> \in \underline{P}$. D'une manière générale, la valeur d'un prédicat unaire sera un ensemble d'objets ; la valeur d'un prédicat binaire, un ensemble de paires ; la valeur d'un prédicat ternaire, un ensemble de triplets ; ... ; la valeur d'un prédicat *n*-aire, un ensemble de suites de *n* objets.

Définition : Une *interprétation* ou *modèle* pour le calcul des prédicats est un ensemble formé des trois entités suivantes :

1) un ensemble *D* (non vide) d'objets appelé domaine ou univers du discours ;

2) l'attribution d'une valeur à chaque constante, valeur qui est un objet du domaine ;

3) l'attribution d'une valeur à chaque prédicat, soit un ensemble d'objets, de paires d'objets, etc., (selon que ce prédicat est unaire, binaire, etc.)[1].

L'interprétation des prédicats peut être représentée par des diagrammes. Malheureusement, ces diagrammes ne peuvent être utilisés que si les prédicats sont tous unaires, ou tous binaires, ou tous *n*-aires.

Par exemple, si *D* est le domaine contenant tous les objets, *H* le prédicat être homme et *M* être mortel, nous aurons :

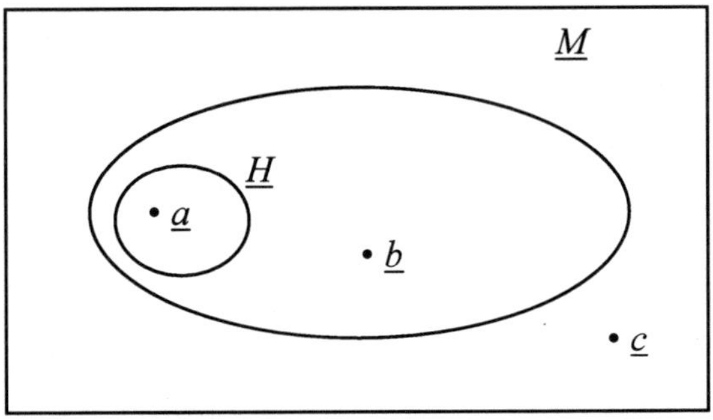

Ce diagramme représente l'interprétation selon laquelle a est un homme et mortel, b est mortel mais non homme et c n'est ni homme ni mortel

On aura reconnu les diagrammes de Venn. Pour un prédicat binaire, la situation est semblable. Soit le prédicat « … aime … » :

[1] Rigoureusement parlant, une telle attribution de valeur est une fonction au sens de la théorie des ensembles.

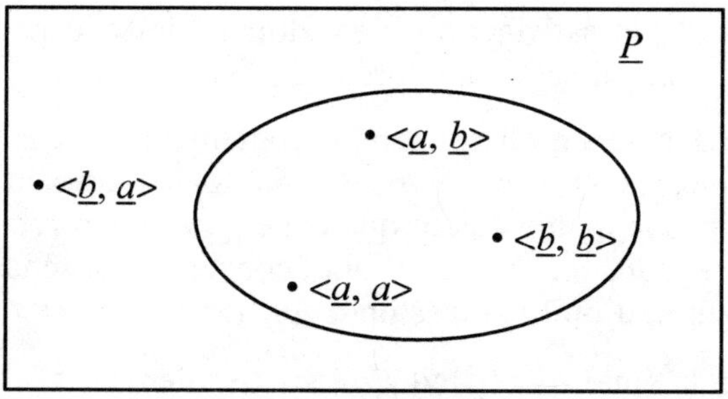

Ce diagramme représente l'interprétation selon laquelle $\underline{a}$ aime $\underline{b}$, $\underline{a}$ s'aime, $\underline{b}$ s'aime mais $\underline{b}$ n'aime pas $\underline{a}$.

Dans le cas des prédicats binaires, on peut également utiliser des graphes. Pour notre exemple :

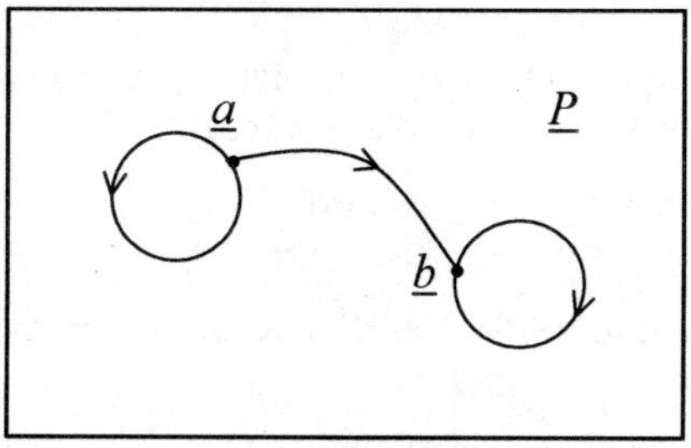

Lorsqu'une interprétation rend un énoncé ou une classe d'énoncés vrais, on dira que cette interprétation est un *modèle* de cet énoncé ou de cette classe d'énoncés.

En ce qui concerne les variables, les choses sont un peu plus compliquées. Nous ne voulons pas qu'une interprétation fixe la valeur des variables car, pour une interprétation donnée, les variables doivent justement pouvoir prendre plusieurs valeurs : c'est la vérité des énoncés quantifiés qui nous intéresse.

La fp *Pxy* (lire « *x* aime *y* ») ressemble à un énoncé, mais elle n'en est pas un. « *x* aime *y* » n'est ni vraie ni fausse, mais elle devient vraie ou fausse selon les valeurs attribuées à *x* et à *y*. Pour rendre compte de cette intuition, nous introduirons la notion d'assignation de valeurs aux variables.

Définition : Une assignation de valeurs aux variables est l'attribution d'un objet du domaine à chaque variable.

Définition : On dira qu'une assignation *A* satisfait une fp *Pxy* si et seulement si la paire d'objets du domaine $\langle \underline{x}, \underline{y} \rangle$ (où $\underline{x}$ est la valeur que *A* assigne à *x* et $\underline{y}$ celle que *A* assigne à *y*) appartient à $\underline{P}$ (symboliquement si et seulement si $\langle \underline{x}, \underline{y} \rangle \in \underline{P}$).

La définition de la satisfaction n'est donnée ici que pour les prédicats binaires, mais la généralisation aux prédicats n-aires est immédiate.

Pour des raisons de simplicité dans le traitement des cas mixtes, comme *Pax* par exemple, nous *conviendrons* que toute assignation de valeurs accorde aux termes la même valeur que celle que l'interprétation donne à ce terme. Autrement dit, la valeur d'une constante ne change pas d'une assignation à l'autre, d'où l'expression « constante ».

Par exemple, la suite A satisfait *Pax* si et seulement si $<\underline{a}, \underline{x}> \in \underline{P}$ (où $\underline{x}$ est la valeur que A assigne à x), et la suite A satisfait *Pab* si et seulement si $<\underline{a}, \underline{b}> \in \underline{P}$.

*EXERCICE 8**

Soit D le domaine contenant Pierre, Marie, Gérard et I l'interprétation qui attribue les valeurs suivantes à a, b, c, P :

$\underline{a}$ = Pierre $\underline{b}$ = Marie $\underline{c}$ = Gérard
$\underline{P} = \{<\underline{a}, \underline{b}>, <\underline{c}, \underline{b}>, <\underline{b}, \underline{b}>, <\underline{b}, \underline{a}>, <\underline{a}, \underline{c}>\}$

a) Faites le diagramme de Venn et le graphe correspondant à cette interprétation.

b) Parmi les énoncés suivants, lesquels sont vrais : *Pab*, *Pbc*, *Paa*, *Pbb*, *Pcc*, *Pac* ?

c) Si A_1 est l'assignation de valeurs qui donne aux variables les valeurs suivantes : $\underline{x} = \underline{a}$, $\underline{y} = \underline{b}$, $\underline{z} = \underline{c}$ et A_2 est l'assignation qui leur donne les valeurs suivantes : $\underline{x} = \underline{a}$, $\underline{y} = \underline{b}$, $\underline{z} = \underline{b}$, dites, pour chacune des formes propositionnelles suivantes, si elle est satisfaite par A_1 et ensuite si elle est satisfaite par A_2 : *Pxy*, *Pxz*, *Pzx*, *Pax*, *Pab*, *Pbb*, *Pxa*, *Pzb*, *Pcc*.

d) Combien y a-t-il d'assignations possibles si on ne considère que les trois variables x, y, z ?

*EXERCICE 9**

Soit $D = \{0, 1, 2\}$, la relation « < » (être plus petit que), la relation « ≤» (être plus petit ou égal) et I l'interprétation habituelle des entiers, de « … < … » et de « … ≤ … ».

a) Faites les deux diagrammes pour «… < …» et les deux diagrammes pour « … ≤ … ».
b) Soit A une assignation quelconque. Satisfait-elle $x < x$? $x \leq x$?

En ce qui concerne les connecteurs logiques, nous avons dit que leur contribution sera la même que dans le calcul des propositions. Nous admettrons également que leur contribution sera la même en ce qui concerne la satisfaction. Par exemple, l'assignation de valeurs A satisfait $(Px \wedge Qxy)$ si et seulement si elle satisfait Px et elle satisfait Qxy ; elle satisfait $(Px \equiv Qxy)$ si et seulement si elle satisfait Px et elle satisfait Qxy ou elle ne satisfait ni Px, ni Qxy ; etc.

*Exercice 10**

> En reprenant les données de l'exercice 8, dites quelles sont les formes propositionnelles qui sont satisfaites par A_1 : $Pxy \supset Pax$, $Pxa \supset Paa$, $Pax \vee Pxa$, $Pax \vee \neg Pax$, $Pax \supset (Pab \supset Pax)$.

Nous pouvons maintenant nous attaquer au problème des quantificateurs. Considérons l'exemple suivant qui utilise les données de l'exercice 8 : « Il y a quelqu'un qui aime Pierre ». On suppose que P est le prédicat « aime ». Sa traduction sera $(\exists x)Pxa$. Nous voulons que cet énoncé soit vrai s'il y a une valeur que l'on peut donner à x qui rende Pxa vrai. Généralisons et considérons la fp $(\exists x)Pxy$. Nous voulons que cette fp soit satisfaite par une assignation de valeurs A si et seulement s'il y a une valeur que l'on peut donner à x de sorte que Pxy soit satisfait par A.

Cela nous conduit à adopter la définition suivante :

> **Définition** : Nous dirons qu'une assignation A satisfait une forme propositionnelle $(\exists x)B$ si et seulement si *il y a une assignation* A' qui attribue aux variables la même valeur que A *sauf peut-être pour* x et qui satisfait B.

On remarquera à quel point cette définition, à première vue compliquée, rend vraiment compte de notre intuition.

Revenons à notre exemple. A_1 satisfait-elle $(\exists x)Pxa$? A_1 ne satisfait pas Pxa car A_1 attribue à x la valeur $\underline{a}$ et $<\underline{a}, \underline{a}>$ n'appartient pas à $\underline{P}$. Mais l'assignation A'_1 qui attribue à x la valeur $\underline{b}$ et aux autres variables la même valeur que A_1 satisfait Pxa car $<\underline{b}, \underline{a}>$ appartient à $\underline{P}$. Donc A_1 satisfait $(\exists x)Pxa$.

> **Définition** : Nous dirons qu'une assignation A satisfait $(\forall x)B$ si et seulement si *toute assignation* A' qui attribue aux variables la même valeur que A *sauf peut-être à* x satisfait B.

Remarquons que les deux dernières définitions utilisent respectivement les expressions « il y a une assignation » et « pour toute assignation ». À première vue, on pourrait voir là une certaine circularité. Il n'en est rien. L'utilisation de ces expressions est métalinguistique et elles ne sont pas plus circulaires que celle qui définit « $\wedge$ » par « $p \wedge q$ » est vrai si et seulement si « p » est vrai *et* « q » est vrai.

Exercice 11✧

> En reprenant les données de l'exercice 8, dites si A_1 satisfait les fp suivantes. Commencez par traduire les énoncés en langue naturelle, *Pxy* se traduisant par « *x* aime *y* ».
>
> $\underline{a}$ = Pierre $\underline{b}$ = Marie $\underline{c}$ = Gérard
> $\underline{P} = \{\langle \underline{a}, \underline{b}\rangle, \langle \underline{c}, \underline{b}\rangle, \langle \underline{b}, \underline{b}\rangle, \langle \underline{b}, \underline{a}\rangle, \langle \underline{a}, \underline{c}\rangle\}$
>
> a) $(\exists x)Pxb$
> b) $(\forall x)Pxz$
> c) $(\forall x)Pxa$
> d) $(\forall x)Pxb$
> e) $(\exists x)(\forall y)Pyx$
> f) $(\exists x)(\forall y)Pxy$
> g) $Pab \supset (\exists x)Pxb$
> h) $(\forall x)Pxb \supset Pbb$

Nous pouvons maintenant décrire avec précision la condition de vérité d'une forme propositionnelle.

> **Définition** : Une forme propositionnelle est *vraie* si et seulement si elle est satisfaite par toutes les assignations de valeurs.

Cette définition peut sembler curieuse lorsqu'une forme propositionnelle ne contient pas de variables. Sa simplicité repose sur le fait que nous sommes convenus que les assignations attribuent aux constantes la valeur qui leur est donnée par l'interprétation. Dans notre exemple, *Pab* est vrai parce que toute assignation de valeurs attribue à *a* la valeur $\underline{a}$ et à *b* la valeur $\underline{b}$ et que $\langle \underline{a}, \underline{b}\rangle$ appartient à $\underline{P}$. Remarquons que cette nouvelle définition de la vérité est compatible avec la définition donnée plus haut, mais qu'elle est plus générale car elle s'étend à certaines formes propositionnelles qui contiennent des variables.

> **Définition** : Une forme propositionnelle est *fausse* si et seulement si aucune assignation de valeurs ne la satisfait.

EXERCICE 12✢

Selon l'interprétation représentée par le diagramme suivant, dites quels énoncés sont vrais.

a) $(\forall x)(\forall y)Pxy$
b) $(\exists x)(\forall y)Pxy$
c) $(\forall x)(\forall y)(Pxy \vee Pyx)$
d) $(\exists x)(\exists y)(Pxy \supset Pyx)$

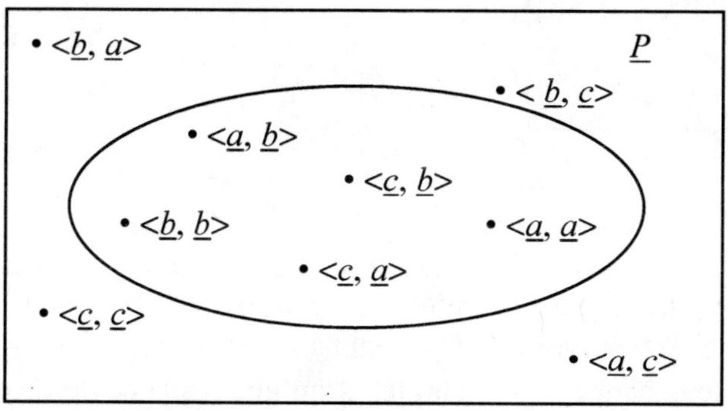

EXERCICE 13

Supposons que le graphe suivant représente la valeur du prédicat binaire « aimer » (*A*) dans un domaine qui ne contient que trois individus, Marie (*m*), Pierre (*p*) et Jean (*j*).

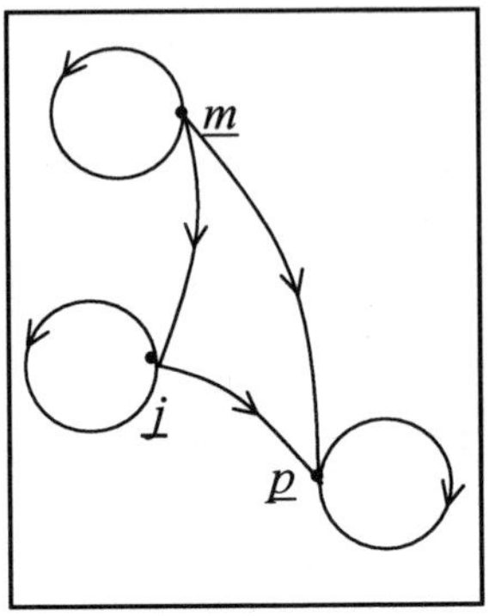

Traduisez les énoncés suivants en langue langue naturelle et dites s'ils sont vrais. vrais.

a) $(\forall x)Axp$
b) $(\forall x)Axx \wedge \neg(\forall x)Axm$
c) $(\exists x)(\forall y)Ayx$
d) $(\forall x)(\forall y)Axy$

Ces deux définitions ont pour conséquence que certaines formes propositionnelles ne sont ni vraies ni fausses, ce que nous voulions d'ailleurs. Pxy n'est ni vrai ni faux, mais $(Px \supset Px)$ est vrai parce que $(Px \supset Px)$ est une instance de tautologie, et qu'une instance de tautologie est satisfaite par toute assignation.

Ceci nous amène à la définition des formes valides.

> **Définition** : Une forme propositionnelle est *valide* si et seulement si elle est vraie pour toute *interprétation* pour tous les *domaines* (non vides)[1].

Nous allons maintenant, bien sûr, nous intéresser aux formes valides. Mais avant d'aborder cette question, il est nécessaire de convenir de certains points de vocabulaire.

Certaines expressions du calcul des prédicats ont la forme $(\forall x)A$ ou $(\exists x)A$. Dans ce cas, A est appelé la *portée* du quantificateur.

---

[1] Tout comme dans la définition d'une interprétation, nous nous restreignons aux domaines non vides. Cela est dû au fait que les domaines vides ont d'étranges propriétés. Par exemple, $(\exists x)Px$ et $(\exists x)(Px \supset Px)$ sont fausses dans tous les domaines vides.

EXERCICE 14*

Dites quelle est la portée des quantificateurs dans chacune des formes propositionnelles suivantes.

a) $(\forall x)Px \supset Py$
b) $(\forall x)(Px \supset Py)$
c) $(\forall x)(\exists y)(Px \supset Py)$
d) $(\forall x)Px \supset (\exists y)Py$
e) $(\forall x)(Px \supset (\exists y)Py)$
f) $(\forall x)Px \supset (\exists y)Py$
g) $(\exists x)(Px \supset (\forall x)Px)$

Une variable peut apparaître plusieurs fois dans une même forme propositionnelle. Chacune de ces « apparitions » s'appelle une *occurrence.* Ces occurrences sont de deux types. Considérons les exemples suivants :

(1) $(\forall x)(Px \supset Py)$
(2) $(\forall x)(\forall y)(Px \supset Py)$
(3) $(Px \supset Py)$

Le premier type est celui où les occurrences d'une variable ont lieu soit dans la portée d'un quantificateur qui porte sur cette variable, soit immédiatement après un quantificateur. Ces occurrences sont dites *liées.* Dans les autres cas, on dit qu'elles sont *libres.* Par exemple dans :

(1) $(\forall x)(Px \supset Py)$

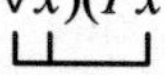

Les deux occurrences de x sont liées et celle de y est libre.

(2) $(\forall x)(\forall y)(Px \supset Py)$

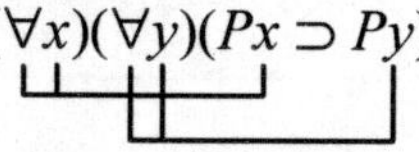

Dans (3), x et y sont libres.

Il reste un cas à examiner. Considérons la forme :

(4) $(\forall x)(Px \supset (\exists x)Px)$

Les deux occurrences de x sont liées, mais elles ne le sont pas par le même quantificateur. Les liaisons se font comme suit :

(4) $(\forall x)(Px \supset (\exists x)Px)$

Bref, lorsqu'une occurrence d'une variable se trouve plus d'une fois dans la portée de quantificateurs qui portent sur cette variable, on dira qu'elle est liée par le premier, c'est-à-dire par celui qui est le plus près.

*EXERCICE 15**

> À l'aide de traits comme dans les exemples précédents, indiquez quelles occurrences de variables sont liées et par quels quantificateurs elles le sont.
>
> a) $(\forall x)(Px \supset (\exists y)Rxy)$
> b) $(\forall x)(\exists y)(\forall x)(Pxy \supset (\exists x)Pzy)$
> c) $(\forall x)((Pxy \supset (\exists y)(\forall x)Pxy) \supset Rxx)$

Nous dirons qu'une forme propositionnelle est close si et seulement si elle ne comporte aucune occurrence de variable ;*libre*. Par exemple, Pab, $(\forall x)Pax$, $(\forall x)(\exists y)(Px \supset Rxx)$ sont closes.

À partir de la définition d'une interprétation et d'une assignation de valeurs, il est facile de montrer (ce que nous ne ferons pas) :

> **Théorème** (de pertinence) : Si une formule close B est satisfaite par une assignation de valeurs A et que x n'apparaît pas libre dans B, alors B est satisfaite par toutes les assignations de valeurs A' qui diffèrent au plus de A par la valeur qu'elles assignent à x.

et son corollaire immédiat :

> **Théorème :** Si une formule close est satisfaite par une assignation de valeurs, alors elle est satisfaite par toutes les assignations de valeurs (c'est-à-dire qu'elle est vraie).

Prenons une fp qui n'est pas close, par exemple $(\forall x)(Px \supset (Rxz \supset Rxy))$ qui contient une occurrence de z et une occurrence de y qui sont libres.

On appelle *clôture universelle* d'une fp A la fp obtenue en lui adjoignant les quantificateurs universels nécessaires pour qu'elle soit close.

Pour notre exemple, la clôture universelle de $(\forall x)(Px \supset (Rxz \supset Rxy))$ est $(\forall z)(\forall y)(\forall x)(Px \supset (Rxz \supset Rxy))$.

Théorème : Une forme propositionnelle est valide si et seulement si sa clôture universelle est valide.

Suivant ce théorème, un test de validité développé pour des formules closes pourra être utilisé pour traiter les formes non closes : il suffira de tester leur clôture universelle.

6.4 La notion de validité en calcul des prédicats

En calcul des propositions, nous avons appelé les énoncés valides des tautologies. Au début de ce chapitre, nous nous sommes demandé si le calcul des prédicats contenait des formes valides qui ne soient pas des instances de tautologies. La réponse est oui, et nous venons de rencontrer un tel exemple de forme valide : « Si tout le monde aime Marie, alors Marie s'aime », symboliquement : $(\forall x)Pxb \supset Pbb$.

La classe des énoncés dont nous pouvons tester directement la validité à partir de la définition est relativement restreinte. Outre les instances de tautologies, en voici quelques-unes qui expriment dans quelles conditions on peut « entrer » et « sortir » les quantificateurs.

Si x n'est pas libre dans B, alors les fp suivantes sont valides (A et B sont des fp quelconques) :

(1) $(\forall x)(A \vee B) \equiv ((\forall x)A \vee B)$
(2) $(\exists x)(A \vee B) \equiv ((\exists x)A \vee B)$
(3) $(\forall x)(A \wedge B) \equiv ((\forall x)A \wedge B)$
(4) $(\exists x)(A \wedge B) \equiv ((\exists x)A \wedge B)$

*EXERCICE 16**

Vérifiez la validité de (1).

La validité de telles fp et de celles qui en dérivent directement comme (5) $(\forall x)(B \vee A) \equiv (B \vee (\forall x)A)$ ou encore (6) $(\exists x)(A \supset B) \equiv ((\forall x)A \supset B)$ pourrait nous laisser croire à la possibilité de développer une algèbre qui permettrait d'établir la validité d'une fp lorsque c'est le cas. Cela n'est pas possible en général, un tel calcul n'existant que pour une portion restreinte du calcul des prédicats.

Dans ce qui suit, nous restreindrons le calcul des prédicats aux prédicats unaires, c'est-à-dire aux prédicats à une place. Nous avons vu que de tels prédicats sont interprétés comme des ensembles d'objets. Par exemple, le prédicat « homme » reçoit comme valeur, pour chaque interprétation, l'ensemble des objets qui sont des hommes dans cette interprétation.

Laissons de côté, pour l'instant, la question des quantificateurs et ne considérons que les fp élémentaires de la forme *Px*, *Qx*, etc. Il est tentant de chercher à élaborer un calcul sur les prédicats unaires qui s'inspirerait d'un calcul sur les ensembles. Une telle idée est d'autant plus alléchante que nous avons à notre disposition une algèbre ensembliste et que cette algèbre est une algèbre de Boole ! Rappelons-en les principales règles ($\varnothing$ est l'ensemble vide, *D* est l'univers du discours, $\cap$ l'intersection, $\cup$ l'union, $\overline{}$ le complément).

1) $\overline{\varnothing} = D$	$\overline{D} = \varnothing$	bivalence
2) $\overline{\overline{A}} = A$		double négation
3) $A \cap D = A$	$A \cup \varnothing = A$	éléments neutres
4) $A \cap \varnothing = \varnothing$	$A \cup D = D$	éléments absorbants
5) $A \cap \overline{A} = \varnothing$	$A \cup \overline{A} = D$	non-contradiction/ tiers exclu
6) $A \cap A = A$	$A \cup A = A$	idempotence
7) $A \cap (B \cap C) = (A \cap B) \cap C$	$A \cup (B \cup C) = (A \cup B) \cup C$	associativité
8) $(A \cap B) = (B \cap A)$	$(A \cup B) = (B \cup A)$	commutativité
9) $(A \cap (B \cup C)) = (A \cap B) \cup (A \cap C)$	$(A \cup (B \cap C)) = (A \cup B) \cap (A \cup C)$	distributivité
10) $(\overline{A \cap B}) = \overline{A} \cup \overline{B}$	$(\overline{A \cup B}) = \overline{A} \cap \overline{B}$	lois de De Morgan ou de dualité

Est-il possible d'exploiter le parallélisme entre les deux structures ? Plus précisément, si à *Px* et *Qx* correspondent respectivement les ensembles $\underline{P}$ et $\underline{Q}$, peut-on décrire par simple combinaison booléenne des ensembles qui correspondront à $(Px \vee Qx)$, $(Px \wedge Qx)$, $(Px \supset Qx)$, etc. ? Bien sûr que oui, au sens suivant : une assignation *A* satisfait *Px* si et seulement si $\underline{x} \in \underline{P}$; graphiquement on aura :

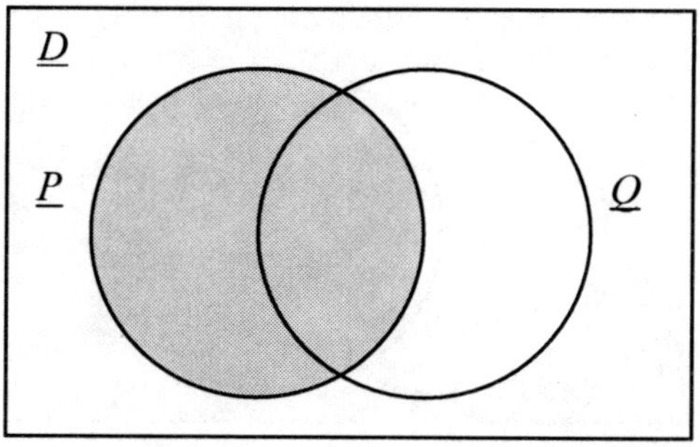

une assignation *A* satisfait $(Px \wedge Qx)$ si et seulement si $\underline{x} \in (\underline{P} \cap \underline{Q})$; graphiquement on aura :

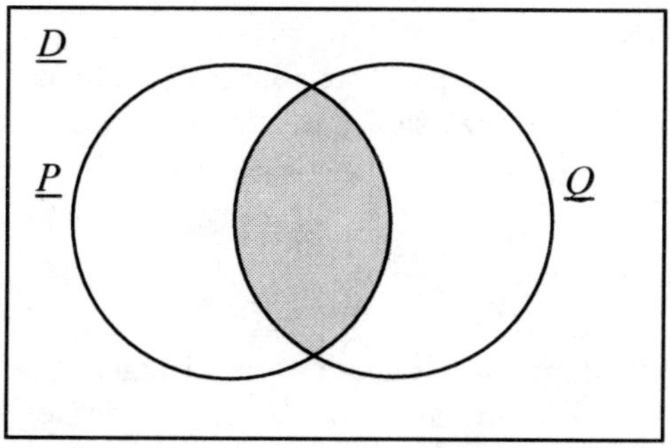

une assignation *A* satisfait $(Px \vee Qx)$ si et seulement si $\underline{x} \in (\underline{P} \cup \underline{Q})$; graphiquement on aura :

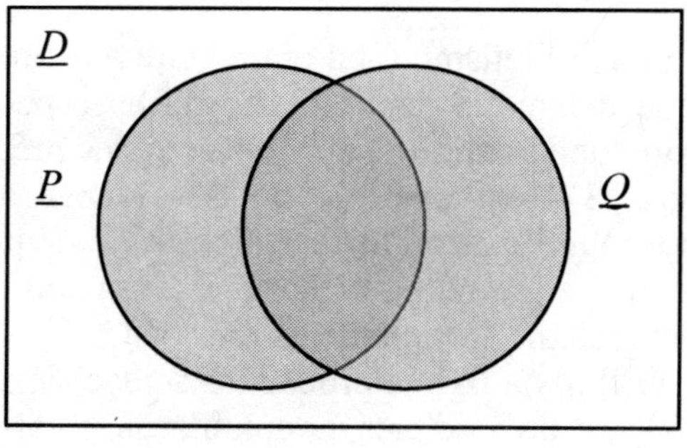

une assignation *A* satisfait $(Px \supset Qx)$ si et seulement si $\underline{x} \in (\overline{\underline{P}} \cup \underline{Q})$; graphiquement on aura :

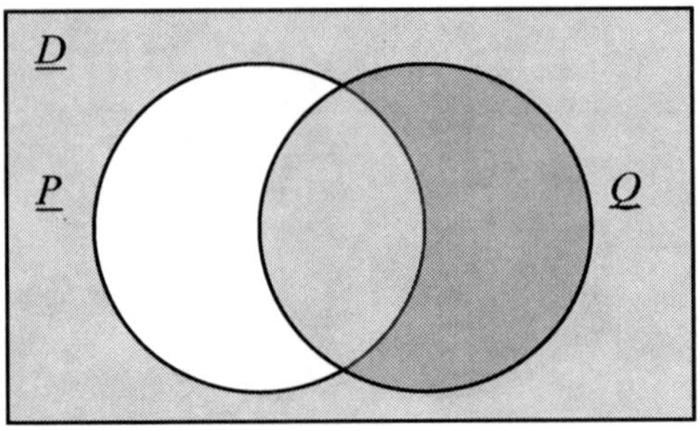

etc.

EXERCICE 17⁺

> Trouvez une expression ensembliste pour les conditions de satisfaction de $(Px \equiv Qx)$ et vérifiez sa compatibilité avec les expressions ensemblistes données pour « $\wedge$ », « $\vee$ » et « $\supset$ ».

Qu'en sera-t-il de la validité ? Si l'on se restreint, comme on l'a fait jusqu'ici, aux fp ne contenant pas de quantificateurs et uniquement des prédicats monadiques portant sur une seule et même variable, le calcul ensembliste constitue un test de validité. Une expression est valide si et seulement si l'expression ensembliste qui lui correspond peut être transformée en *D ;* elle est contradictoire si et seulement si l'expression ensembliste qui lui correspond peut être transformée en $\varnothing$.

Nous avons ici un parallélisme total entre cette algèbre et celle du calcul propositionnel. Cette technique peut-elle être utilisée pour développer une procédure de décision de la validité pour le calcul des prédicats en général ? La réponse est non. S'il est possible de développer des techniques de décision booléenne pour l'ensemble du calcul monadique en ajoutant les règles qui permettent de « rentrer » et « sortir » les quantificateurs, cela n'est pas le cas pour le calcul des prédicats en général[1]. Alonzo Church a démontré en 1936 qu'il n'y a pas de procédure de décision pour le calcul des prédicats. En fait, l'ajout de prédicats à deux places, c'est-à-dire de relations binaires, suffit pour que le calcul ne soit plus décidable.

Ce résultat est d'autant plus curieux qu'il existe des méthodes qui permettent de montrer qu'une forme est valide lorsque, bien sûr, elle l'est. Cela a été démontré par Kurt Gödel en 1930. Malheureusement, si on

---

[1] Pour une présentation d'une telle procédure de vérification de la validité pour le calcul monadique, voir les *Méthodes de logique* de Quine, chapitres 14 à 24.

applique ces méthodes à une forme propositionnelle qui n'est pas valide, il peut arriver que le « calcul » continue *ad infinitum* et nous ne pourrons jamais savoir si, en continuant encore le calcul, nous n'arriverons pas à la conclusion qu'elle est valide !

En pratique, pour des énoncés relativement simples, nous disposons de méthodes efficaces. Une de ces méthodes, dont nous allons aborder l'étude, est une extension de la méthode des arbres.

EXERCICE 18

Expliquez pourquoi une méthode comme celle des tables de vérités ne peut pas fonctionner comme un test général de la validité en calcul des prédicats.

NOTE HISTORIQUE

La notion d'interprétation, que nous présentons sous une forme simplifiée, est due à TARSKI, A., « Der Wahrheitsbegriff *in* den formalisierten Sprachen », *Studia Philosophica*, vol. 1, pp. 261-405, 1936, traduction française sous la direction de Gilles Granger in TARSKI, A., *Logique, sémantique et métamathématique*, Paris, Armand Colin, pp. 157-269, 1972.

En ce qui concerne le calcul booléen, on consultera QUINE, W.V.O, *Méthodes de logique*, donné en bibliographie.

Solutions des exercices du chapitre 6

Par mesure d'économie, nous écrirons « ssi » pour « si et seulement si ».

EXERCICE 1

a) $(\forall x)Px$ est une fp ssi Px est une fp (clause (ii)), ce qui est le cas (clause (i)).

b) $(\forall x)(\exists y)(Rxy \supset (\exists z)Pz)$ est une fp
ssi $(\exists y)(Rxy \supset (\exists z)Pz)$ est une fp ((ii)) ;
ssi $(Rxy \supset (\exists z)Pz)$ est une fp ((ii)) ;
ssi Rxy et $(\exists z)Pz$ sont des fp ((ii)) ;
ssi Rxy et Pz sont des fp, ce qui est le cas ((i)).

c) $(\exists x)\neg Rab$ est une fp ssi $\neg Rab$ est une fp ((ii)) ;
ssi Rab est une fp ((ii)), ce qui est le cas ((i)).

Que cette expression soit une fp peut sembler curieux. Cela signifie que le calcul des prédicats accepte comme forme propositionnelle des expressions du genre : il y a un objet tel que la Terre tourne autour du Soleil. Nous verrons plus loin que cela est relativement inoffensif.

d) $(\exists x)Py \wedge Rab$ est une fp ssi $Py \wedge Rab$ est une fp, ce qui n'est pas le cas (il aurait fallu mettre des parenthèses $(\exists x)(Py \wedge Rab)$ ou encore $((\exists x)Py \wedge Rab)$.

EXERCICE 2

a) $(\forall x)(Px \supset (Ox \vee Fx))$

b) $(\forall x)(Vx \supset Bx)$

c) $(\forall x)(\forall y)(\forall z)((Hx \wedge Bly \wedge Brz) \supset Pxyz)$

d) $(\forall x)(\forall y)((Fx \wedge Hy) \supset Ixy)$

e) $((\forall x)(\forall y)((Fx \wedge Hy) \supset Ixy) \supset (\exists z)(Fz \wedge Iza))$

f) Cette forme de phrase en français est assez spéciale. Elle ne se traduit *pas* par $(\forall x)(Bx \supset \neg Ox)$ mais par $\neg(\forall x)(Bx \supset Ox)$ ou encore par $(\exists x)(Bx \wedge \neg Ox)$. Nous verrons que les deux énoncés sont équivalents.

g) $(\exists x)(Pex) \wedge (\exists x)(Plx) \wedge \neg(\exists x)(Pex \wedge Plx)$

h) $(\forall x)((Pex \wedge Plx) \supset Pax)$

i) $(\exists x)(Ax \wedge \neg Rx) \wedge (\forall x)(\neg Ax \supset \neg Rx)$

Exercice 3

i) a) $(\exists x)(Px \wedge \neg Ox \wedge \neg Fx)$

b) $(\exists x)(Vx \wedge \neg Bx)$

c) $(\exists x)(\exists y)(\exists z)(Hx \wedge Bly \wedge Brz \wedge \neg Pxyz)$

d) $(\exists x)(\exists y)(Fx \wedge Hy \wedge \neg Ixy)$

e) $(\forall x)(\forall y)((Fx \wedge Hy) \supset Ixy) \wedge (\forall z)(Fz \supset \neg Iza))$

f) $(\forall x)(Bx \supset Ox)$

g) $\neg(\exists x)(Pex) \vee \neg(\exists x)(Plx) \vee (\exists x)(Pex \wedge Plx)$

h) $(\exists x)(Pex \wedge Plx \wedge \neg Pax)$

a) $(\forall x)(Ax \supset Rx) \vee (\exists x)(\neg Ax \wedge Rx)$

ii) a) Il y a des portes qui ne sont ni ouvertes ni fermées.

b) Il y a des vérités qui ne sont pas dans la Bible.

c) Il y a au moins un homme, une blonde et une brune tels que cet homme ne préfère pas la blonde à la brune.

d) Il existe au moins une femme et un homme tels que cette femme n'est pas plus intelligente que lui.

e) Bien que les femmes soient plus intelligentes que les hommes, aucune femme n'est plus intelligente que le professeur.

f) Tout ce qui brille est or.

g) Il n'y a pas de peines ou de plaisirs ou alors certaines peines sont des plaisirs.

h) Certaines peines sont des plaisirs et pourtant ce ne sont pas des peines d'amour.

i) Toute bonne action est récompensée ou alors, hélas, certaines mauvaises actions le sont aussi.

EXERCICE 4

Sont équivalents (b)-(c)-(e)-(f), (a)-(d). Aucun des énoncés n'est la négation d'un autre.

Ax : x est un amour.
Hx : x est heureux.
Ix : x est imaginaire.

a) $(\forall x)((Ax \wedge Hx) \supset Ix)$

b) $(\forall x)((Ax \wedge Ix) \supset Hx)$

c) $(\forall x)((Ax \wedge \neg Hx) \supset \neg Ix)$

d) $\neg(\exists x)(Ax \wedge Hx \wedge \neg Ix)$

e) $(\forall x)((Ax \wedge Ix) \supset Hx)$

f) $(\forall x)((Ax \wedge Ix) \supset Hx)$

EXERCICE 5

À cause des équivalences découvertes à l'exercice précédent, nous pouvons ne proposer que deux énoncés. La négation de (a) et (d) serait « Il y a des amours heureuses qui ne sont pas imaginaires », et la négation de (b), (c), (e), (f) serait « Il y a des amours imaginaires qui ne sont pas heureuses ».

EXERCICE 6

a) Px : x réussira à ramener la paix en Afghanistan.
Qx : x désire la fin des combats.

$(\exists x)Px \supset (\forall x)Qx$

b) Qx : x est un Québécois.
Ix : x est pour l'indépendance.
b : Carla Bruni

$(\exists x)(Qx \wedge \neg Ix) \supset \neg Ib$

Exercice 8

a) Voici le diagramme de Venn :

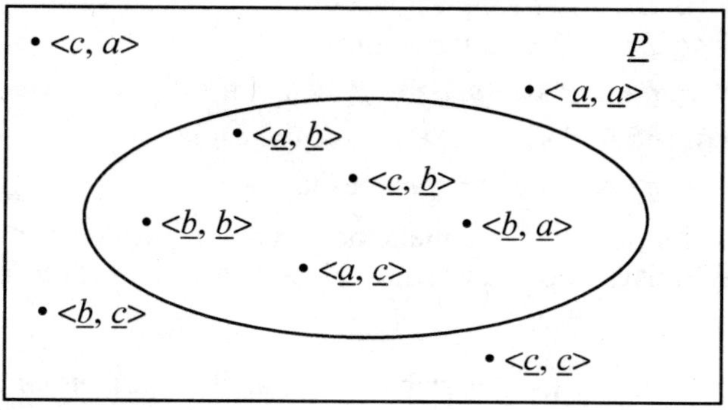

et voici le graphe :

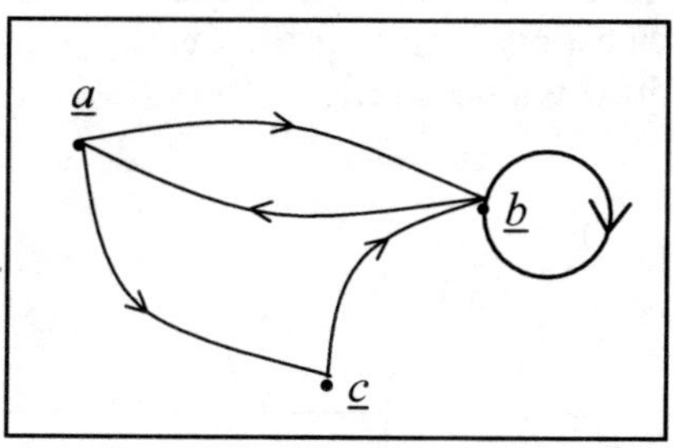

b) $<\underline{a}, \underline{b}> \in \underline{P}$, donc *Pab* est vrai.
$<\underline{b}, \underline{c}> \notin \underline{P}$, donc *Pbc* est faux.
$<\underline{a}, \underline{a}> \notin \underline{P}$, donc *Paa* est faux.
$<\underline{b}, \underline{b}> \in \underline{P}$, donc *Pbb* est vrai.
$<\underline{c}, \underline{c}> \notin \underline{P}$, donc *Pcc* est faux.
$<\underline{a}, \underline{c}> \in \underline{P}$, donc *Pac* est vrai.

c) A_1 satisfait *Pxy* ssi $<\underline{x}, \underline{y}> \in \underline{P}$ ssi $<\underline{a}, \underline{b}> \in \underline{P}$, ce qui est le cas.
A_1 satisfait *Pxz* ssi $<\underline{x}, \underline{z}> \in \underline{P}$ ssi $<\underline{a}, \underline{c}> \in \underline{P}$, ce qui est le cas.
A_1 satisfait *Pzx* ssi $<\underline{z}, \underline{x}> \in \underline{P}$ ssi $<\underline{c}, \underline{a}> \in \underline{P}$, ce qui n'est pas le cas.
A_1 satisfait *Pax* ssi $<\underline{a}, \underline{x}> \in \underline{P}$ ssi $<\underline{a}, \underline{a}> \in \underline{P}$, ce qui n'est pas le cas.
A_1 satisfait *Pab* ssi $<\underline{a}, \underline{b}> \in \underline{P}$, ce qui est le cas.
A_1 satisfait *Pbb* ssi $<\underline{b}, \underline{b}> \in \underline{P}$, ce qui est le cas.
A_1 satisfait *Pxa* ssi $<\underline{x}, \underline{a}> \in \underline{P}$ ssi $<\underline{a}, \underline{a}> \in \underline{P}$, ce qui n'est pas le cas.
A_1 satisfait *Pzb* ssi $<\underline{z}, \underline{b}> \in \underline{P}$ ssi $<\underline{c}, \underline{b}> \in \underline{P}$, ce qui est le cas.
A_1 satisfait *Pcc* ssi $<\underline{c}, \underline{c}> \in \underline{P}$, ce qui n'est pas le cas.

A_2 satisfait Pxy ssi $\langle \underline{x}, \underline{y} \rangle \in \underline{P}$ ssi $\langle \underline{a}, \underline{b} \rangle \in \underline{P}$, ce qui est le cas.
A_2 satisfait Pxz ssi $\langle \underline{x}, \underline{z} \rangle \in \underline{P}$ ssi $\langle \underline{a}, \underline{b} \rangle \in \underline{P}$, ce qui est le cas.
A_2 satisfait Pzx ssi $\langle \underline{z}, \underline{x} \rangle \in \underline{P}$ ssi $\langle \underline{b}, \underline{a} \rangle \in \underline{P}$, ce qui est le cas.
A_2 satisfait Pax ssi $\langle \underline{a}, \underline{x} \rangle \in \underline{P}$ ssi $\langle \underline{a}, \underline{a} \rangle \in \underline{P}$, ce qui n'est pas le cas.
A_2 satisfait Pab ssi $\langle \underline{a}, \underline{b} \rangle \in \underline{P}$, ce qui est le cas.
A_2 satisfait Pbb ssi $\langle \underline{b}, \underline{b} \rangle \in \underline{P}$, ce qui est le cas.
A_2 satisfait Pxa ssi $\langle \underline{x}, \underline{a} \rangle \in \underline{P}$ ssi $\langle \underline{a}, \underline{a} \rangle \in \underline{P}$, ce qui n'est pas le cas.
A_2 satisfait Pzb ssi $\langle \underline{z}, \underline{b} \rangle \in \underline{P}$ ssi $\langle \underline{b}, \underline{b} \rangle \in \underline{P}$, ce qui est le cas.
A_2 satisfait Pcc ssi $\langle \underline{c}, \underline{c} \rangle \in \underline{P}$, ce qui n'est pas le cas.

Remarquons que si une forme propositionnelle ne contenant pas de variable (par exemple *Pab*) est satisfaite par une suite, alors elle est satisfaite par toutes les suites.

d) Si l'on ne considère que les trois variables x, y, z, il y aura $n \times n \times n$ assignations possibles où n est le nombre d'individus du domaine. Ici $3 \times 3 \times 3 = 27$. Si le domaine contient autant d'individus que les entiers naturels et que le nombre de variables est également infini ($x_1, ..., x_n, ...$), alors il y aura autant d'assignations qu'il y a de nombres réels.

EXERCICE 9

a)

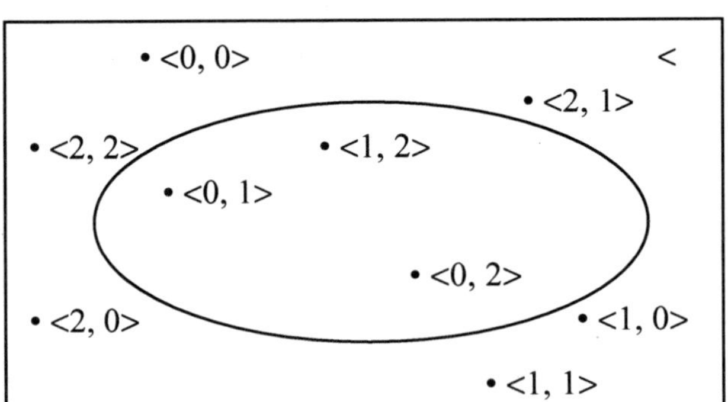

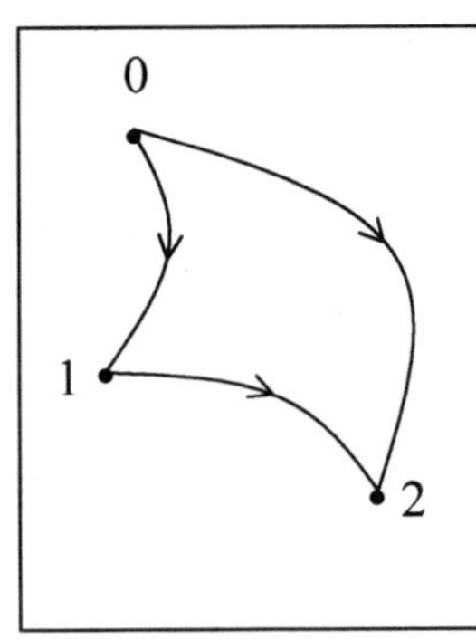

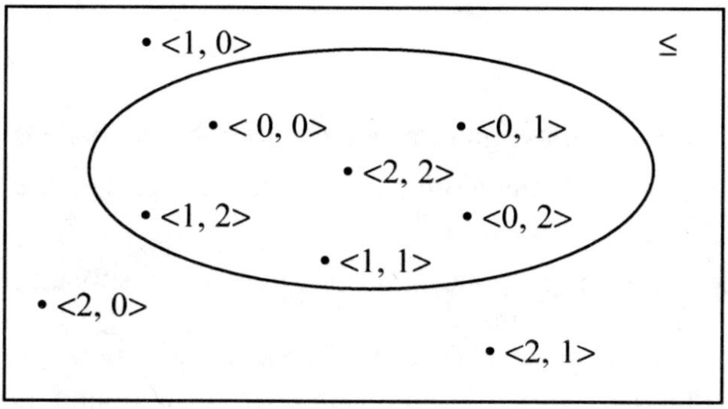

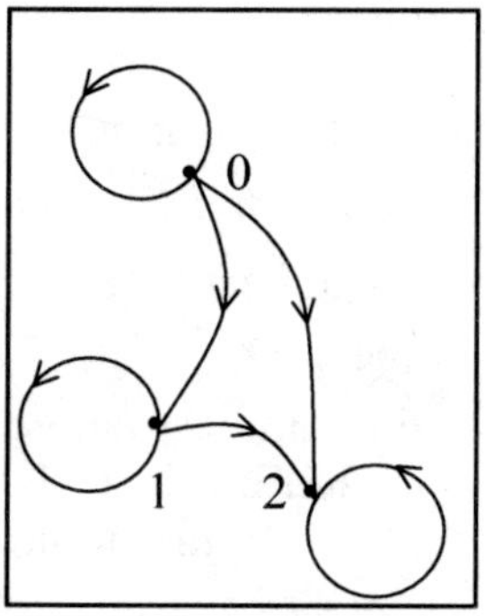

b) Pour qu'une assignation satisfasse $x < x$, il faudrait que $<\underline{x}, \underline{x}> \in <$[1]. Pour l'interprétation habituelle, cela n'est pas le cas car aucun des nombres n'est plus petit que lui-même.

Au contraire, pour qu'une assignation satisfasse $x \leq x$, il faudrait que $<\underline{x}, \underline{x}> \in \leq$, ce qui est toujours le cas. Donc A satisfait $x \leq x$. Nous avons ici un exemple d'interprétation qui est telle que certaines formes propositionnelles sont satisfaites par toutes les assignations et d'autres par aucune. Ces notions vont bientôt être très utiles.

EXERCICE 10

A_1 satisfait $Pxy \supset Pax$ ssi il n'est pas le cas que A_1 satisfait Pxy et ne satisfait pas Pax. Vérifions :

A_1 satisfait Pxy ssi $<\underline{x}, \underline{y}> \in \underline{P}$ ssi $<\underline{a}, \underline{b}> \in \underline{P}$, ce qui est le cas.
A_1 satisfait Pax ssi $<\underline{a}, \underline{x}> \in \underline{P}$ ssi $<\underline{a}, \underline{a}> \in \underline{P}$, ce qui n'est pas le cas.

Donc A_1 ne satisfait pas $Pxy \supset Pax$.

De la même manière, on conclut que A_1 satisfait $Pxa \supset Paa$, $Pax \vee \neg Pax$, $Pax \supset (Pab \supset Pax)$ (ces deux dernières sont des instances de tautologies) et qu'elle ne satisfait pas $Pax \vee Pxa$.

---

[1] Nous sommes en quelque sorte contraints d'abandonner, pour cet exemple, notre convention relative à la formation d'un nom dans la métalangue. En effet, « < » aurait pour nom « ≤» et « ≤» aurait pour nom « ≤», ce qui créerait une certaine confusion.

EXERCICE 11

a) Quelqu'un aime Marie.

A_1 satisfait $(\exists x)Pxb$ ssi il y a une assignation A'_1 qui attribue une valeur à x qui est telle que $\langle \underline{x}, \underline{b} \rangle \in \underline{P}$. Nous n'avons qu'à choisir A'_1, de sorte que $\underline{x} = \underline{b}$.

En langue naturelle, cela correspond au raisonnement suivant : quelqu'un aime Marie car Marie s'aime.

Nous référant toujours à la valeur de $\underline{P}$ de l'exercice 8, nous aurions pu choisir A'_1, de sorte que $\underline{x} = \underline{a}$. En langue naturelle, cela donne le raisonnement suivant : « Quelqu'un aime Marie car Pierre aime Marie ».

b) Tout le monde aime z.

A_1 satisfait $(\forall x)Pxz$ ssi toute assignation A'_1 qui attribue aux variables la même valeur que A_1 sauf peut-être à x satisfait Pxz

ssi $\langle \underline{a}, \underline{z} \rangle \in \underline{P}$, $\langle \underline{b}, \underline{z} \rangle \in \underline{P}$ et $\langle \underline{c}, \underline{z} \rangle \in \underline{P}$

ssi $\langle \underline{a}, \underline{c} \rangle \in \underline{P}$, $\langle \underline{b}, \underline{c} \rangle \in \underline{P}$ et $\langle \underline{c}, \underline{c} \rangle \in \underline{P}$, ce qui n'est pas le cas.

c) Tout le monde aime Pierre.

A_1 ne satisfait pas $(\forall x)Pxa$.

d) Tout le monde aime Marie.

A_1 satisfait $(\forall x)Pxb$.

e) Il y a quelqu'un qui est aimé par tout le monde.

A_1 satisfait $(\exists x)(\forall y)Pyx$ ssi il y a une assignation A'_1 qui attribue aux variables les mêmes valeurs que A_1 sauf peut-être à x qui satisfait $(\forall y)Pyx$ ssi toute assignation A'_1 qui attribue aux variables les mêmes valeurs que A'_1 sauf peut-être à y satisfait Pyx.

Il suffit de prendre pour A'_1 l'assignation telle que $\underline{x} = \underline{b}$, et on a bien $\langle \underline{a}, \underline{b} \rangle \in \underline{P}$, $\langle \underline{b}, \underline{b} \rangle \in \underline{P}$, $\langle \underline{c}, \underline{b} \rangle \in \underline{P}$. En langue naturelle, cela correspond au raisonnement suivant :

Il y a quelqu'un qui est aimé par tout le monde car Pierre aime Marie, Marie s'aime et Gérard aime Marie. « Tout le monde » renvoie, comme d'habitude, aux individus du domaine.

f) Il y a quelqu'un qui aime tout le monde.

A_1 ne satisfait pas $(\exists x)(\forall y)Pxy$.

g) Si Pierre aime Marie, alors il y a quelqu'un qui aime Marie.

A_1 satisfait $Pab \supset (\exists x)Pxb$.

h) Si tout le monde aime Marie, alors Marie s'aime.

A_1 satisfait $(\forall x)Pxb \supset Pbb$ ssi A_1 ne satisfait pas $(\forall x)Pxb$ ou A_1 satisfait Pbb.

Mais A_1 satisfait Pbb.

Donc A_1 satisfait $(\forall x)Pxb \supset Pbb$.

Exercice 12

a) Faux
b) Faux
c) Faux
d) Vrai

Exercice 14

a) Px
b) $(Px \supset Py)$
c) $(\exists y)(Px \supset Py)$, $(Px \supset Py)$
d) Px, Py
e) $(Px \supset (\exists y)Py)$, Py
f) Px, Py
g) $(Px \supset (\forall x)Px)$, Px

Exercice 15

a) $(\forall x)(Px \supset (\exists y)Rxy)$

b) $(\forall x)(\exists y)(\forall x)(Pxy \supset (\exists x)Pzy)$

c) $(\forall x)((Pxy \supset (\exists y)(\forall x)Pxy) \supset Rxx)$

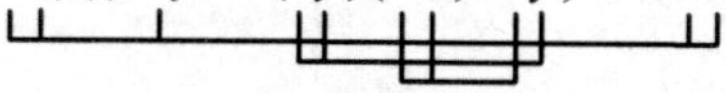

Exercice 16

Vérifions que toute assignation A satisfait $(\forall x)(B \vee C)$ si et seulement si elle satisfait $(\forall x)B \vee C$ lorsque x n'est pas libre dans C.

A satisfait $(\forall x)(B \vee C)$ si et seulement si toute assignation A' qui diffère au plus de A par la valeur qu'elle attribue à x satisfait $B \vee C$, si et seulement si toute assignation A' qui diffère au plus de A par la valeur qu'elle attribue à x satisfait B ou satisfait C.

Il y a deux possibilités : ou il y a une assignation A' qui diffère au plus de A par la valeur qu'elle attribue à x qui satisfait C, ou il n'y a pas de telle assignation. Dans le premier cas, en vertu du théorème de pertinence et comme x n'apparaît pas dans B, il revient au même de dire que A satisfait C ou que A' satisfait C. Dans le second cas, comme aucune assignation A' qui diffère au plus de A par la valeur qu'elle attribue à x ne satisfait C, elles doivent toutes satisfaire B, et donc A satisfait $(\forall x)B$. Bref, ou bien A satisfait C, ou bien A satisfait $(\forall x)B$, c'est-à-dire que A satisfait $(\forall x)B \vee C$.

EXERCICE 17

Une assignation A satisfait $(Px \equiv Qx)$ si et seulement si elle satisfait à la fois Px et Qx ou ne satisfait à la fois ni Px ni Qx, c'est-à-dire $\underline{x} \in \underline{P}$ et $\underline{x} \in \underline{Q}$ ou $\underline{x} \notin \underline{P}$ et $\underline{x} \notin \underline{Q}$, ou encore $\underline{x} \in (\underline{P} \cap \underline{Q}) \cup (\overline{P} \cap \overline{Q})$.

Le même résultat peut être obtenu par transformation booléenne à partir des interprétations ensemblistes de « $\wedge$ », « $\vee$ » et « $\supset$ ». En effet, $(Px \equiv Qx)$ est équivalent à $(Px \supset Qx) \wedge (Qx \supset Px)$. D'après les règles déjà données, nous dirons qu'une assignation A satisfait $(Px \equiv Qx)$ si et seulement si :

$\underline{x} \in (\overline{P} \cup \underline{Q}) \cap (\overline{Q} \cup \underline{P})$ ssi

$\underline{x} \in (\overline{P} \cap (\overline{Q} \cup \underline{P})) \cup (\underline{Q} \cap (\overline{Q} \cup \underline{P}))$ ssi

$\underline{x} \in (\overline{P} \cap \overline{Q}) \cup (\overline{P} \cap \underline{P}) \cup (\underline{Q} \cap \overline{Q}) \cup (\underline{Q} \cap \underline{P})$ ssi

$\underline{x} \in (\overline{P} \cap \overline{Q}) \cup \varnothing \cup \varnothing \cup (\underline{Q} \cap \underline{P}))$ ssi

$\underline{x} \in (\overline{P} \cap \overline{Q}) \cup (\underline{Q} \cap \underline{P})$ ssi

$\underline{x} \in (\underline{P} \cap \underline{Q}) \cup (\overline{P} \cap \overline{Q})$, ce qui est bien le résultat attendu. Le diagramme sera :

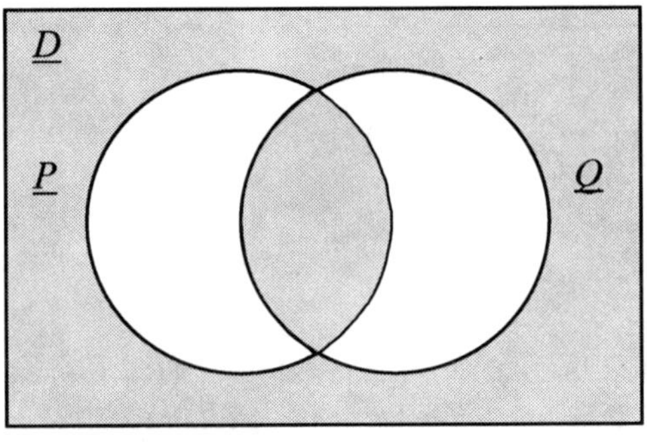

CHAPITRE VII

La méthode des arbres en calcul des prédicats

7.0 Justification intuitive de la méthode

Revenons tout d'abord sur la justification de la méthode des arbres en calcul des propositions. Voici le raisonnement que nous avions suivi :

(1) Si un énoncé est une tautologie, sa négation est une contradiction.
(2) Or, une contradiction n'a pas de FND autre que 0.
(3) Sachant que la méthode des arbres est une méthode mécanique simple pour construire des FND, on peut l'appliquer à la négation de l'énoncé que l'on pense être une tautologie et, si c'est le cas, aucun chemin ne restera ouvert (car un chemin ouvert représente un ou plusieurs termes d'une FND).

Cette méthode est utilisée pour montrer qu'il n'y a aucune interprétation (ou ligne de la table de vérité) qui rende vraie la négation de l'énoncé testé. Par exemple, si nous testons $\neg(p \wedge q) \supset (\neg p \vee \neg q)$, tous les chemins ferment.

(1) $\neg(\neg(p \wedge q) \supset (\neg p \vee \neg q))$

R¬⊃-(1)

(2) $\neg(p \wedge q)$

(3) $\neg(\neg p \vee \neg q)$

R¬∧-(2)

(4) $\neg p$ | $\neg q$

R¬∨-(3)

(5) $\neg\neg p$ | $\neg\neg p$

(6) $\neg\neg q$ | $\neg\neg q$

R¬¬-(5) | R¬¬-(6)

(7) p | q

× | ×

En calcul des prédicats, une interprétation est beaucoup plus complexe qu'en calcul des propositions. Nous avons défini, au chapitre précédent, la validité d'une forme propositionnelle comme la propriété d'être vraie pour toutes les interprétations (dans tous les domaines non vides).

Nous allons modifier la méthode des arbres de manière à ce que, lorsqu'on l'appliquera à une forme propositionnelle (close), les chemins ouverts nous décrivent des interprétations qui rendent vraie la forme propositionnelle, c'est-à-dire nous donnent des valeurs pour les prédicats et des valeurs pour les termes. L'ensemble des valeurs des termes introduits sur une branche constituera le domaine. Remarquons que nous pouvons nous en tenir aux formes closes, parce qu'une forme est valide si et seulement si sa clôture universelle est valide (théorème de la page 183).

Les règles de construction des arbres seront bien sûr les mêmes pour les connecteurs et nous n'avons à introduire de nouvelles règles que pour les quantificateurs.

La règle pour le quantificateur universel sera la suivante :

$$\begin{array}{c} \vdots \\ (\forall x)A(x) \\ | \\ A(a) \\ A(b) \\ \vdots \end{array}$$

(où a, b, ..., sont les termes déjà introduits sur cette branche)

Intuitivement : si P est vraie de tout x, alors P est vraie en particulier de a, de b, de c, ..., etc., parce que Px est satisfaite par la suite qui donne à x la valeur de a, de b, etc. $A(a)$, $A(b)$, etc. seront appelés des *instanciations* de $(\forall x)A(x)$.

> **Attention :** Avant de conclure qu'une branche d'un arbre décrit un modèle (c'est-à-dire constitue une interprétation qui rend vraie la forme propositionnelle qui domine l'arbre), il faut vérifier que les quantificateurs universels ont été instanciés pour *tous* les termes qui apparaissent sur cette branche.

C'est (en partie) à cause de cette restriction (inévitable) que la méthode des arbres n'est pas effective. En effet, ce n'est pas parce qu'un quantificateur universel a été instancié pour tous les termes qui sont déjà apparus sur une branche que son rôle est terminé. Il devra faire l'objet d'une instanciation subséquente pour tous les nouveaux termes qui apparaîtront sur cette branche, le cas échéant.

La règle pour le quantificateur existentiel est plus subtile. La voici :

$$\begin{array}{cccc} & \vdots & & \\ & (\exists x)A(x) & & \\ A(a) & A(b) & \ldots & A(d) \\ \vdots & \vdots & \vdots & \vdots \end{array}$$

(où *a*, *b*, ..., sont les termes déjà introduits sur cette branche, sauf *d* qui est un nouveau terme)

La justification intuitive est la suivante : si *P* est vraie d'au moins un *x*, nous pouvons appeler cet *x a*, *b*, ..., ou *d*, mais il n'y a aucune raison pour que ce soit un terme déjà utilisé, bien que ce soit possible dans certains cas.

Supposons, par exemple, que trois termes *a*, *b* et *c* ont été introduits sur une branche et que tous les termes sont des *P*, c'est-à-dire que sur cette branche on retrouve *Pa*, *Pb* et *Pc*. Le modèle ainsi décrit est-il incompatible avec $(\exists x)\neg Px$? Pas nécessairement, car nous pouvons enrichir le domaine d'un nouvel élément *d* et introduire $\neg Pd$ dans le modèle.

Nous devons donc ouvrir autant de branches qu'il y a de termes qui ont été utilisés, *plus une*. Nous avons ici l'autre raison pour laquelle la méthode n'est pas effective : la règle concernant « $\exists$ » nous contraint à introduire de nouveaux termes pour lesquels tous les quantificateurs universels de la branche devront faire l'objet d'une nouvelle instanciation. Nous pouvons, comme nous le verrons plus loin, être ainsi entraînés dans un cercle vicieux.

Donc, si $(\exists x)A(x)$ est vraie, c'est que $A(a)$ est vraie, ou $A(b)$ est vraie, ou ... ou $A(d)$ est vraie, c'est-à-dire que $A(x)$ est vraie lorsque je remplace *x* par un des termes déjà utilisés, ou par un terme qui n'a pas encore été utilisé.

> **Attention :** Avant de conclure qu'une branche d'un arbre décrit un modèle de l'énoncé qui domine l'arbre, il faut s'assurer que *tous* les quantificateurs existentiels apparaissant sur cette branche ont été instanciés.

En ce qui concerne les négations de quantificateurs, nous rappelant les équivalences entre d'une part, $\neg(\exists x)A(\text{x})$ et $(\forall x)\neg Ax$, et d'autre part $\neg(\forall x)Ax$ et $(\exists x)\neg Ax$, nous aurons les règles suivantes :

$$\begin{array}{c} \vdots \\ \neg(\exists x)\text{A}(x) \\ | \\ \neg A(a) \\ \neg A(b) \\ \vdots \end{array}$$

(où *a*, *b*, ..., sont les termes déjà introduits sur cette branche)

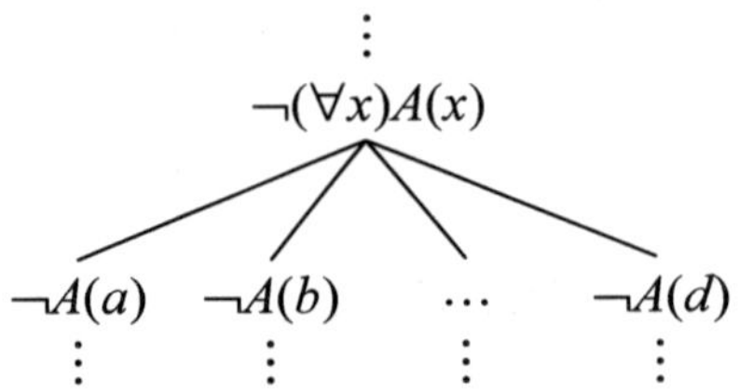

(où d est un terme qui n'a pas encore été utilisé)

Avant d'illustrer la méthode, nous allons spécifier l'ordre d'application des différentes règles de façon à ce que l'on puisse parler de l'arbre d'un énoncé.

Pour construire l'arbre d'un énoncé, il faut :

(1) appliquer dans l'ordre R¬¬, R∧, R¬∨, R¬⊃, R∨, R¬∧, R⊃, R≡, R¬≡ en procédant de haut en bas pour chacune des branches ouvertes ;

(2) appliquer R∃, R¬∀ en procédant de haut en bas pour chacune des branches ouvertes ;

(3) appliquer R∀, R¬∃, en procédant de haut en bas pour chacune des branches ouvertes ;

(4) tous les chemins sont-ils fermés ?
Si oui, terminé. (La négation de l'énoncé de départ est valide.)
Sinon :

(5) reste-t-il (sur chacune des branches ouvertes) des connecteurs qui n'ont pas été traités ?
Si oui, aller en (1).
Sinon :

(6) reste-t-il (sur chacune des branches ouvertes) des ∃ ou ¬∀ qui n'ont pas été traités ?
Si oui, aller en (2).
Sinon :

(7) reste-t-il (sur chacune des branches ouvertes) des ∀ et ¬∃ qui n'ont pas été instanciés pour chaque terme apparaissant sur cette branche ?
Si oui, aller en (3).
Sinon :

(8) terminé, chaque branche ouverte décrit un modèle de l'énoncé de départ.

Cette procédure n'est bien sûr pas unique.

Appliquons cette procédure à un énoncé qui admet un modèle. Considérons l'énoncé suivant : $(\exists x)(\forall y)Pxy \wedge (\exists x)(\forall y)\neg Pxy$.

Intuitivement, cet énoncé dit qu'il y a un objet qui a la relation P avec tous les autres et qu'il y a un objet qui n'a la relation P avec aucun autre (Dieu aime tout le monde et Satan, personne). Appliquons la méthode.

(1)		$(\exists x)(\forall y)Pxy \wedge (\exists x)(\forall y)\neg Pxy$		
				R∧-(1)
(2)		$(\exists x)(\forall y)Pxy$		
(3)		$(\exists x)(\forall y)\neg Pxy$		
				R∃-(2) (*a* est un nouveau terme)
(4)		$(\forall y)Pay$		
				R∃-(3) (*b* est un nouveau terme)
(5)		$(\forall y)\neg Pay$	$(\forall y)\neg Pby$	
	R∀-(4)			R∀-(4)
(6)		Paa	Paa	
(7)	R∀-(5)		Pab	
				R∀-(5)
(8)		$\neg Paa$		
(9)		×	$\neg Pba$	
(10)			$\neg Pbb$	
			↑	

Sur la branche de droite, marquée d'une flèche :

(a) tous les quantificateurs universels ont été instanciés sur tous les termes (ici *a* et *b*) ;

(b) tous les quantificateurs existentiels ont été instanciés (lignes (2)-(4) et lignes (3)-(5)).

Cela donne le modèle suivant :

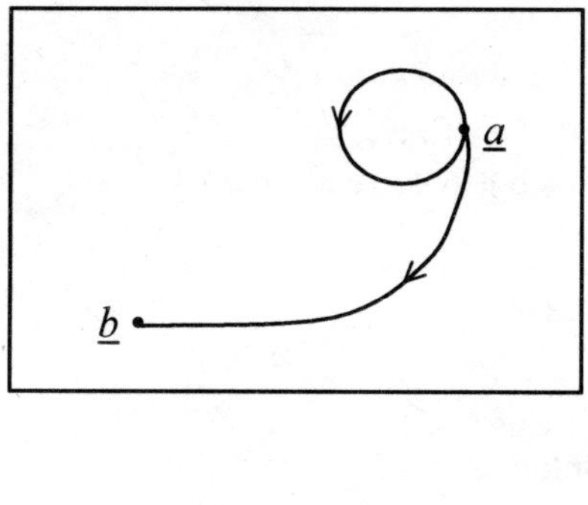

$\underline{P} = \{\langle \underline{a}, \underline{a}\rangle, \langle \underline{a}, \underline{b}\rangle\}$

($\underline{a}$ est Dieu et $\underline{b}$ est Satan)

*Exercice 1**

Trouvez un modèle aux énoncés suivants :

a) $(\forall x)Pxx \wedge (\exists x)(\forall y)Pxy \wedge (\exists x)(\exists y)\neg Pxy$
b) $(\exists x)(\forall y)Pxy \wedge (\exists x)(\forall y)\neg Pxy \wedge (\exists x)(\neg Pxx \wedge (\exists y)Pxy)$

*Exercice 2**

Les formes propositionnelles suivantes sont vraies pour certaines interprétations et fausses pour d'autres. En utilisant la méthode des arbres, trouvez, pour chacune d'elles, une interprétation qui la rende vraie et une qui la rende fausse.

a) $(\forall x)(\forall y)(\forall z)((Pxy \wedge Pyz) \supset Pxz)$
b) $(\forall x)(\exists y)Pxy$
c) $(\forall x)Pxx \wedge (\exists y)(\exists x)\neg Pxy \wedge (\exists y)(\exists x)Pxy$
d) $(\forall y)(\exists x)Pxy \supset (\exists x)(\forall y)Pxy$

Exercice 3

Trouvez une interprétation qui rend simultanément vrais les énoncés suivants (utilisez la méthode des arbres et représentez cette interprétation par un graphe).

a) $(\forall x)(\exists y)Pxy$
b) $(\forall x)(\exists y)\neg Pxy$
c) $(\exists x)(\exists y)(Pxy \wedge Pyx)$
d) $(\forall x)\neg Pxx$
e) $(\exists x)(\exists y)(\neg Pxy \wedge \neg Pyx)$

Exercice 4

À l'aide de la méthode des arbres, trouvez un modèle de l'énoncé suivant et représentez-le par un graphe.

a) $(\exists x)(\forall y)Rxy \wedge (\exists x)(\exists y)\neg Rxy$
b) $(\forall x)\neg Pxx \wedge (\exists x)(\exists y)(\exists z)(Pxy \wedge Pyx \wedge \neg Pxz)$
c) $(\forall x)(\exists y)Pxy \wedge (\forall x)\neg Pxx \wedge \neg(\forall x)(\forall y)(Pxy \supset Pyx)$
d) $(\forall x)(\exists y)Pxy \wedge (\forall x)\neg Pxx \wedge (\exists x)(\exists y)(Pxy \wedge \neg Pyx)$

Exercice 5

Soit le raisonnement suivant :

Toutes les licornes sont bleues.
Tout ce qui est bleu m'intéresse.
Or, il y a des choses bleues.
Donc, il y a une licorne qui m'intéresse.

a) Traduisez ce raisonnement selon le shéma $A_1, \ldots, A_n \vDash B$, où $A_1, \ldots, A_n$, B sont des expressions du calcul des prédicats. Utilisez les conventions suivantes :

Lx : *x* est une licorne.
Bx : *x* est bleu.
Mx : *x* m'intéresse.

b) Vérifiez, par la méthode des arbres, que ce raisonnement n'est pas valide.

c) En utilisant l'arbre en b), décrivez, en langue naturelle, un monde où les prémisses du raisonnement sont vraies et où la conclusion est fausse. Justifiez votre réponse.

Appliquons maintenant la méthode pour tester la validité. Nous voulons vérifier que $(\forall x)(Pxx \supset (\exists y)Pxy)$ est valide. Un exemple en langue naturelle correspondant à cet énoncé serait : « Si quelqu'un s'aime, alors il aime quelqu'un ». Cet énoncé semble valide. Appliquons notre méthode.

Prenons sa négation :

(1) $\neg(\forall x)(Pxx \supset (\exists y)Pxy)$

| R¬∀ (*a* n'a pas encore été utilisé)

(2) $\neg(Paa \supset (\exists y)Pay)$

| R¬⊃

(3) Paa

(4) $\neg(\exists y)Pay$

| R¬∃

(5) $\neg Paa$

×

Il n'y a aucun chemin ouvert. La conclusion à tirer est la suivante. Il n'y a aucune interprétation qui rende $(\forall x)(Pxx \supset (\exists y)Pxy)$ fausse car une telle interprétation rendrait $\neg(\forall x)(Pxx \supset (\exists y)Pxy)$ vraie. Or une telle interprétation devrait rendre $\neg(Paa \supset (\exists y)Pay)$ vraie pour au moins un *a*. Mais une telle interprétation rendrait Paa et $\neg(\exists y)Pay$ vraies. En particulier, cette interprétation rendrait Paa et $\neg Paa$ vraies, ce qui est impossible car, pour une telle interprétation, nous aurions $\langle \underline{a}, \underline{a} \rangle \in \underline{P}$ et $\langle \underline{a}, \underline{a} \rangle \notin \underline{P}$.

Voici un autre exemple. La forme propositionnelle suivante est-elle valide ?

$$(\exists x)(\forall y)Pxy \supset (\forall y)(\exists x)Pxy$$

Testons sa négation :

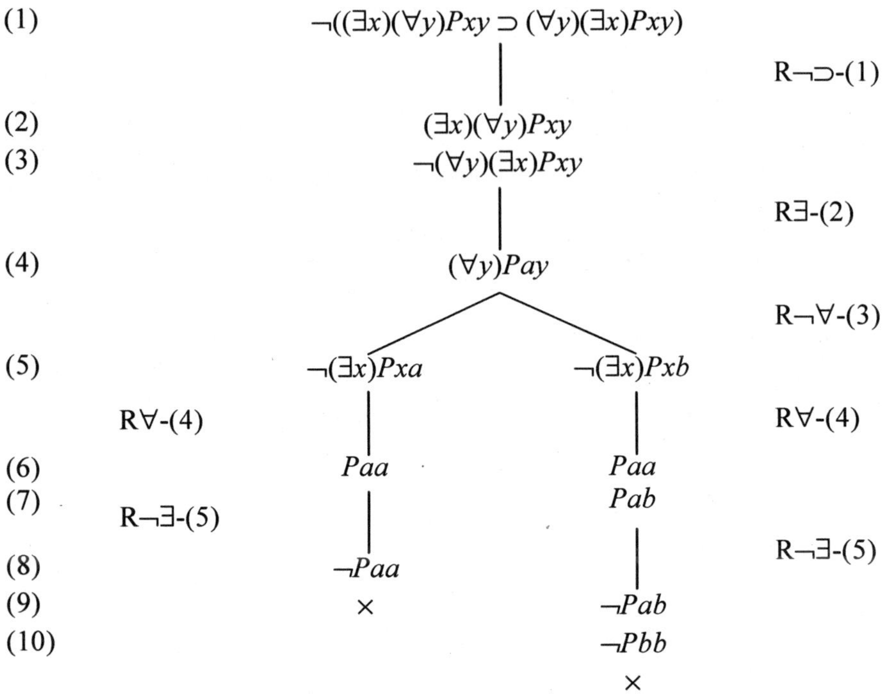

Donc l'argument est valide. Cela était à prévoir. En effet, si nous interprétons *Pxy* comme *x* aime *y*, l'énoncé dit simplement : « S'il y a quelqu'un qui aime tout le monde, alors chacun est aimé par au moins une personne ». Nous n'allons pas appliquer immédiatement la méthode pour tester la validité ; nous allons d'abord tenter d'en améliorer l'efficacité.

7.1 Une stratégie efficace

La méthode des arbres telle que présentée ici est très lourde. Pour augmenter son efficacité, nous pouvons prendre certaines libertés avec la procédure de manière à bloquer plus rapidement certaines branches. Par exemple, dans l'embranchement de gauche de l'arbre suivant :

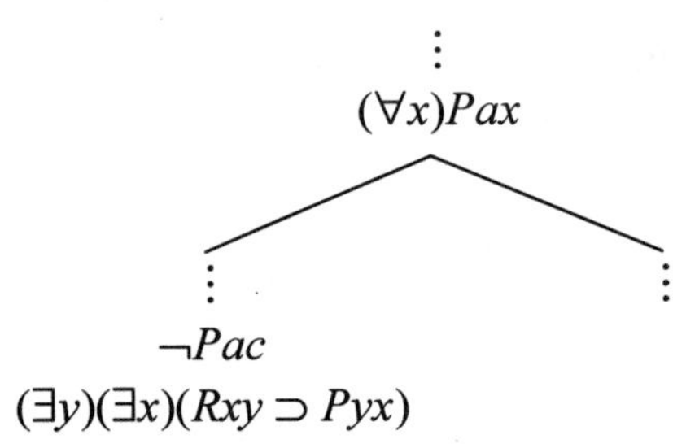

la procédure voudrait que l'on instancie le quantificateur $(\exists y)$ et ensuite $(\exists x)$, mais il est évident que tout cela est inutile car sur toutes les branches nous aurons $\neg Pac$ et, à une certaine étape, nous devrons instancier $(\forall x)Pax$ en Pac. Bref, nous pouvons clore cette partie de l'arbre dès maintenant.

D'une manière plus générale, nous pouvons utiliser les différentes règles dans l'ordre que nous voulons. Bien sûr, nous ne pouvons conclure qu'une branche décrit un modèle que si les conditions sur les connecteurs et les quantificateurs sont remplies.

Malgré cet aménagement, la méthode reste peu souple.

Il existe heureusement une variante de la méthode qui, bien que beaucoup moins efficace pour *trouver* des modèles qui rendent vrais les énoncés à tester, est tout aussi mécanique pour vérifier qu'un énoncé n'a pas de modèle (quand il n'en a pas, bien sûr !).

La méthode que nous venons de présenter est, en effet, très efficace pour construire des modèles. On peut montrer que si un énoncé admet un modèle *fini*, c'est-à-dire un modèle dans un univers ne contenant qu'un nombre fini d'éléments, alors cette méthode permet d'en trouver (au moins) un. Malheureusement, il y a, nous allons le voir, des énoncés qui n'admettent que des modèles infinis. Si ce n'était pas le cas, si tous les énoncés qui admettent un modèle admettaient également un modèle fini, nous aurions une procédure de décision avec la méthode des arbres. Nous avons signalé, à la fin du chapitre précédent, qu'une telle procédure ne peut pas exister. La méthode que nous avons présentée peut donc difficilement être améliorée si on entend par amélioration un enrichissement significatif de la classe des énoncés pour lesquels nous pouvons construire des modèles.

On peut cependant envisager une autre forme d'amélioration de la méthode en donnant des règles qui permettent de conclure plus rapidement qu'un énoncé n'a pas de modèle lorsque c'est le cas. Ces nouvelles règles doivent être aussi universelles que celles que nous avons présentées, c'est-à-dire qu'elles doivent toujours fournir un arbre fermé (fini) lorsque l'énoncé n'admet pas de modèle.

Il s'agit de remplacer les règles :

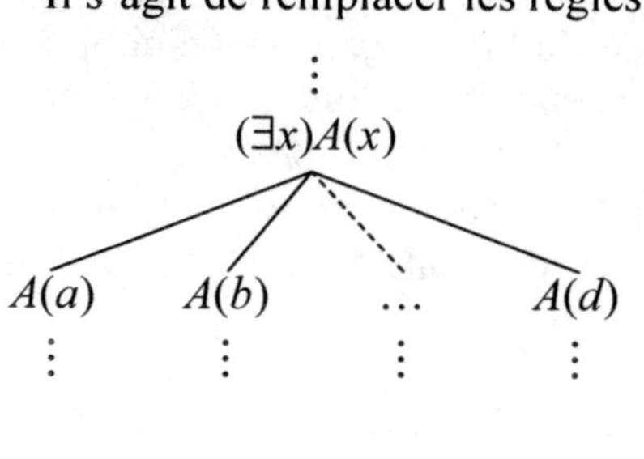

et

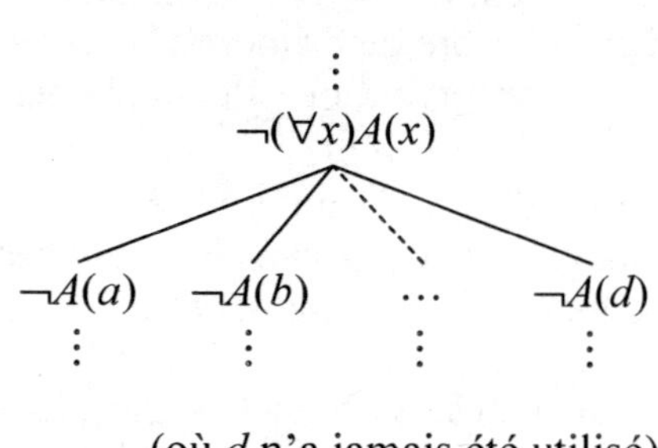

(où d n'a jamais été utilisé)

respectivement par les règles :

$$\begin{array}{c} \vdots \\ (\exists x)A(x) \\ | \\ A(d) \\ \vdots \end{array} \qquad \text{et} \qquad \begin{array}{c} \vdots \\ \neg(\forall x)A(x) \\ | \\ \neg A(d) \\ \vdots \end{array}$$

(où d n'a jamais été utilisé)

Lorsqu'il s'agira de tester la validité, ce sont ces règles que nous retiendrons.

Le raisonnement qui conduit à cette simplification est le suivant (encore une fois, il ne s'agit pas d'une preuve mais d'une justification intuitive). Supposons que nous voulions tester la validité de A ; nous construisons l'arbre de $\neg A$.

ancienne méthode nouvelle méthode

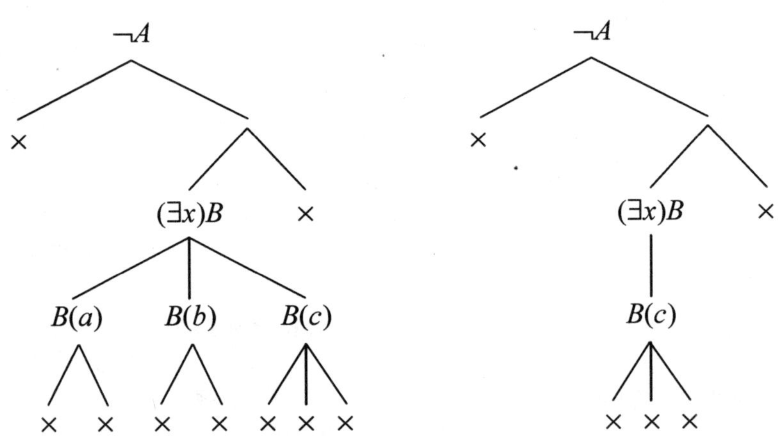

Si l'arbre de gauche ne contient que des branches qui ferment, alors l'arbre de droite ne contiendra également que des branches qui ferment. En effet, il est facile de se convaincre qu'étant donnée la nature des nouvelles règles, l'arbre de droite est un sous-arbre de l'arbre de gauche, celui obtenu en ne conservant que l'embranchement le plus à droite lors de l'application des anciennes règles $(\exists x)A(x)$ et $\neg(\forall x)B(x)$. Qu'en est-il de la réciproque, c'est-à-dire de la possibilité qu'il y ait des branches ouvertes sur l'arbre de gauche alors que toutes les branches de l'arbre de droite ferment ? Cela n'est pas possible, et voici pourquoi.

Si toutes les branches qui passent par $B(c)$ à droite ferment, c'est que chacune d'elles contient une certaine expression et sa négation. Supposons que sur une des branches, ces expressions soient *R*(*a*, *b*, *c*) et ¬*R*(*a*, *b*, *c*) (c'est-à-dire que *a*, *b* et *c* apparaissent dans *R*). La situation est donc la suivante.

$$B(c)$$

$$R(a, b, c)$$

$$\neg R(a, b, c)$$

$$\times$$

Dans l'arbre construit à l'aide de l'ancienne méthode, l'application de la suite de règles, ayant conduit à dériver *R*(*a*, *b*, *c*) et ¬*R*(*a*, *b*, *c*) à partir de *B*(*c*), conduirait à la dérivation suivante à partir de *B*(*b*) :

$$B(b)$$

$$R(a, b, b)$$

$$\neg R(a, b, b)$$

$$\times$$

En effet, *B*(*b*) est identique à l'expression *B*(*c*) dans laquelle *c* est remplacé par *b*, et si deux expressions contenant *a*, *b* et *c* sont contradictoires, les deux expressions obtenues en remplaçant les *c* par des *b* sont également contradictoires. Sur les nœuds des chemins que les nouvelles règles négligent, on retrouve les mêmes nœuds que sur le nouvel arbre, à ceci près que les occurrences des nouveaux termes sont remplacées par des occurrences des anciens termes. Les branches que les nouvelles règles négligent multiplient les contradictions, mais elles n'ouvrent pas de nouveaux chemins : la contradiction *R*(*a*, *b*, *c*) et ¬*R*(*a*, *b*, *c*) devient *R*(*a*, *b*, *b*) et ¬*R*(*a*, *b*, *b*), *R*(*a*, *b*, *a*) et ¬*R*(*a*, *b*, *a*), *R*(*a*, *a*, *c*) et ¬*R*(*a*, *a*, *c*), *R*(*a*, *a*, *b*) et ¬*R*(*a*, *a*, *b*) et finalement *R*(*a*, *a*, *a*) et ¬*R*(*a*, *a*, *a*).

Cette propriété de la méthode des arbres est basée sur le fait suivant : si un énoncé admet un modèle dans des domaines à *n* éléments, il admet un modèle dans des domaines à *n* +1 éléments. La propriété réciproque est que si un énoncé n'admet pas de modèle dans des domaines à *n* +1 éléments, il n'admet pas de modèle dans des domaines à *n* éléments.

En ce qui concerne les chemins ouverts, la situation est semblable à une différence importante près. À chaque chemin ouvert passant, par exemple, par $B(b)$ sur l'arbre de gauche, correspondra bien un chemin ouvert passant par $B(c)$ sur l'arbre de droite, mais sur ce dernier chemin, il est fort possible qu'il y ait un quantificateur universel qui n'ait pas encore été instancié pour c. Or, si cette instanciation libère un nouveau quantificateur existentiel, le processus se répétera indéfiniment et nous ne pourrons jamais conclure.

Considérons la situation suivante :

(1) $(\forall x)(\exists y)Pxy$

| R∀-(1)

(2) $(\exists y)Pay$

| R∃-(2)

(3) Pab

| R∀-(1)

(4) $(\exists y)Pby$

| R∃-(4)

(5) Pbc

| R∀-(1)

(6) $(\exists y)Pcy$

| R∃-(6)

(7) Pcd

⋮

Cette propriété est basée sur le fait qu'il n'est pas le cas que, si un énoncé n'admet pas de modèle dans des domaines à n éléments, alors il n'admet pas de modèle dans des domaines à $n + 1$ éléments. Pensons à l'exemple « Il y a quelqu'un qui aime tout le monde et il y a quelqu'un qui n'aime personne ».

Nous pouvons tirer deux leçons. D'abord, la première méthode, bien que plus lourde, est beaucoup plus efficace pour construire un modèle. En fait, s'il existe un modèle fini des énoncés de départ, elle est infaillible. Ensuite, la seconde méthode est tout aussi efficace que la première pour *vérifier* la validité.

EXERCICE 6 ✣

En utilisant la nouvelle méthode, vérifiez la validité de l'expression suivante (que nous avons déjà testée avec l'ancienne méthode, p. 195) :
$(\exists x)(\forall y)Pxy \supset (\forall y)(\exists x)Pxy$

EXERCICE 7*

L'expression $(\forall y)(\exists x)Cxy \wedge \neg(\exists x)(\forall y)Cxy$ admet au moins un modèle. En utilisant l'ancienne méthode, trouvez-en un. Faites le même exercice avec la nouvelle méthode. Que remarque-t-on ?

EXERCICE 8*

Vérifiez que les énoncés suivants sont valides.

a) a) $(\forall x)\neg Px \supset (\forall x)(Px \supset Qx)$

b) b) $(\exists x)(Ax \supset Bx) \supset ((\forall x)Ax \supset (\exists x)Bx)$

c) $((\forall x)Ax \supset (\exists x)Bx) \supset (\exists x)(Ax \supset Bx)$

La méthode des arbres peut être appliquée pour tester la validité des raisonnements. Tout comme dans le calcul des propositions, il suffit de montrer que l'arbre formé à partir de la conjonction des prémisses et de la négation de la conclusion n'a pas de chemin ouvert.

EXERCICE 9*

Traduisez le raisonnement suivant dans le langage du calcul des prédicats du premier ordre et vérifiez par la méthode des arbres qu'il est valide :

Tous les étudiants brillants réussissent.
Tous les étudiants travailleurs réussissent.
Donc, réussissent tous les étudiants brillants ou travailleurs.

EXERCICE 10

En utilisant la méthode des arbres, dites si le raisonnement suivant est valide.

Les poules ont des dents si et seulement si les ours sont noirs. Les poules ont des dents ou les lapins sont blancs. Mais si les lapins sont blancs, les ours sont noirs. Donc les poules ont des dents.

EXERCICE 11*

Vérifiez la validité de l'énoncé suivant et expliquez pourquoi cela semble paradoxal.

$(\exists x)(Px \supset (\forall x)Px)$

EXERCICE 12

En utilisant la méthode des arbres, vérifiez la validité des raisonnements suivants.

a) $(\forall x)(Px \supset (Qx \wedge Rx)) \models (\forall x)((Px \wedge Qx) \supset Rx)$

b) Tous les hommes sont mortels.
Socrate est un homme.
Donc Socrate est mortel.

c) Les riches ne paient pas suffisamment d'impôts.
Or les fils de riches sont riches.
Donc les fils de riches ne paient pas suffisamment d'impôts.
(Rx : x est riche, Ix : x paie suffisamment d'impôts, Fxy : x est le fils de y)

EXERCICE 13

Pour chacun des raisonnements suivants
i) vérifiez par la méthode des arbres s'il est valide ;
ii) exprimez ce raisonnement en langue naturelle.

a) $(\forall x)(Px \supset Qx), \neg(\exists x)Qx \models \neg(\exists x)Px$

b) $\neg(\exists x)Px \models (\forall x)(Px \supset Qx)$

c) $(\exists x)\neg Qx, (\forall x)Px \models \neg(\forall x)(Px \supset Qx)$

d) $(\exists x)\neg Px \models (\exists x)(Px \supset \mathrm{Q}x)$

EXERCICE 14*

Montrez que les raisonnements suivants sont valides.

a) $(\forall x)(Fx \supset \neg Gx), (\forall x)(Fx \wedge Hx) \models (\exists x)\neg Gx$

b) $(\exists x)Fxb \supset (\forall x)Gx, (\forall x)Fax \models (\forall x)(Hxc \supset Gx)$

c) $(\exists x)Fx, (\exists x)Gx \models (\exists x)((\exists y)Fy \wedge Gx)$

d) $(\forall x)((\exists y)(Fxy \supset Gbx)), (\forall x)(\forall y)Fyx \models (\exists x)Gxx$

e) $(\exists x)Fx \wedge (\forall x)Gx \models (\exists x)(Fx \wedge Gx)$

f) $Ga \supset (\forall x)Fx, (\exists x)Fx \supset Ga \models (\forall x)(Ga \equiv Fx)$

g) $(\forall x)(Fx \equiv Gx), (\forall x)(Hx \equiv Ix), (\exists x)(Ix \wedge (\forall y)(Fy \supset Jy))$
$\models (\exists x)(Hx \wedge (\forall y)(Jy \vee \neg Gy))$

Rappelons, pour terminer, qu'aucune des deux méthodes ne permet de décider si une expression donnée est valide ou non. Par contre, si un énoncé est valide, alors les deux méthodes permettent de le vérifier. À première vue, ces deux propriétés semblent contradictoires, mais il n'en est rien. Même si nous savons que si un énoncé est valide, alors l'arbre de sa négation fermera, ceci n'est pas suffisant pour donner une procédure de décision générale pour la validité. Supposons que nous voulions savoir si A est valide. Nous prenons sa négation et construisons son arbre. Après *n* étapes, s'il y a des chemins ouverts, *mais sur lesquels tous les quantificateurs universels (ou les négations de quantificateurs existentiels) n'ont pas été instanciés*, nous ne pouvons rien conclure. Or, aucune des deux méthodes (aucune méthode !) ne permet de décider si un énoncé quelconque admet un modèle lorsque cet énoncé n'admet que des modèles infinis (attention, cela ne signifie pas que chaque fois qu'un énoncé n'admet que des modèles infinis, il soit impossible de lui trouver des modèles, mais qu'il n'existe pas de méthode *effective* qui s'appliquerait à tous les énoncés). Bien sûr, dans la plupart des cas, les deux méthodes (surtout la première) permettent de trouver plus ou moins rapidement un modèle, mais pas dans tous les cas. Il est donc possible de rencontrer un énoncé qui admet un modèle, mais dont l'arbre se déploie indéfiniment : à aucune étape nous ne pouvons conclure que l'énoncé admet un modèle car les conditions sur les quantificateurs ne sont pas remplies (et ne le seront jamais).

EXERCICE 15✧

Considérons l'énoncé suivant :

$$(\forall x)(\exists y)Rxy \wedge (\exists x)(\forall y)\neg Ryx \wedge (\forall x)(\forall y)(Rxy \supset \neg Ryx) \wedge (\forall x)(\forall y)(\forall z)((Rxy \wedge Ryz) \supset Rxz)$$

a) En raisonnant sur la signification intuitive de chacun des quatre membres de la conjonction et en interprétant *Rab* comme « il y a une flèche qui a pour origine <u>*a*</u> et pour but <u>*b*</u> », dites pourquoi la méthode des arbres est impuissante à montrer que cet énoncé admet un modèle.

b) En interprétant ensuite *R* comme « <», dites pourquoi nous sommes sûrs que l'énoncé admet un modèle.

NOTE HISTORIQUE

En ce qui concerne la méthode en général, voir la note historique du chapitre 5. La première méthode présentée ici est plus récente que la seconde. Elle est due à BOOLOS, G., « Trees and Finite Satisfiability : Proof of a Conjecture of Burgess », dans *Notre Dame Journal of Formal Logic*, vol. 25, pp. 193-197 (1984).

LA METHODE DES ARBRES EN CALCUL DES PREDICATS D'UN COUP D'ŒIL

(voir p. 150 pour les connecteurs)

Pour construire l'arbre d'un énoncé :

(1) Appliquer dans l'ordre R¬¬, R∧, R¬∨, R¬⊃, R∨, R¬∧, R⊃, R≡, R¬≡ en procédant de haut en bas pour chacune des branches ouvertes.

(2) Appliquer R∃, R¬∀ en procédant de haut en bas pour chacune des branches ouvertes.

(3) Appliquer R∀, R¬∃, en procédant de haut en bas pour chacune des branches ouvertes.

(4) Tous les chemins sont-ils fermés ?
Si oui, terminé. (La négation de l'énoncé de départ est valide.)
Sinon :

(5) Reste-t-il (sur chacune des branches ouvertes) des connecteurs qui n'ont pas été traités ?
Si oui, aller en (1).
Sinon :

(6) Reste-t-il (sur chacune des branches ouvertes) des ∃ ou ¬∀ qui n'ont pas été traités ?
Si oui, aller en (2)
Sinon :

(7) Reste-t-il (sur chacune des branches ouvertes) des ∀ et ¬∃ qui n'ont pas été instanciés pour chaque terme apparaissant sur cette branche ?
Si oui, aller en (3).
Sinon :

(8) Terminé, chaque branche ouverte décrit un modèle de l'énoncé de départ.

Pour tester la validité d'un énoncé :

- Partir de la négation de l'énoncé.
- Même procédure que ci-haut.
- Les règles ∃et ¬∀deviennent (*b* est unn nouveau terme) :

⋮
$(\exists x)A(x)$
|
$A(b)$
⋮

⋮
$\neg(\forall x)A(x)$
|
$\neg A(b)$
⋮

R∀

⋮
$(\forall x)A(x)$
|
$A(a)$
|
$A(b)$
⋮

(où *a*, *b*, ..., sont les termes déjà utilisés sur cette branche)

R¬∀

⋮
$\neg(\forall x)A(x)$

$\neg A(a)$ $\neg A(b)$ ... $\neg A(d)$
⋮

(où *a*, *b*, ..., sont les termes déjà utilisés cette branche, sauf *d* qui est un nouveau terme)

R∃

⋮
$(\exists x)A(x)$

$A(a)$ $A(b)$ ... $A(d)$
⋮

(où *d* est un terme qui n'a pas encore été utilisé sur cette branche)

R¬∃

⋮
$\neg(\exists x)A(x)$
|
$\neg A(a)$
|
$\neg A(b)$
⋮

(où *a*, *b*, ..., sont les termes déjà utilisés sur cette branche)

Solutions des exercices du chapitre 7

EXERCICE 1

a) Intuitivement, tous les objets ont la relation *P* avec eux-mêmes, il y a un objet qui a la relation *P* avec tous les autres et il y a un objet qui n'a pas la relation *P* avec au moins un autre (chacun s'aime, certains aiment tous les autres, d'autres non).

(1)	$(\forall x)Pxx \wedge (\exists x)(\forall y)Pxy \wedge (\exists x)(\exists y)\neg Pxy$					
						R∧-(1)
(2)	$(\forall x)Pxx$					
(3)	$(\exists x)(\forall y)Pxy$					
(4)	$(\exists x)(\exists y)\neg Pxy$					
						R∃-(3)
(5)	$(\forall y)Pay$					
						R∃-(4)
(6)	$(\exists y)\neg Pay$		$(\exists y)\neg Pby$			
						R∃-(6)
(7)	$\neg Paa$	$\neg Pab$	$\neg Pba$	$\neg Pbb$	$\neg Pbc$	
				⋮	⋮	R∀-(2)
(8)	Paa	Paa	Paa			
(9)	×	Pbb	Pbb			
						R∀-(5)
(10)		Paa	Paa			
(11)		Pab	Pab			
		×	↑			

La branche marquée d'une flèche décrit le modèle suivant :

$\underline{P}$ = {<$\underline{a}$, $\underline{a}$>, <$\underline{a}$, $\underline{b}$>, <$\underline{b}$, $\underline{b}$>}

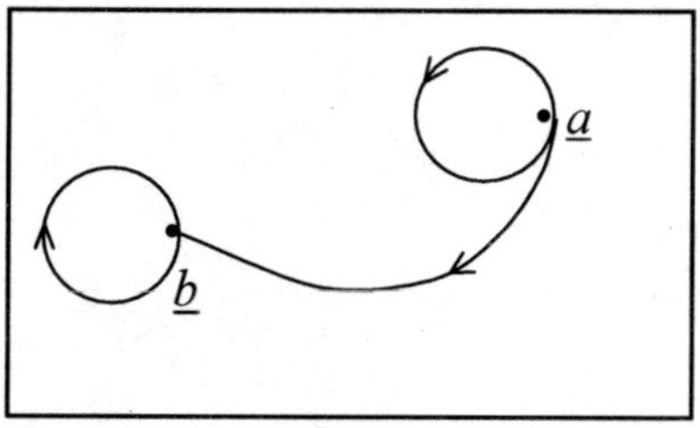

b) (Certains aiment tout le monde, d'autres n'aiment personne, d'autres encore aiment autrui sans s'aimer.)

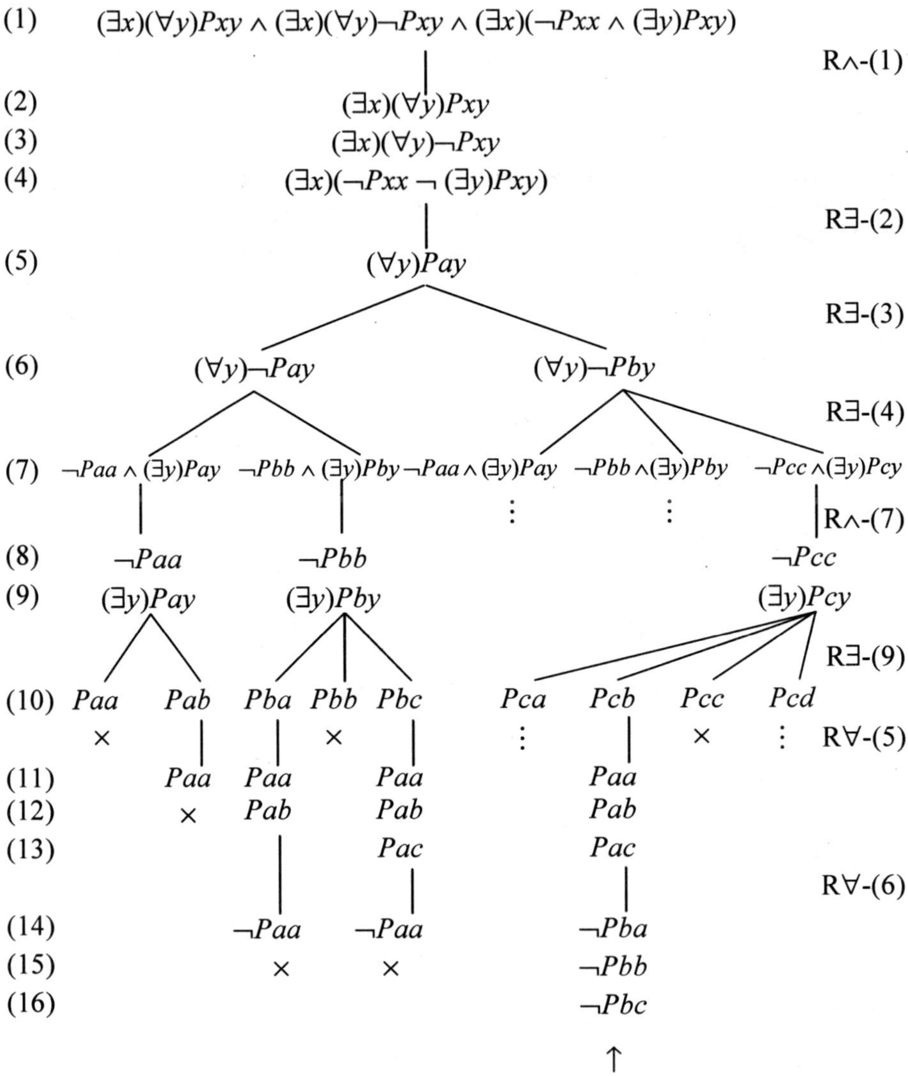

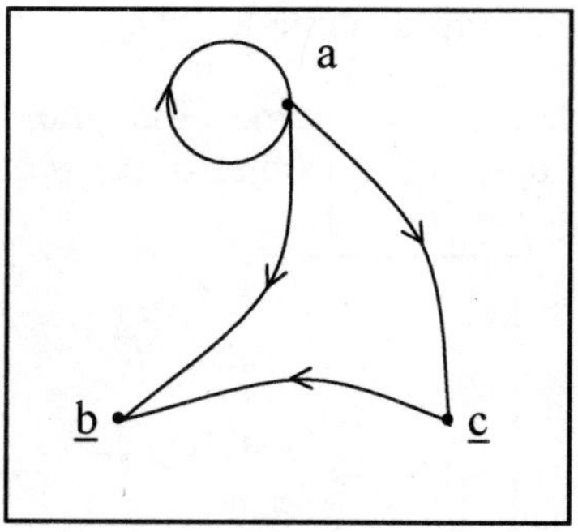

La branche marquée d'une flèche nous décrit le modèle suivant :

a aime tout le monde, *b* n'aime personne et *c* n'aime que *b*.

Nous n'avons pas construit les branches systématiquement de gauche à droite pour épargner au lecteur toutes les étapes qui aboutissent à des culs-de-sac. D'autres branches intermédiaires donneraient cependant des modèles différents.

EXERCICE 2

a)

1) $(\forall x)(\forall y)(\forall z)((Pxy \wedge Pyz) \supset Pxz)$

R∀-(1)

2) $(\forall y)(\forall z)((Pay \wedge Pyz) \supset Paz)$

R∀-(2)

3) $(\forall z)((Paa \wedge Paz) \supset Paz)$

R∀-(3)

4) $(Paa \wedge Paa) \supset Paa$

R⊃-(4)

5) $\neg(Paa \wedge Paa)$ Paa ↑

R¬∧-(5)

6) $\neg Paa$ $\neg Paa$

↑   ↑

Nous avons deux interprétations qui rendent vraie la fp de départ.

(1) Dans un domaine qui ne comporte qu'un objet <u>a</u> et <<u>a</u>, <u>a</u>> ∈ <u>P</u>.

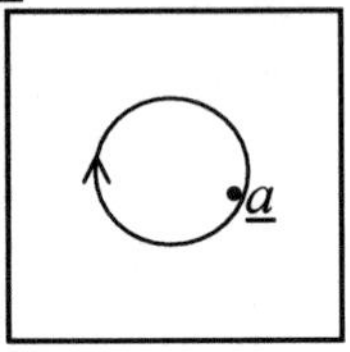

(2) Dans un domaine qui ne comporte qu'un objet <u>a</u> et <<u>a</u>, <u>a</u>> ∉ <u>P</u>.

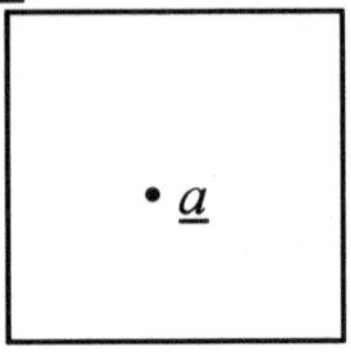

Trouvons maintenant une interprétation qui la rende fausse.

(1) $\neg(\forall x)(\forall y)(\forall z)((Pxy \wedge Pyz) \supset Pxz)$

R¬∀-(1)

(2) $\neg(\forall y)(\forall z)((Pay \wedge Pyz) \supset Paz)$

R¬∀-(2)

(3) $\neg(\forall z)((Paa \wedge Paz) \supset Paz)$ $\quad$ $\neg(\forall z)((Pab \wedge Pbz) \supset Paz)$

Pour des raisons d'espace, nous allons traiter le membre de gauche et ensuite le membre de droite si besoin est.

(3) $\neg(\forall z)((Paa \wedge Paz) \supset Paz)$

R¬∀-(3)

(4) $\neg((Paa \wedge Paa) \supset Paa)$ $\quad$ $\neg((Paa \wedge Pab) \supset Pab)$

R¬⊃-(4)

(5) $Paa \wedge Paa$ $\quad$ $Paa \wedge Pab$

(6) $\neg Paa$ $\quad$ $\neg Pab$

R∧-(5)

(7) Paa $\quad$ Paa

(8) Paa $\quad$ Pab

× $\quad$ ×

Nous devons tester l'autre branche de l'arbre.

(3) $\neg(\forall z)((Pab \wedge Pbz) \supset Paz)$

R¬∀-(3)

(4) $\neg((Pab \wedge Pba) \supset Paa)$ $\quad$ $\neg((Pab \wedge Pbb) \supset Pab)$ $\quad$ $\neg((Pab \wedge Pbc) \supset Pac)$

Comme précédemment, testons une branche à la fois. Cette fois-ci, prenons celle de droite.

(4) $\neg((Pab \wedge Pbc) \supset Pac)$

| R¬⊃-(4)

(5) $Pab \wedge Pbc$

(6) $\neg Pac$

| R∧-(5)

(7) Pab

(8) Pbc

↑

L'énoncé $(\forall x)(\forall y)(\forall z)((Pxy \wedge Pyz) \supset Pxz)$ est faux selon l'interprétation suivante. Le domaine comprend trois éléments, a̲, b̲ et c̲, et P̲ = {<a̲, b̲>, <b̲, c̲>}.

On peut représenter le modèle de la façon suivante :

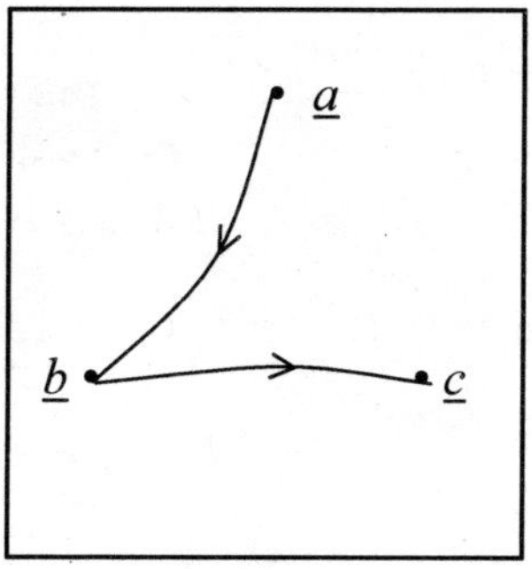

b)

(1) $(\forall x)(\exists y)Pxy$

| R∀-(1)

(2) $(\exists y)Pay$

/ \ R∃-(2)

(3) Paa Pab

↑ (sous Paa)

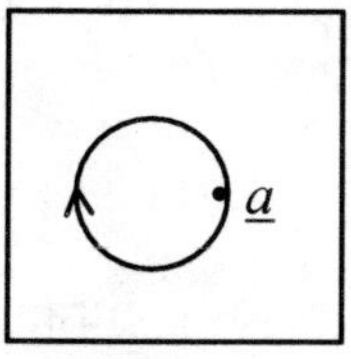

Le modèle $\underline{P} = \{<\underline{a}, \underline{a}>\}$ rend vraie $(\forall x)(\exists y)Pxy$. Trouvons maintenant une interprétation où la forme est fausse.

(1) $\neg(\forall x)(\exists y)Pxy$

R¬∀-(1)

(2) $\neg(\exists y)Pay$

R¬∃-(2)

(3) $\neg Paa$

↑

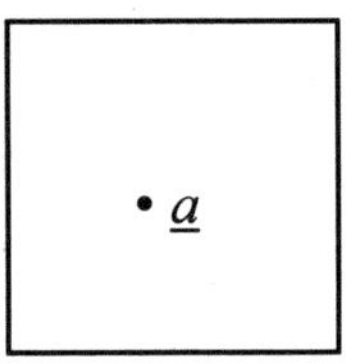

c)

(1) $(\forall x)Pxx \wedge (\exists y)(\exists x)\neg Pxy \wedge (\exists y)(\exists x)Pxy$

R∧-(1)

(2) $(\forall x)Pxx$

(3) $(\exists y)(\exists x)\neg Pxy$

(4) $(\exists y)(\exists x)Pxy$

R∃-(3)

(5) $(\exists x)\neg Pxa$

R∃-(5)

(6) $\neg Paa$ ⋮ $\quad$ $\neg Pba$

R∃-(4)

(7) $(\exists x)Pxa$ $\quad$ $(\exists x)Pxb$ ⋮ $\quad$ $(\exists x)Pxc$ ⋮

R∃-(7)

(8) Paa $\quad$ Pba × $\quad$ Pca ⋮

R∀-(2)

(9) Pbb

↑

La branche se terminant par une flèche est ouverte et satisfait les contraintes sur les quantificateurs.

On a le modèle suivant :

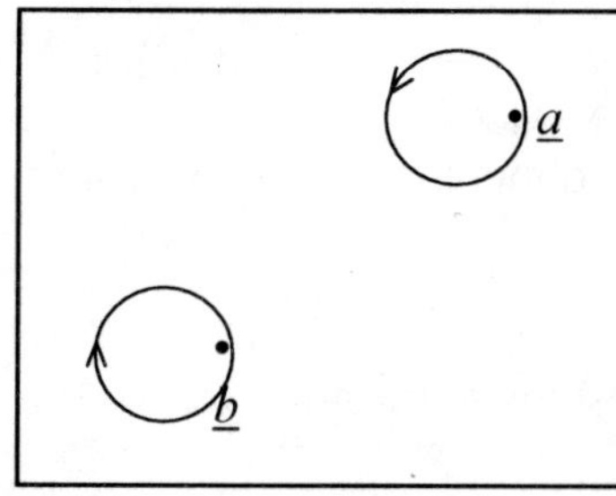

Trouvons un modèle où l'énoncé est faux.

$$\neg((\forall x)Pxx \wedge (\exists y)(\exists x)\neg Pxy \wedge (\exists y)(\exists x)Pxy)$$

R¬∧-(1)

$$\neg((\forall x)Pxx) \qquad \neg((\exists y)(\exists x)\neg Pxy \wedge (\exists y)(\exists x)Pxy)$$

R¬∀-(2)

$$\neg Paa$$

$$\uparrow$$

Il suffit de prendre le modèle suivant :

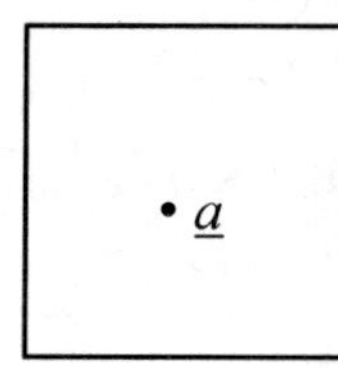

d)

(1) $(\forall y)(\exists x)Pxy \supset (\exists x)(\forall y)Pxy$

R⊃-(1)

(2) $\neg(\forall y)(\exists x)Pxy \qquad (\exists x)(\forall y)Pxy$

$\vdots$

R∃-(2)

(3) $(\forall y)Pay$

R∀-(3)

(4) Paa

$\uparrow$

On obtient le modèle suivant :

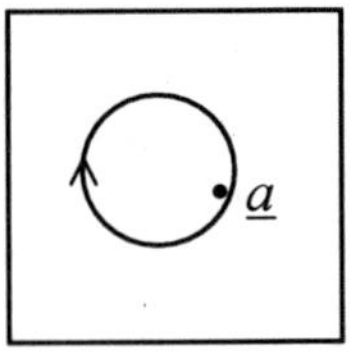

Testons sa négation :

(1)	$\neg((\forall y)(\exists x)Pxy \supset (\exists x)(\forall y)Pxy)$	
		R¬⊃-(1)
(2)	$(\forall y)(\exists x)Pxy$	
(3)	$\neg(\exists x)(\forall y)Pxy$	
		R∀-(2)
(4)	$(\exists x)Pxa$	
		R¬∃-(3)
(5)	$\neg(\forall y)Pay$	
		R∃-(4)
(6) (a) (b)	Paa $\quad$ Pba	
		R¬∀-(5)
(7) (a) (b) (c) (d) (e)	$\neg Paa$ $\quad$ $\neg Pab$ $\quad$ $\neg Paa$ $\quad$ $\neg Pab$ $\quad$ $\neg Pac$	
	× $\quad$ | $\quad$ ⋮ $\quad$ ⋮ $\quad$ ⋮	R∀-(2)
(8)	$(\exists x)Pxb$	
		R∃-(8)
(9) (a) (b) (c)	Pab $\quad$ Pbb $\quad$ Pcb	
	× $\quad$ | $\quad$ ⋮	R¬∃-(3)
(10)	$\neg(\forall y)Pby$	
		R¬∀-(10)
(11) (a) (b) (c)	$\neg Pba$ $\quad$ $\neg Pbb$ $\quad$ $\neg Pbc$	
	↑ $\quad$ × $\quad$ ⋮	

La branche qui se termine par $\neg Pba$ nous fournit une interprétation. En effet, sur cette branche, deux termes ont été introduits et :

i) tous les quantificateurs universels ont été instanciés sur tous les termes (lignes (2), (4) et (8)) ; toutes les négations de quantificateurs existentiels ont été instanciées sur tous les termes (lignes (3), (5) et (10)) ;

ii) tous les quantificateurs existentiels ont été instanciés (lignes (4), (6)(a), (8) et (9)(b)) ; toutes les négations de quantificateurs universels ont été instanciées (lignes (5), (7)(b), (10) et (11)(a)).

Cette branche décrit le modèle suivant :

$\underline{P} = \{<\underline{a}, \underline{a}>, <\underline{b}, \underline{b}>\}$

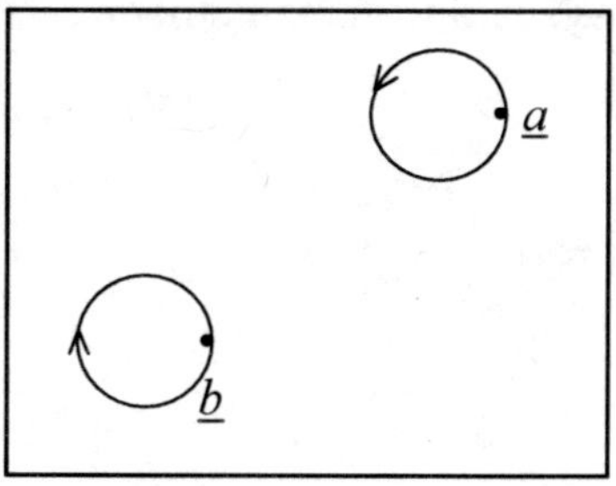

EXERCICE 6

$(\exists x)(\forall y)Pxy \supset (\forall y)(\exists x)Pxy$

Testons la négation :

(1) $\neg((\exists x)(\forall y)Pxy \supset (\forall y)(\exists x)Pxy)$

| R¬⊃-(1)

(2) $(\exists x)(\forall y)Pxy$

(3) $\neg(\forall y)(\exists x)Pxy$

| R∃-(2)

(4) $(\forall y)Pay$

| R∀-(4)

(5) Paa

| R¬∀-(3)

(6) $\neg(\exists x)Pxb$

| R¬∃-(6)

(7) $\neg Pab$

(8) $\neg Pbb$

| R∀-(4)

(9) Pab

×

EXERCICE 7

Avec l'ancienne méthode :

(1) $(\forall y)(\exists x)Cxy \wedge \neg(\exists x)(\forall y)Cxy$

R∧-(1)

(2) $(\forall y)(\exists x)Cxy$

(3) $\neg(\exists x)(\forall y)Cxy$

R∀-(2)

(4) $(\exists x)Cxa$

R¬∃-(3)

(5) $\neg(\forall y)Cay$

R∃-(4)

(6) Caa | Cba

R¬∀-(5)

(7) $\neg Caa$ × | $\neg Cab$ | $\neg Caa$ ⋮ | $\neg Cab$ ⋮ | $\neg Cac$ ⋮

R∀-(2)

(8) $(\exists x)Cxb$

R∃-(8)

(9) Cab × | Cbb | Ccb ⋮

R¬∃-(3)

(10) $\neg(\forall y)Cby$

R¬∀-(10)

(11) $\neg Cba$ ↑ | $\neg Cbb$ × | $\neg Cbc$ ⋮

On obtient le modèle suivant :

$\underline{C} = \{<\underline{a}, \underline{a}>, <\underline{b}, \underline{b}>\}$

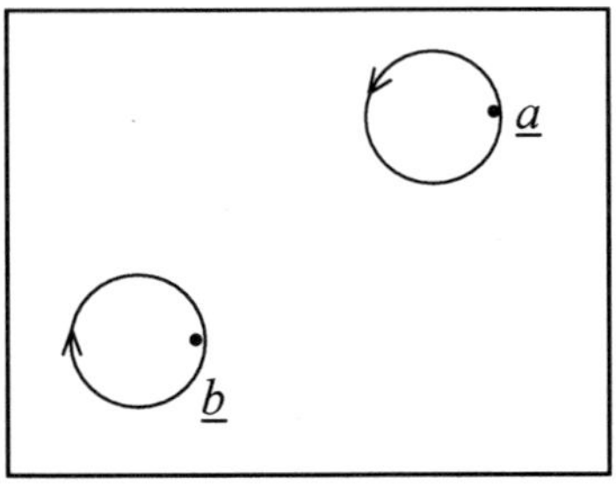

Refaisons l'exercice avec la nouvelle méthode.

(1) $(\forall y)(\exists x)Cxy \wedge \neg(\exists x)(\forall y)Cxy$

| R∧-(1)

(2) $(\forall y)(\exists x)Cxy$

(3) $\neg(\exists x)(\forall y)Cxy$

| R∀-(2)

(4) $(\exists x)Cxa$

| R∃-(4)

(5) Cba

| R¬∃-(3)

(6) $\neg(\forall y)Cay$

(7) $\neg(\forall y)Cby$

| R¬∀-(6)

(8) $\neg Cac$

| R¬∀-(7)

(9) $\neg Cbd$

| R∀-(2)

(10) $(\exists x)Cxb$

(11) $(\exists x)Cxc$

(12) $(\exists x)Cxd$

⋮

Chaque instanciation de (2) libère un quantificateur existentiel qui à son tour libérera un nouveau terme, appelant une instanciation de (2), *ad infinitum* : cet arbre ne fermera jamais et ne formera jamais un modèle.

EXERCICE 8

a) (1) $\neg((\forall x)\neg Px \supset (\forall x)(Px \supset Qx))$

| R¬⊃-(1)

(2) $(\forall x)\neg Px$

(3) $\neg(\forall x)(Px \supset Qx)$

| R¬∀-(3)

(4) $\neg(Pa \supset Qa)$

| R¬⊃-(4)

(5) Pa

(6) $\neg Qa$

| R∀-(2)

(7) $\neg Pa$

×

b)

(1)	$\neg((\exists x)(Ax \supset Bx) \supset ((\forall x)Ax \supset (\exists x)Bx))$		R¬⊃-(1)
(2)	$(\exists x)(Ax \supset Bx)$		
(3)	$\neg((\forall x)Ax \supset (\exists x)Bx)$		R¬⊃-(3)
(4)	$(\forall x)Ax$		
(5)	$\neg(\exists x)Bx$		R∃-(2)
(6)	$Aa \supset Ba$		R⊃-(6)
(7)	$\neg Aa$	Ba	
	R∀-(4)		R¬∃-(5)
(8)	Aa	$\neg Ba$	
	×	×	

c)

(1)	$\neg(((\forall x)Ax \supset (\exists x)Bx) \supset (\exists x)(Ax \supset Bx))$		R¬⊃-(1)
(2)	$((\forall x)Ax \supset (\exists x)Bx)$		
(3)	$\neg(\exists x)(Ax \supset Bx)$		R⊃-(2)
(4)	$\neg(\forall x)Ax$	$(\exists x)Bx$	
	R¬∀-(4)		R∃-(4)
(5)	$\neg Aa$	Ba	R¬∃-(3)
(6)	$\neg(Aa \supset Ba)$	$\neg(Aa \supset Ba)$	R¬⊃-(6)
(7)	Aa	Aa	
(8)	$\neg Ba$	$\neg Ba$	
	×	×	

EXERCICE 9

Ex : x est un étudiant
Bx : x est brillant
Rx : x réussit
Tx : x est travailleur

$(\forall x)((Ex \wedge Bx) \supset Rx), (\forall x)((Ex \wedge Tx) \supset Rx) \vDash (\forall x)((Ex \wedge (Bx \vee Tx)) \supset Rx)$

(1)	$(\forall x)((Ex \wedge Bx) \supset Rx)$	
(2)	$(\forall x)((Ex \wedge Tx) \supset Rx)$	
(3)	$\neg(\forall x)((Ex \wedge (Bx \vee Tx)) \supset Rx)$	
(4)	$\neg((Ea \wedge (Ba \vee Ta)) \supset Ra)$	R¬∀-(3)
(5)	$Ea \wedge (Ba \vee Ta)$	R¬⊃-(4)
(6)	$\neg Ra$	
(7)	Ea	R∧-(5)
(8)	$Ba \vee Ta$	
(9)	Ba	Ta	R∨-(8)
(10)	$(Ea \wedge Ba) \supset Ra$	$(Ea \wedge Ba) \supset Ra$	R∀-(1)
(11)	$\neg(Ea \wedge Ba)$, Ra ×	$\neg(Ea \wedge Ba)$, Ra ×	R⊃-(10)
(12)	$\neg Ea$ ×, $\neg Ba$ ×	$\neg Ea$ ×, $\neg Ba$	R¬∧-(11)
(13)	$(Ea \wedge Ta) \supset Ra$	R∀-(2)
(14)	$\neg(Ea \wedge Ta)$, Ra ×	R⊃-(13)
(15)	$\neg Ea$ ×, $\neg Ta$ ×	R¬∧-(14)

EXERCICE 11

(1) $\neg(\exists x)(Px \supset (\forall x)Px)$

R¬∃-(1)

(2) $\neg(Pa \supset (\forall x)Px)$

R¬⊃-(2)

(3) Pa

(4) $\neg(\forall x)Px$

R ¬ ∀-(4)

(5) $\neg Pa$ | $\neg Pb$

×

R¬∃-(1)

(6) $\neg(Pb \supset (\forall x)Px)$

R¬⊃-(6)

(7) Pb

(8) $\neg(\forall x)Px$

×

Il y a deux possibilités.

(1) Ou bien tous les objets de l'univers sont des P et dans ce cas $(\forall x)Px$ est vrai.

(2) Ou bien il y a un objet de l'univers qui n'est pas un P et dans ce cas, $Px \supset B$ (où B est n'import quelle fp) est satisfiable et

$(\exists x)(Px \supset (\forall x)Px)$ est vrai dans tous les modèles.

Il y a un objet tel que s'il est pas un chien, alors tous les objets sont des chiens. Ma chatte Grisette est un tel objet !

EXERCICE 14

a)

(1)	$(\forall x)(Fx \supset \neg Gx)$		
(2)	$(\forall x)(Fx \wedge Hx)$		
(3)	$\neg(\exists x)\neg Gx$		
			R$\forall$-(1)
(4)	$Fa \supset \neg Ga$		
			R$\supset$-(4)
(5)	$\neg Fa$	$\neg Ga$	
			R$\forall$-(2)
(6)	$Fa \wedge Ha$	$Fa \wedge Ha$	
			R$\wedge$-(6)
(7)	Fa	Fa	
(8)	Ha	Ha	
	×		R$\neg\exists$-(3)
(9)		$\neg\neg Ga$	
			R$\neg\neg$-(9)
(10)		Ga	
		×	

b)

(1)	$(\exists x)Fxb \supset (\forall x)Gx$		
(2)	$(\forall x)Fax$		
(3)	$\neg(\forall x)(Hxc \supset Gx)$		
			R⊃-(1)
(4)	$\neg(\exists x)Fxb$	$(\forall x)Gx$	
			R¬∀-(3)
(5)	$\neg(Hdc \supset Gd)$	$\neg(Hdc \supset Gd)$	
			R¬⊃-(5)
(6)	Hdc	Hdc	
(7)	$\neg Gd$	$\neg Gd$	
R∀-(2)			R∀-(4)
(8)	Fab	Gd	
R¬∃-(4)		×	
(9)	$\neg Fab$		
	×		

c)

(1)	$(\exists x)Fx$		
(2)	$(\exists x)Gx$		
(3)	$\neg(\exists x)((\exists y)Fy \wedge Gx)$		
			R∃-(1)
(4)	Fa		
			R∃-(2)
(5)	Gb		
			R¬∃-(3)
(6)	$\neg((\exists y)Fy \wedge Gb)$		
			R¬∧-(6)
(7)	$\neg(\exists y)Fy$	$\neg Gb$	
R¬∃-(7)		×	
(8)	$\neg Fa$		
	×		

d)

(1)	$(\forall x)((\exists y)Fxy \supset Gbx)$		
(2)	$(\forall x)(\forall y)Fyx$		
(3)	$\neg(\exists x)Gxx$		
			R∀-(1)
(4)	$(\exists y)Fby \supset Gbb$		
			R⊃-(4)
(5)	$\neg(\exists y)Fby$	Gbb	
	R¬∃-(5)		R¬∃-(3)
(6)	$\neg Fbc$	$\neg Gbb$	
	R∀-(2)	×	
(7)	$(\forall y)Fyc$		
	R∀-(7)		
(8)	Fbc		
	×		

Commentaire sur la tactique : à la ligne (4), on a choisi d'instancier la ligne (1), car elle « cache » un quantificateur existentiel. On a choisi le terme *b* plutôt que *a* pour faire apparaître un *Gbb* que l'on espère pouvoir bloquer en instanciant la ligne (3). C'est ce qui se produit à la ligne (7).

e)

(1)	$(\exists x)Fx \wedge (\forall x)Gx$		
(2)	$\neg(\exists x)(Fx \wedge Gx)$		
			R∧-(1)
(3)	$(\exists x)Fx$		
(4)	$(\forall x)Gx$		
			R∃-(3)
(5)	Fa		
			R∀-(4)
(6)	Ga		
			R¬∃-(2)
(7)	$\neg(Fa \wedge Ga)$		
			R¬∧-(7)
(8)	$\neg Fa$	$\neg Ga$	
	×	×	

f)

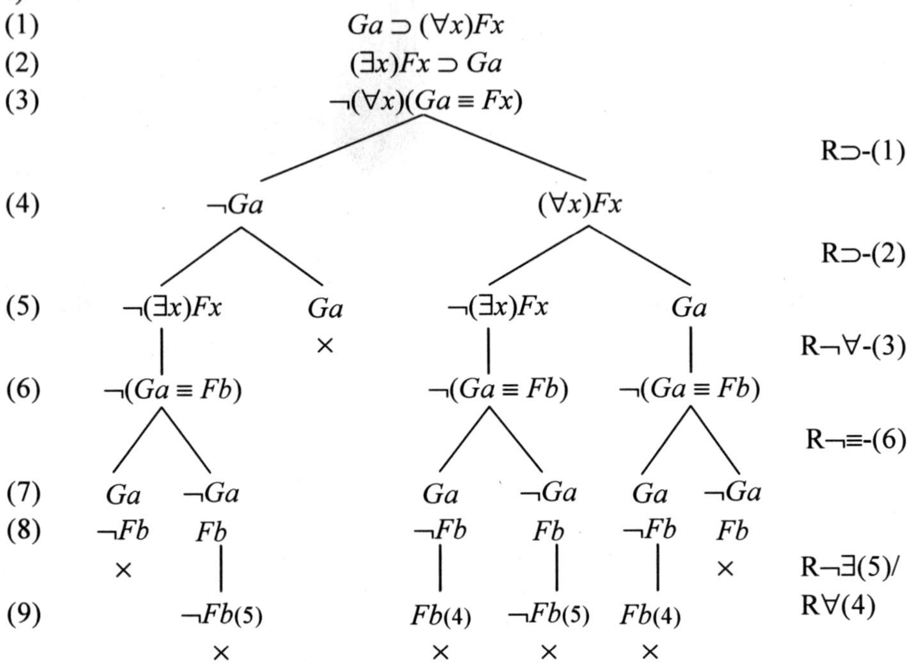
(1) Ga ⊃ (∀x)Fx
(2) (∃x)Fx ⊃ Ga
(3) ¬(∀x)(Ga ≡ Fx)
R⊃-(1)
(4) ¬Ga (∀x)Fx
R⊃-(2)
(5) ¬(∃x)Fx Ga ¬(∃x)Fx Ga
×
R¬∀-(3)
(6) ¬(Ga ≡ Fb) ¬(Ga ≡ Fb) ¬(Ga ≡ Fb)
R¬≡-(6)
(7) Ga ¬Ga Ga ¬Ga Ga ¬Ga
(8) ¬Fb Fb ¬Fb Fb ¬Fb Fb
× ×
R¬∃(5)/
R∀(4)
(9) ¬Fb(5) Fb(4) ¬Fb(5) Fb(4)
× × × ×

g)

(1)	$(\forall x)(Fx \equiv Gx)$		
(2)	$(\forall x)(Hx \equiv Ix)$		
(3)	$(\exists x)(Ix \wedge (\forall y)(Fy \supset Jy))$		
(4)	$\neg((\exists x)(Hx \wedge (\forall y)(Jy \vee \neg Gy)))$		
			R∃-(3)
(5)	$Ia \wedge (\forall y)(Fy \supset Jy)$		
			R∧-(5)
(6)	Ia		
(7)	$(\forall y)(Fy \supset Jy)$		
			R¬∃-(4)
(8)	$\neg(Ha \wedge (\forall y)(Jy \vee \neg Gy))$		
			R¬∧-(8)
(9)	$\neg Ha$	$\neg(\forall y)(Jy \vee \neg Gy)$	
	R∀-(2)		R¬∀-(9)
(10)	$Ha \equiv Ia$	$\neg(Jb \vee \neg Gb)$	
	R≡-(10)		R¬∨-(10)
(11)		$\neg Jb$	
(12)	Ha / $\neg Ha$	$\neg\neg Gb$	
(13)	Ia / $\neg Ia$		R¬¬-(12)
(14)	× / ×	Gb	
			R∀-(1)
(15)		$Fb \equiv Gb$	
			R≡-(15)
(16)		Fb / $\neg Fb$	
(17)		Gb / $\neg Gb$	
		×(branche $\neg Fb$)	R∀-(7)
(18)		$Fb \supset Jb$	
			R⊃-(18)
(19)		$\neg Fb$ / Jb	
		× / ×	

Commentaire sur la tactique : l'étape cruciale est la ligne (8). Nous avions le choix entre instancier (1), (2), (4) ou (7). Pourquoi avoir choisi d'instancier (4) ? La réponse est simple. L'expression de la ligne (4) « cache » un « $\neg\forall$ » qui apparaîtra à la ligne (9) et qui nous forcera à introduire un nouveau terme, *b*. Il faut le faire le plus tôt possible.

EXERCICE 15

a)

(1) Le premier terme dit que tout objet est l'origine d'une flèche.
(2) Le second terme dit qu'il y a un objet qui n'est le but d'aucune flèche.
(3) Le troisième dit qu'aucune flèche ne peut être renversée. On n'a pas :

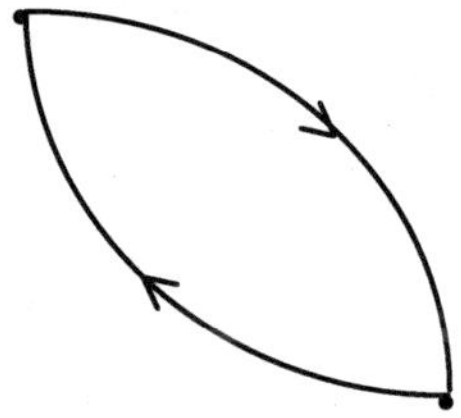

(4) Le quatrième dit que si deux flèches se suivent, alors il y a une troisième flèche qui a pour origine la première et pour but le but de la seconde.

On a partout : si 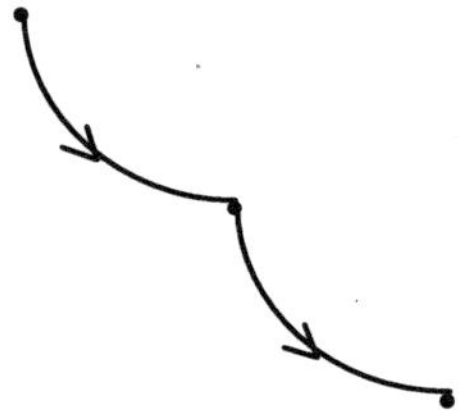 alors 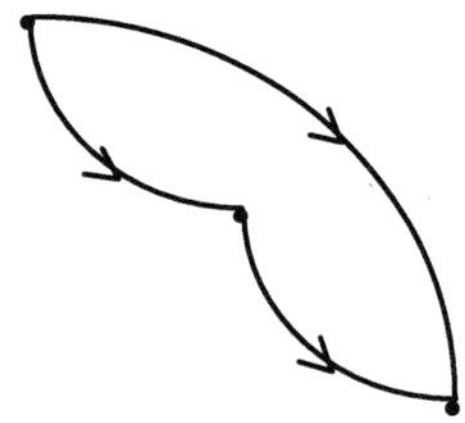

Un tel énoncé n'a pas de modèle fini (non vide). En effet :
(1) et (2) entraînent qu'il y a au moins deux objets :

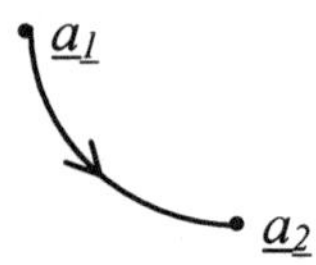

Mais, par (3), ni $\underline{a}_1$, ni $\underline{a}_2$ ne peuvent être le but de la flèche qui a pour origine $\underline{a}_2$. Il faut donc que nous ayons au moins trois objets :

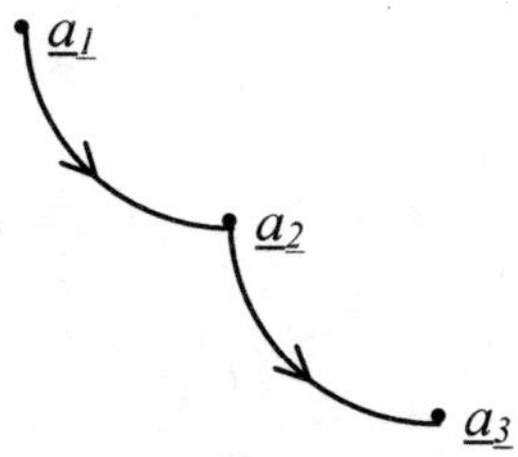

L'ennui, c'est que (4) impose une troisième flèche :

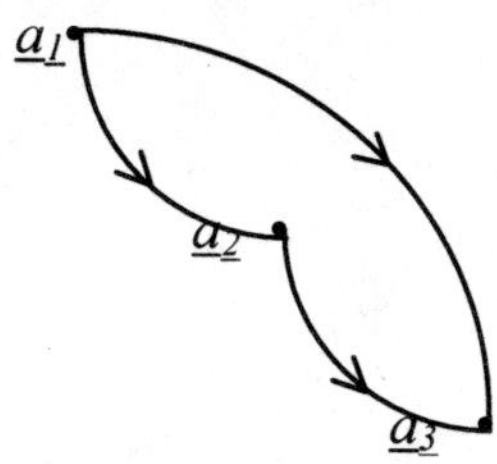

Nous pouvons recommencer le raisonnement. De $\underline{a}_3$ doit partir une flèche. Ni $\underline{a}_1$, ni $\underline{a}_2$, ni $\underline{a}_3$ ne peuvent être le but de cette flèche, etc.

b)

Pourtant l'énoncé admet un modèle. Il suffit d'interpréter *R* comme « être plus petit que » et de prendre l'ensemble des entiers naturels comme domaine. Pour tout nombre, il en existe un second tel que le premier est plus petit que le second ; il existe un nombre plus petit que tous les autres (en fait 0) ; si un nombre est plus petit qu'un autre, alors cet autre n'est pas plus petit que le premier ; enfin, si un premier nombre est plus petit qu'un second et ce second qu'un troisième, alors le premier est plus petit que le troisième. Aucune branche de l'arbre ne peut nous donner un modèle car sur cette branche nous aurions dû introduire autant de termes qu'il y a d'entiers.

CHAPITRE VIII

La déduction naturelle en calcul des prédicats

8.0 Justification intuitive de la méthode

Dans ce chapitre, nous allons étudier la méthode de la déduction naturelle en calcul des prédicats. Elle sera utilisée, comme en calcul des propositions, pour tester la validité d'une forme propositionnelle ou pour vérifier la validité d'un raisonnement.

De même que la méthode des arbres en calcul des prédicats a conservé l'essentiel de la méthode correspondante en calcul des propositions, la méthode de la déduction naturelle en calcul des prédicats utilisera les mêmes règles qu'en calcul des propositions. Il ne reste qu'à décrire des règles pour l'*introduction* et l'*élimination* des quantificateurs.

Commençons par la plus simple et la plus intuitive, l'élimination de « $\forall$ ».

Supposons que $(\forall x)B(x)$ soit une forme propositionnelle close. Nous avons vu, au chapitre 6, que $(\forall x)B(x)$ est une forme satisfaite par une assignation A si et seulement si toute assignation identique à A, sauf peut-être en ce qui concerne la valeur donnée à x, satisfait B. Cela signifie que si nous substituons à x n'importe quel terme a, $B(a)$ devra être vraie car $B(x)$ est satisfaite par l'assignation qui attribue à x la valeur $\underline{a}$. Ces considérations nous suggèrent d'adopter la règle suivante :

Règle $\forall$E

1	A_1
	$\vdots$
n	A_n
	$\vdots$
o	$(\forall x)B(x)$
	$\vdots$
p	$B(a)$ (où a est n'importe quel terme)
	$\vdots$

Nous supposons ici, et dans la suite de ce chapitre, que les occurrences de x dans $B(x)$ qui correspondent aux occurrences de a dans $B(a)$ ne sont pas dans la portée d'un quantificateur existentiel $(\exists x)$ ou universel $(\forall x)$. Nous verrons dans l'exercice 2f) que sans cette restriction, la règle peut générer des déductions invalides.

Le sens de cette règle est limpide : si nous avons réussi à démontrer $(\forall x)B(x)$, alors nous pouvons considérer que $B(a)$ est également démontrée, que $B(b)$ est également démontrée, etc.

En ce qui concerne l'introduction du quantificateur existentiel, la situation est également très simple : si $B(a)$ est satisfaite par une assignation, alors $(\exists x)B(x)$ est satisfaite par la même assignation. Ou encore : si $B(a)$ est vraie, alors $(\exists x)B(x)$ sera vraie également. Cela nous conduit à adopter la règle suivante :

Règle ∃I

1	A_1
	⋮
n	A_n
	⋮
o	$B(a)$
	⋮
p	$(\exists x)B(x)$
	⋮

Ici encore, l'intuition qui a inspiré cette règle est très forte : la meilleure preuve qu'il existe un objet qui possède telle ou telle propriété est encore de produire un objet qui possède cette propriété.

Si les deux règles que nous venons de décrire ne font pas problème, c'est qu'elles correspondent à un processus d'inférence où l'on passe d'un certain état d'information à un état d'information moindre, en quelque sorte contenu dans le premier. Les passages de $(\forall x)B(x)$ à $B(a)$ ou de $B(a)$ à $(\exists x)B(x)$ correspondent à une diminution de l'information. Si nous savons que tous les objets sont des *B*, nous en savons plus que si nous savons que *a* est un *B* ; si nous savons que *a* est un *B*, nous en savons plus que si nous savons qu'il y a un objet qui est un *B*.

Les règles d'introduction du quantificateur universel et d'élimination du quantificateur existentiel devront correspondre à un mouvement inverse. Or cette inversion ne va pas de soi et les règles d'introduction de « ∀ » et d'élimination de « ∃ » devront être beaucoup plus subtiles.

Commençons par l'introduction de ∀. La règle qui vient à l'esprit est :

1 | A_1
  | ⋮
n | A_n
  |―――――
  | ⋮
o | $B(a_1)$
  | ⋮
p | $B(a_m)$
  | ⋮
q | $(\forall x)B(x)$
  | ⋮ (où $a_1, \ldots, a_m$ est la liste de *tous* les termes)

Intuitivement, si nous avons réussi à démontrer $B(a_1)$ et $B(a_2)$ et ..., alors nous pouvons conclure que $(\forall x)B(x)$.

Une telle règle est inutilisable si le domaine n'est pas fini. Il nous faut trouver autre chose. L'astuce qui va nous aider à résoudre notre problème est bien connue de tous ceux qui ont fait de l'algèbre élémentaire : lorsqu'on veut montrer qu'une certaine propriété est vraie de tous les objets d'un domaine, on montre simplement que cette propriété est vraie d'un objet quelconque, c'est-à-dire d'un objet auquel on n'attribue *a priori* aucune propriété particulière. Le raisonnement est ensuite très simple. Si B est vraie d'un terme quelconque, elle est vraie de n'importe quel terme.

Comment exprimer qu'un objet n'a aucune propriété particulière ? La réponse est simple. Considérons la règle suivante :

Règle ∀I

1 | A_1
  | ⋮
n | A_n
  |―――――
  | ⋮
o | $B(a)$ ← Si nous avons réussi à montrer $B(a)$,
  | ⋮
p | $(\forall x)B(x)$ ← nous pouvons écrire $(\forall x)Bx$ à la condition que a n'apparaisse ni dans $A_1, \ldots, A_n$, ni dans $(\forall x)Bx$.
  | ⋮

Ce que la règle nous dit, c'est que l'on peut passer du fait qu'un objet quelconque possède une propriété au fait que tout objet possède cette propriété.

Autrement dit, si nous avons réussi, à partir de $A_1, \ldots, A_n$, à montrer $B(a)$ et que a n'apparaît pas dans les prémisses, nous aurions tout simplement pu montrer $B(b)$, $B(c)$, ..., $B(a_n)$, ..., c'est-à-dire montrer que B est vraie d'un a quelconque.

La seconde restriction, soit que a ne doit pas apparaître dans B, est justifiée par le fait que nous devons partout remplacer a par x. Pour nous convaincre de la nécessité d'une telle restriction, il suffit d'examiner l'exemple suivant. Supposons que nous ayons réussi à montrer que Paa pour un a quelconque. D'après la règle, nous pouvons conclure que $(\forall x)Pxx$, mais non que $(\forall x)Pax$ (penser à $(\forall x)(x \leq x)$ et à $(\forall x)(2 \leq x)$).

Venons-en à l'élimination du quantificateur existentiel. De même que le quantificateur universel ressemble à une conjonction généralisée, c'est-à-dire que, si $(\forall x)A(x)$ est vraie, alors $A(a_1)$ et $A(a_2)$ et ... et $A(a_n)$ sont vraies, le quantificateur existentiel, lui, ressemble à une disjonction généralisée. Rappelons la règle $\vee$E :

1	A_1	
	⋮	
n	A_n	
	⋮	
o	$A \vee B$	
	⋮	
p		A
		⋮
q		C
	⋮	
r		B
		⋮
s		C
	⋮	
t	C	
	⋮	

que l'on peut interpréter de la façon suivante : si nous avons réussi à montrer $A \vee B$, à montrer que C découle de A et à montrer que C découle de B, alors nous avons une preuve que C. Adaptée au quantificateur existentiel, nous aurions la règle suivante, malheureusement elle aussi inutilisable.

1	A_1	
	⋮	
n	A_n	
	⋮	
o	$(\exists x)Bx$	
	⋮	
p	$\quad B(a_1)$	(où a_1, ..., a_n constitue la liste de *tous* les termes)
	$\quad$ ⋮	
q	$\quad C$	
	⋮	
r	$\quad B(a_n)$	
	$\quad$ ⋮	
s	$\quad C$	
	⋮	
t	C	
	⋮	

Autrement dit, si nous avons montré $(\exists x)B(x)$ et que nous avons montré que C découle de l'hypothèse que $B(a_1)$, ..., et que C découle de l'hypothèse que $B(a_n)$, ..., alors nous avons montré C.

On aura deviné comment contourner la difficulté :

1	A_1	
	⋮	
n	A_n	
	⋮	
o	$(\exists x)B(x)$	← Si nous avons montré $(\exists x)B(x)$,
	⋮	
p	$\quad B(a)$	← si nous avons montré que C découle de $B(a)$ et à la condition que a n'apparaisse ni dans A_1, ..., A_n ni dans $(\exists x)B(x)$, ni dans C,
	$\quad$ ⋮	
q	$\quad C$	
	C	← alors nous pouvons conclure que C.
	⋮	

Intuitivement, si nous pouvons montrer qu'il y a un x qui est B, et que de l'hypothèse qu'un certain a (quelconque) est un B, nous pouvons montrer C (où a n'apparaît pas), alors nous avons montré C.

Parlons maintenant tactique.

8.1 Quelques conseils tactiques

La meilleure façon de procéder est encore de travailler sur quelques exemples.

Montrons que $\vdash (\forall x)Px \supset (\exists x)Px$.

Tout d'abord, nous devons arriver à la conclusion sans prémisse.

$$\begin{array}{|l} \\ \vdots \\ (\forall x)Px \supset (\exists x)Px \end{array}$$

Ensuite, le connecteur principal étant $\supset$, nous devons montrer que $(\exists x)Px$ découle de $(\forall x)Px$.

$$\begin{array}{r|l} 1 & \quad \begin{array}{|l} (\forall x)Px \\ \hline \\ (\exists x)Px \end{array} \\ & (\forall x)Px \supset (\exists x)Px \end{array}$$

Finalement, nous pouvons compléter la déduction.

$$\begin{array}{r|ll} 1 & \quad \begin{array}{|l} (\forall x)Px \\ \hline (\forall x)Px \\ Pa \\ (\exists x)Px \end{array} & \begin{array}{l} \text{H} \\ \text{R-1} \\ \forall\text{E-2} \\ \exists\text{I-3} \end{array} \\ 5 & (\forall x)Px \supset (\exists x)Px & \supset\text{I-1, 4} \end{array}$$

(lignes 1 à 4 : $(\forall x)Px$ H ; $(\forall x)Px$ R-1 ; Pa $\forall$E-2 ; $(\exists x)Px$ $\exists$I-3)

L'exemple suivant est légèrement plus difficile :

$$(\forall x)(Hx \supset Mx),\ (\exists x)(Gx \wedge Hx) \vdash (\exists x)(Gx \wedge Mx).$$

On aura reconnu le syllogisme : « Tous les hommes sont mortels. Or certains Grecs sont des hommes. Donc certains Grecs sont mortels ».

1	$(\forall x)(Hx \supset Mx)$		H
2	$(\exists x)(Gx \wedge Hx)$		H
3	$(\exists x)(Gx \wedge Hx)$		R-2
4		$Ga \wedge Ha$	H
5		$(\forall x)(Hx \supset Mx)$	R-1
6		$Ha \supset Ma$	$\forall$E-5
7		$Ga \wedge Ha$	R-4
8		Ha	$\wedge$E-7
9		Ga	$\wedge$E-7
10		Ma	$\supset$E-8, 6
11		$Ga \wedge Ma$	$\wedge$I-9, 10
12		$(\exists x)(Gx \wedge Mx)$	$\exists$I-11
13	$(\exists x)(Gx \wedge Mx)$		$\exists$E-3, 4, 12

À la ligne 13, $\exists$E peut être utilisé car a n'apparaît dans aucune des prémisses, ni dans $(\exists x)(Gx \wedge Hx)$, ni dans $(\exists x)(Gx \wedge Mx)$.

Voici un autre exemple : $\vdash \neg(\forall x)\neg Ax \supset (\exists x)Ax$

1		$\neg(\forall x)\neg Ax$			H
2			$\neg(\exists x)Ax$		H
3				Aa	H
4				Aa	R-3
5				$(\exists x)Ax$	$\exists$I-4
6				$\neg(\exists x)Ax$	R-2
7			$\neg Aa$		$\neg$I-3, 5, 6
8			$(\forall x)\neg Ax$		$\forall$I-7
9			$\neg(\forall x)\neg Ax$		R-1
10		$\neg\neg(\exists x)Ax$			$\neg$I-2, 8, 9
11		$(\exists x)Ax$			$\neg$E-10
12	$\neg(\forall x)\neg Ax \supset (\exists x)Ax$				$\supset$I-1, 11

Commentaire : à la ligne 8, nous pouvons introduire $(\forall x)\neg Ax$, car le a de la ligne 7 n'apparaît dans aucune des deux prémisses $\neg(\forall x)\neg Ax$ et $\neg(\exists x)Ax$ (bien qu'il apparaisse dans la sous-dérivation 3-6).

Les énoncés suivants expriment des propriétés intéressantes des quantificateurs.

(i) Commutativité de $\forall$: $\vdash (\forall x)(\forall y)Pxy \supset (\forall y)(\forall x)Pxy$

1	$(\forall x)(\forall y)Pxy$	H
2	$(\forall x)(\forall y)Pxy$	R-1
3	$(\forall y)Pay$	$\forall$E-2
4	Pab	$\forall$E-3
5	$(\forall x)Pxb$	$\forall$I-4
6	$(\forall y)(\forall x)Pxy$	$\forall$I-5
7	$(\forall x)(\forall y)Pxy \supset (\forall y)(\forall x)Pxy$	$\supset$I-1, 6

(ii) Commutativité de $\exists$: $\vdash (\exists x)(\exists y)Pxy \supset (\exists y)(\exists x)Pxy$

1	$(\exists x)(\exists y)Pxy$	H
2	$(\exists y)Pay$	H
3	Pab	H
4	Pab	R-3
5	$(\exists x)Pxb$	$\exists$I-4
6	$(\exists y)(\exists x)Pxy$	$\exists$I-5
7	$(\exists y)(\exists x)Pxy$	$\exists$E-2, 3, 6
8	$(\exists y)(\exists x)Pxy$	$\exists$E-1, 2, 7
9	$(\exists x)(\exists y)Pxy \supset (\exists y)(\exists x)Pxy$	$\supset$I-1, 8

Attention : Si les $\forall$ commutent entre eux et les $\exists$ entre eux, les $\forall$ et $\exists$ ne commutent pas entre eux.

(iii) Distributivité de $\forall$ sur $\wedge$: $\vdash\ (\forall x)(Ax \wedge Bx) \equiv ((\forall x)Ax \wedge (\forall x)Bx)$

1	$\quad\vert\ (\forall x)(Ax \wedge Bx)$	H
2	$\quad\vert\ (\forall x)(Ax \wedge Bx)$	R-1
3	$\quad\vert\ Aa \wedge Ba$	$\forall$E-2
4	$\quad\vert\ Aa$	$\wedge$E-3
5	$\quad\vert\ Ba$	$\wedge$E-3
6	$\quad\vert\ (\forall x)Ax$	$\forall$I-4
7	$\quad\vert\ (\forall x)Bx$	$\forall$I-5
8	$\quad\vert\ (\forall x)Ax \wedge (\forall x)Bx$	$\wedge$I-6, 7
9	$\quad\vert\ (\forall x)Ax \wedge (\forall x)Bx$	H
10	$\quad\vert\ (\forall x)Ax \wedge (\forall x)Bx$	R-9
11	$\quad\vert\ (\forall x)Ax$	$\wedge$E-10
12	$\quad\vert\ (\forall x)Bx$	$\wedge$E-10
13	$\quad\vert\ Aa$	$\forall$E-11
14	$\quad\vert\ Ba$	$\forall$E-12
15	$\quad\vert\ Aa \wedge Ba$	$\wedge$I-13, 14
16	$\quad\vert\ (\forall x)(Ax \wedge Bx)$	$\forall$I-15
17	$((\forall x)Ax \wedge (\forall x)Bx) \equiv (\forall x)(Ax \wedge Bx)$	$\equiv$I-1, 8, 9, 16

Cette propriété est tout à fait naturelle : s'il est vrai de tout objet qu'il possède la conjonction de propriétés *A* et *B*, alors il est vrai de tout objet qu'il possède la propriété *A* et de tout objet qu'il possède la propriété *B*.

(iv) Distributivité de $\exists$ sur $\vee$: $\vdash (\exists x)(Ax \vee Bx) \equiv ((\exists x)Ax \vee (\exists x)Bx)$

1	$(\exists x)(Ax \vee Bx)$	H
2	$(\exists x)(Ax \vee Bx)$	R-1
3	$Aa \vee Ba$	H
4	$Aa \vee Ba$	R-3
5	Aa	H
6	Aa	R-5
7	$(\exists x)Ax$	∃I-6
8	$(\exists x)Ax \vee (\exists x)Bx$	∨I-7
9	Ba	H
10	Ba	R-9
11	$(\exists x)Bx$	∃I-10
12	$(\exists x)Ax \vee (\exists x)Bx$	∨I-11
13	$(\exists x)Ax \vee (\exists x)Bx$	∨E-4, 5, 8, 9, 12
14	$(\exists x)Ax \vee (\exists x)Bx$	∃E-2, 3, 13
15	$(\exists x)Ax \vee (\exists x)Bx$	H
16	$(\exists x)Ax \vee (\exists x)Bx$	R-15
17	$(\exists x)Ax$	H
18	Aa	H
19	Aa	R-18
20	$Aa \vee Ba$	∨I-19
21	$(\exists x)(Ax \vee Bx)$	∃I-20
22	$(\exists x)(Ax \vee Bx)$	∃E-17, 18, 21
23	$(\exists x)Bx$	H
24	Ba	H
25	Ba	R-24
26	$Aa \vee Ba$	∨I-25
27	$(\exists x)(Ax \vee Bx)$	∃I-26
28	$(\exists x)(Ax \vee Bx)$	∃E-23, 24, 27
29	$(\exists x)(Ax \vee Bx)$	∨E-16, 17, 22, 23, 28
30	$(\exists x)(Ax \vee Bx) \equiv ((\exists x)Ax \vee (\exists x)Bx)$	≡I-1, 14, 15, 29

Comme pour la distributivité de $\forall$ sur $\wedge$, la distributivité de $\exists$ sur $\vee$ était attendue : s'il y a un objet qui possède la propriété d'être un *A* ou un *B*, alors il y a un objet qui possède la propriété d'être un *A* ou il y a un objet qui possède la propriété d'être un *B*.

> **Attention :** $\forall$ se distribue sur $\wedge$ et $\exists$ sur $\vee$, mais $\forall$ ne se distribue pas sur $\vee$ ni $\exists$ sur $\wedge$.

(Contre-)exemples :
Toute chose brille ou ne brille pas. (Vrai)
Toute chose brille ou aucune chose ne brille[1]. (Faux)
Il y a des choses qui brillent et des choses qui ne brillent pas. (Vrai)
Il y a des choses qui brillent et qui ne brillent pas. (Faux)

EXERCICE 1

Montrez que :

a) $\vdash (\forall x)\neg Ax \supset (\forall x)(Ax \supset Bx)$
b) $\vdash (\exists x)(Ax \supset Bx) \supset ((\forall x)Ax \supset (\exists x)Bx)$

Cette méthode est un peu lourde. Heureusement, il est possible de la simplifier.

Réexaminons les règles :

La règle $\exists$E

1	A_1		
	⋮		
n	A_n		
	⋮		
o	$(\exists x)Bx$		← Si nous avons montré $(\exists x)Bx$,
	⋮		
p		$B(a)$	← si nous avons montré que C découle de $B(a)$ et à la condition que a n'apparaisse ni dans $A_1, \ldots, A_n$ ni dans $(\exists x)B(x)$, ni dans C,
		⋮	
q		C	
	C		← alors nous pouvons conclure que C.
	⋮		

[1] Ici, on ne peut pas traduire la disjonction par « Toute chose brille ou toute chose ne brille pas », car la forme logique de cette phrase est $((\forall x)Px \vee \neg(\forall x)Px)$, qui est valide.

Remplaçons-la par la règle suivante, beaucoup plus simple :

La règle ∃E*

1	A_1	
	⋮	
n	A_n	
	⋮	
o	$(\exists x)B(x)$	
	⋮	à la condition que a n'apparaisse ni dans A_1,
p	$B(a)$	..., A_n, ni dans $(\exists x)B(x)$, ni dans une ligne
	⋮	obtenue par une application préalable de ∃E*

L'idée est simple : on peut court-circuiter la sous-dérivation, à la condition que le terme introduit soit vraiment quelconque, c'est-à-dire qu'il soit étranger aux prémisses *et* aux formes propositionnelles déjà introduites par ∃E*.

Il faut également modifier la règle ∀I de manière à ne pas l'appliquer à une expression obtenue à partir de la règle ∃E*.

La règle ∀I*

1	A_1	
	⋮	
n	A_n	
	⋮	
o	$B(a)$	
	⋮	à la condition que a n'apparaisse ni dans A_1,
p	$(\forall x)B(x)$	..., A_n, ni dans $(\forall x)B(x)$, ni dans une ligne
	⋮	obtenue par une application préalable de ∃E*

Examinons l'exemple suivant :

Montrons que $(\exists x)Ax \vdash \neg(\forall x)\neg Ax$.

1	$(\exists x)Ax$		H
2		$(\forall x)\neg Ax$	H
3		$(\exists x)Ax$	R-1
4		Aa	∃E*-3
5		$(\forall x)\neg Ax$	R-2
6		$\neg Aa$	∀E-5
7	$\neg(\forall x)\neg Ax$		¬I-2, 4, 6

Les multiples restrictions que nous avons introduites sont essentielles, car leur violation permet de dériver des énoncés non valides, ainsi que le montre le prochain exercice.

EXERCICE 2✧

Aucune des dérivations suivantes n'est valide. Pour chacune d'elles, exprimez, en langue naturelle, un sophisme qui lui soit associé. Identifiez ensuite l'erreur dans la dérivation.

a) $(\exists x)Ax \vdash (\forall x)Ax$

b) $(\forall x)Pxx \vdash (\exists x)(\forall y)Pxy$

c) $(\forall y)(\exists x)Pxy \vdash (\exists x)(\forall y)Pxy$

d) $(\exists x)Px \wedge (\exists x)Qx \vdash (\exists x)(Px \wedge Qx)$

e) $(\forall x)(\exists y)Pxy \vdash (\forall x)\mathrm{Pxx}$

f) $(\forall y)(\exists x)Fxy \vdash (\forall x)(\exists x)Fxx$

a)	1	$(\exists x)Ax$	H
	2	$(\exists x)Ax$	R-1
	3	Aa	∃E*-2
	4	$(\forall x)Ax$	∀I*-3

b)	1	$(\forall x)Pxx$	H
	2	$(\forall x)Pxx$	R-1
	3	Paa	∀E-2
	4	$(\forall y)Pay$	∀I*-3
	5	$(\exists x)(\forall y)Pxy$	∃I-4

c)	1	$(\forall y)(\exists x)Pxy$	H
	2	$(\forall y)(\exists x)Pxy$	R-1
	3	$(\exists x)Pxa$	∀E-2
	4	Pba	∃E*-3
	5	$(\forall y)Pby$	∀I*-4
	6	$(\exists x)(\forall y)Pxy$	∃I-5

d)	1	$(\exists x)Px \wedge (\exists x)Qx$	H
	2	$(\exists x)Px \wedge (\exists x)Qx$	R-1
	3	$(\exists x)Px$	∧E-2
	4	$(\exists x)Qx$	∧E-2
	5	Pa	∃E*-3
	6	Qa	∃E*-4
	7	$Pa \wedge Qa$	∧I-5, 6
	8	$(\exists x)(Px \wedge Qx)$	∃I-7

e)	1	$(\forall x)(\exists y)Pxy$	H
	2	$(\forall x)(\exists y)Pxy$	R-1
	3	$(\exists y)Pay$	∀E-2
	4	Paa	∃E*-3
	5	$(\forall x)Pxx$	∀I*-4

f)	1	$(\forall y)(\exists x)Fxy$	H
	2	$(\forall y)(\exists x)Fxy$	R-1
	3	$(\exists x)Fxa$	∀E-2
	4	$(\forall x)(\exists x)Fxx$	∀I-3

EXERCICE 3✢

Traduisez les raisonnements suivants en calcul des prédicats du premier ordre et vérifiez-en la validité par la méthode de la déduction naturelle.

a) Les appartements à prix modique sont rares. Les choses rares ne sont pas à prix modique. Donc il n'y a pas d'appartements à prix modique.
   Ax : x est un appartement.
   Mx : x est à prix modique.
   Rx : x est rare.

b) Ceux qui croient ce que disent les astrologues sont stupides. Mais ceux qui sont sincères croient ce qu'ils disent. Donc les astrologues sincères sont stupides.
   Ax : x est un astrologue.
   Cxy : x croit ce que dit *y*.
   Dx : x est stupide.
   Sx : x est sincère.

c) Si la vie n'a pas de sens, rien n'a de sens. Mais philosopher a un sens. Donc la vie a un sens.
   Sx : x a un sens.
   p : philosopher
   v : la vie

d) Les amis de mes amis sont mes amis. Comme l'amitié est réciproque et que j'ai au moins un ami, je suis mon propre ami.
   Axy : y est l'ami de *x*.
   m : moi

e) Il y a des Québécois qui sont racistes envers quiconque est de même ethnie que ceux qui ont fait du tort à un Québécois. Tous les Québécois sont de la même ethnie et pourtant certains Québécois font du tort à d'autres Québécois. Donc certains Québécois sont racistes envers eux-mêmes.

Qx : x est un Québécois.
Rxy : x est raciste envers *y*.
Txy : x fait du tort à *y*.
Exy : x est de la même ethnie que *y*.

8.2 Une heuristique

Est-il possible de développer, comme pour le calcul des propositions, une heuristique efficace pour faire des preuves en calcul des prédicats ? Si nous entendons par « efficace » une procédure qui permet de faire une preuve si cette preuve existe et qui montre qu'il n'y a pas de preuve le cas échéant, la réponse est, bien entendu, non : la question de la validité en calcul des prédicats est indécidable. Nous pouvons cependant donner une heuristique relativement efficace (surtout pour le calcul monadique qui, lui, est décidable).

Il ne faut surtout pas suivre les diverses étapes de l'heuristique dans un ordre canonique! Le résultat serait le même, mais la dérivation trop longue.

Les étapes de l'heuristique sont les suivantes.

On commence d'abord par appliquer l'heuristique du calcul propositionnel à la conclusion en traitant les connecteurs qui ne sont pas dans la portée d'un quantificateur. On considère ensuite les quatre cas de figures possibles :

a) La conclusion est de la forme

1) $(\forall x)Bx$
2) $(\exists x)Bx$
3) $\neg(\forall x)Bx$
4) $\neg(\exists x)Bx$

1) On tente de dériver *Aa* et on utilise ∀I.

2) Il y a deux possibilités.

On tente de dériver *Aa* et on utilise ∃I. Cette possibilité donne une preuve plus courte, mais n'est pas toujours applicable.

La seconde possibilité, qui fonctionne toujours, consiste à ouvrir une sous-dérivation avec $\neg(\exists x)Bx$ et on essaie de dériver une contradiction. Remarquez que s'il existe une dérivation directe selon la première possibilité, il en existe une dans la seconde. En effet, supposons qu'il existe une dérivation,

A_1
⋮
A_n
⋮
Ba
⋮
$(\exists x)Bx$

alors il existe une dérivation

A_1
⋮
A_n
  $\neg(\exists x)Bx$
  Ba
  ⋮
  $(\exists x)Bx$
  $\neg(\exists x)Bx$
$\neg\neg(\exists x)Bx$
$(\exists x)Bx$

3) On ouvre une sous-dérivation avec $(\forall x)Bx$.

4) On ouvre une sous-dérivation avec $(\exists x)Bx$.

On applique ensuite l'algorithme pour le calcul propositionnel concernant la prémisse. Ensuite, il y a quatre cas possibles.

b) Une prémisse a la forme

1) $(\forall x)Ax$
2) $(\exists x)Ax$
3) $\neg(\forall x)Ax$
4) $\neg(\exists x)Ax$

1) On utilise ∀E* et on écrit Aa.

2) On utilise ∃E et on écrit Aa.

3) Ce cas et le suivant sont un peu plus complexes. Nous allons supposer que Ax est, dans l'ordre, de la forme

i. $Cx \wedge Dx$
ii. $Cx \vee Dx$
iii. $Cx \supset Dx$
iv. $Cx \equiv Dx$

Pour tous ces cas et les suivants, la seule manière de tirer de l'information de la prémisse est de dériver une contradiction. Examinons-les tour à tour.

i. La prémisse est de la forme $\neg(\exists x)(Cx \wedge Dx)$. On ouvre une sous-dérivation avec $Ca \wedge Da$ comme prémisse et on dérive $\neg(Ca \wedge Da)$.

ii. La prémisse est de la forme $\neg(\exists x)(Cx \wedge Dx)$. On tente de dériver $Ca \supset Da$.

iii. La prémisse est de la forme $\neg(\exists x)(Cx \supset Dx)$. On tente de dériver $Ca \supset Da$.

iv. La prémisse est de la forme $\neg(\exists x)(Cx \equiv Dx)$. On tente de dériver $Ca \supset Da$ et $Da \supset Ca$.

4) Ce quatrième cas se traite de la même manière qu'en 3).

Exemples : $(\forall x)(Px \supset Qx), (\forall x)\neg Qx \vdash \neg(\exists x)Px$

La conclusion étant une négation et les deux prémisses commençant par un quantificateur universel, l'heuristique nous dicte la dérivation suivante.

1	$(\forall x)(Px \supset Qx)$		H
2	$(\forall x)\neg Qx$		H
3		$(\exists x)Px$	H
4		$(\exists x)Px$	R-3
5		Pa	∃E*-4
6		$(\forall x)(Px \supset Qx)$	R-1
7		$Pa \supset Qa$	∀E-6
8		Qa	⊃E-5, 7
9		$(\forall x)\neg Qx$	R-2
10		$\neg Qa$	∀E-9
11	$\neg(\exists x)Px$		¬I-3, 8, 10

La seule difficulté ici est de penser à instancier le quantificateur existentiel (lignes 4-5) avant les universels (lignes 6-7 et 9-10).

Voici un exemple légèrement plus complexe :

$$\neg(\forall x)(Px \supset Qx) \vdash (\exists x)(Px \wedge \neg Qx)$$

La prémisse étant une négation de quantificateur universel, il faut dériver une contradiction.

1	$\neg(\forall x)(Px \supset Qx)$	H
2	| $\neg(\exists x)(Px \wedge \neg Qx)$	H
3	| | Pa	H
4	| | | $\neg Qa$	H
5	| | | Pa	R-3
6	| | | $\neg Qa$	R-4
7	| | | $Pa \wedge \neg Qa$	$\wedge$I-5, 6
8	| | | $(\exists x)(Px \wedge \neg Qx)$	$\exists$I-7
9	| | | $\neg(\exists x)(Px \wedge \neg Qx)$	R-2
10	| | $\neg\neg Qa$	$\neg$I-4, 8, 9
11	| | Qa	$\neg$E-10
12	| $Pa \supset Qa$	$\supset$I-3, 11
13	| $(\forall x)(Px \supset Qx)$	$\forall$I*-12
14	| $\neg(\forall x)(Px \supset Qx)$	R-1
15	$\neg\neg(\exists x)(Px \wedge \neg Qx)$	$\neg$I-2, 13, 14
16	$(\exists x)(Px \wedge \neg Qx)$	$\neg$E-15

La sous-dérivation des lignes 3-11 est commandée par le fait que la prémisse est $\neg(\forall x)(Px \supset Qx)$.

Voici un autre exemple : $(\forall x)(Qa \supset Px) \vdash Qa \supset (\forall x)Px$.

La conclusion est un « $\supset$ » et la prémisse commence par un quantificateur universel.

1	$(\forall x)(Qa \supset Px)$	H
2	| Qa	H
3	| Qa	R-2
4	| $(\forall x)(Qa \supset Px)$	R-1
5	| $Qa \supset Pb$	$\forall$E-4
6	| Pb	$\supset$E-3, 5
7	| $(\forall x)Px$	$\forall$I-6
8	$Qa \supset (\forall x)Px$	$\supset$I-2, 7

Cette loi logique affirme simplement que le quantificateur universel, qui portait sur une implication, peut être reporté sur le conséquent lorsque la variable n'apparaît pas dans l'antécédent.

La réciproque est également vraie mais plus complexe à montrer :

$$Qa \supset (\forall x)Px \vdash (\forall x)(Qa \supset Px)$$

Ici la prémisse est un « ⊃ » et la conclusion commence par un quantificateur universel.

1	$Qa \supset (\forall x)Px$	H
2	$\qquad Qa$	H
3	$\qquad Qa \supset (\forall x)Px$	R-1
4	$\qquad Qa$	R-2
5	$\qquad (\forall x)Px$	⊃E-4, 3
6	$\qquad Pb$	∀E-5
7	$Qa \supset Pb$	⊃I-2, 6
8	$(\forall x)(Qa \supset Px)$	∀I*-7

Voici un exemple avec ∧ et ∨ :

$(\forall x)(Px \vee Qx) \vdash \neg(\exists x)(\neg Px \wedge \neg Qx)$.

1	$(\forall x)(Px \vee Qx)$	H
2	$\qquad (\exists x)(\neg Px \wedge \neg Qx)$	H
3	$\qquad (\exists x)(\neg Px \wedge \neg Qx)$	R-2
4	$\qquad \neg Pa \wedge \neg Qa$	∃E*-3
5	$\qquad (\forall x)(Px \vee Qx)$	R-1
6	$\qquad Pa \vee Qa$	∀E-5
7	$\qquad\qquad Pa$	H
8	$\qquad\qquad Pa$	R-7
9	$\qquad\qquad Qa$	H
10	$\qquad\qquad\qquad \neg Pa$	H
11	$\qquad\qquad\qquad \neg Pa \wedge \neg Qa$	R-4
12	$\qquad\qquad\qquad \neg Qa$	∧E-11
13	$\qquad\qquad\qquad Qa$	R-9
14	$\qquad\qquad \neg\neg Pa$	¬I-10, 12, 13
15	$\qquad\qquad Pa$	¬E-14
16	$\qquad Pa$	∨E-6, 7, 8, 9, 15
17	$\qquad \neg Pa$	∧E-4
18	$\neg(\exists x)(\neg Px \wedge \neg Qx)$	¬I-2, 16, 17

Enfin un exemple avec « ≡ » : $(\forall x)(Px \equiv Qx) \vdash (\forall x)(\neg Px \equiv \neg Qx)$

1	$(\forall x)(Px \equiv Qx)$	H
2	$(\forall x)(Px \equiv Qx)$	R-1
3	$Pa \equiv Qa$	∀E-2
4	│ $\neg Pa$	H
5	│ │ Qa	H
6	│ │ Qa	R-5
7	│ │ $Pa \equiv Qa$	R-3
8	│ │ Pa	≡E-6, 7
9	│ │ $\neg Pa$	R-4
10	│ $\neg Qa$	¬I- 5, 8, 9
11	│ $\neg Qa$	H
12	│ │ Pa	H
13	│ │ Pa	R-12
14	│ │ $Pa \equiv Qa$	R-3
15	│ │ Qa	≡E-13, 14
16	│ │ $\neg Qa$	R-11
17	│ $\neg Pa$	¬I-12, 15, 16
18	$\neg Pa \equiv \neg Qa$	≡I-4, 10, 11, 17
19	$(\forall x)(\neg Px \equiv \neg Qx)$	∀I*-18

Execice 4

Montrez que les déductions suivantes sont valides.

a) ✢ $(\forall x)Px \supset Qa \vdash (\exists x)(Px \supset Qa)$

b) $(\exists x)(Px \supset Qa) \vdash (\forall x)Px \supset Qa$

c) $(\exists x)Px \supset Qa \vdash (\forall x)(Px \supset Qa)$

d) ✢ $(\forall x)(Px \supset Qa) \vdash (\exists x)Px \supset Qa$

Exercice 5

Montrez que les déductions suivantes sont valides.

a) $(\exists x)(Px \supset Qx) \vdash (\forall x)Px \supset (\exists x)Qx$

b) ✢ $(\exists x)\neg Px \vdash (\exists x)(Px \supset Qx)$

c) $\neg(\exists x)Px \vdash (\forall x)\neg Px$

d) $(\forall x)Px \vdash \neg(\exists x)\neg Px$

e) ✢ $\neg(\forall x)Px \vdash (\exists x)\neg Px$

f) $(\forall x)(Px \supset Qx), \neg(\exists x)Qx \vdash \neg(\exists x)Px$
g) $\neg(\exists x)Px \vdash (\forall x)(Px \supset Qx)$
h) $(\exists x)\neg Qx, (\forall x)Px \vdash \neg(\forall x)(Px \supset Qx)$
i) $^{*} \vdash (\exists x)(Px \supset (\forall x)Px)$
j) $(\forall x)(Px \supset Qx) \vdash (\exists x)Px \supset (\exists x)Qx$
k) $\vdash (\forall x)\neg(\neg Px \wedge Px)$
l) $(\forall x)(Px \equiv (\forall x)Qx) \vdash (\forall x)Px \vee (\forall x)\neg Px$
m) $\neg(\exists x)(\neg Px \wedge \neg Qx) \vdash (\forall x)(Px \vee Qx)$
n) $^{*} \neg(\forall x)(\neg Px \wedge \neg Qx) \vdash (\exists x)(Px \vee Qx)$
o) $(\exists x)(Px \vee Qx) \vdash \neg(\forall x)(\neg Px \wedge \neg Qx)$
p) $(\exists x)(Px \supset Qx) \vdash \neg(\forall x)(Px \wedge \neg Qx)$
q) $\neg(\forall x)(Px \wedge Qx) \vdash (\exists x)(Px \supset \neg Qx)$
r) $^{*} \vdash (\exists x)(Px \supset (\forall x)Px)$
s) $^{*} \vdash (\exists x)Px \vee (\forall x)\neg Px$
t) $(\exists x)Px \supset (\forall x)Qx \vdash (\exists x)(Px \supset Qx)$
u) $(\exists x)Px \supset (\exists x)Qx \vdash (\exists x)(Px \supset Qx)$
v) $^{*} (\forall x)Ax \supset (\exists x)Bx \vdash (\exists x)(Ax \supset Bx)$

Terminons par quelques mots sur la stratégie à suivre pour le calcul polyadique.

Une stratégie qui fonctionne relativement bien consiste à appliquer l'heuristique précédente autant que possible. Une autre stratégie qui fonctionne bien consiste à « éliminer » les négations devant les formules qui commencent par $\neg\exists$ ou $\neg\forall$ en utilisant la transformation standard déjà faite en exercice : $\neg(\exists x)A(x) \rightarrow (\forall x)\neg A(x)$ et $\neg(\forall x)A(x) \rightarrow (\exists x)\neg A(x)$. Cette tactique, qui fonctionne également en calcul monadique, est malheureusement très lourde et ne s'applique pas aux cas complexes.

Exemple : $\neg(\forall x)(\exists y)Pxy \vdash (\exists x)(\forall y)\neg Pxy$.

1	$\neg(\forall x)(\exists y)Pxy$	H
2	| $\neg(\exists x)\neg(\exists y)Pxy$	H
3	| | $\neg(\exists y)Pay$	H
4	| | $\neg(\exists y)Pay$	R-3
5	| | $(\exists x)\neg(\exists y)Pxy$	∃I-4
6	| | $\neg(\exists x)\neg(\exists y)Pxy$	R-2
7	| $\neg\neg(\exists y)Pay$	¬I-3, 5, 6
8	| $\neg(\exists y)Pay$	¬E-7
9	| $(\forall x)(\exists y)Pxy$	∀I*-8
10	| $\neg(\forall x)(\exists y)Pxy$	R-1
11	$\neg\neg(\exists x)\neg(\exists y)Pxy$	¬I-2, 9, 10
12	$(\exists x)\neg(\exists y)Pxy$	¬E-11
13	$\neg(\exists y)Pay$	∃E*-12
14	| Pab	H
15	| Pab	R-14
16	| $(\exists y)Pay$	∃I-15
17	| $\neg(\exists y)Pay$	R-13
18	$\neg Pab$	¬I-14, 16, 17
19	$(\forall y)\neg Pay$	∀I*-18
20	$(\exists x)(\forall y)\neg Pxy$	∃I-19

EXERCICE 6

Montrez que les déductions suivantes sont valides.

a) $\neg(\exists x)(\forall y)Pxy \vdash (\forall x)(\exists y)\neg Pxy$

b) * $\neg(\forall x)(\exists y)(Pxy \supset Qxy) \vdash (\exists x)(\forall y)(Pxy \wedge \neg Qxy)$

LA DÉDUCTION NATURELLE EN CALCUL DES PRÉDICATS EN UN COUP D'ŒIL

(voir p. 148 pour les règles des connecteurs)

Règle ∀E

1	A_1
	⋮
n	A_n
	⋮
o	$(\forall x)B(x)$
	⋮
p	$B(a)$
	⋮

où a est n'importe quel terme.

Règle ∃E

1	A_1
	⋮
n	A_n
	⋮
o	$(\exists x)B(x)$
p	| $B(a)$
	| ⋮
q	| C
r	C
	⋮

à la condition que a n'apparaisse ni dans $A_1, \ldots, A_n$, ni dans $(\exists x)B(x)$, ni dans C.

Règle ∃E*

	A_1
	⋮
	A_n
	⋮
	$(\exists x)B(x)$
	⋮
	$B(a)$
	⋮

à la condition que a n'apparaisse ni dans $A_1, \ldots, A_n$, ni dans $(\exists x)B(x)$, ni dans une ligne obtenue par une apllication préalable de ∃E*.

Règle ∀I

1	A_1
	⋮
n	A_n
	⋮
o	$B(a)$
	⋮
p	$(\forall x)B(x)$
	⋮

à la condition que a n'apparaisse ni dans $A_1, \ldots, A_n$, ni dans $(\forall x)B(x)$.

Règle ∃I

1	A_1
	⋮
n	A_n
	⋮
o	$B(a)$
	⋮
p	$(\exists x)B(x)$
	⋮

sans restriction.

Règle ∀I*

1	A_1
	⋮
n	A_n
	⋮
o	$B(a)$
	⋮
p	$(\forall x)B(x)$
	⋮

à la condition que a n'apparaisse ni dans $A_1, \ldots, A_n$, ni dans $(\forall x)B(x)$, et que $B(a)$ ne contienne pas de terme introduit par la règle d'instanciation ∃E*.

Solutions des exercices du chapitre 8

EXERCICE 1

a)

1	$(\forall x)\neg Ax$	H
2	Aa	H
3	$\neg Ba$	H
4	Aa	R-2
5	$(\forall x)\neg Ax$	R-1
6	$\neg Aa$	$\forall$E-5
7	$\neg\neg Ba$	$\neg$I-3, 4, 6
8	Ba	$\neg$E-7
9	$Aa \supset Ba$	$\supset$I-2, 8
10	$(\forall x)(Ax \supset Bx)$	$\forall$I-9
11	$(\forall x)\neg Ax \supset (\forall x)(Ax \supset Bx)$	$\supset$I-1, 10

b)

1	$(\exists x)(Ax \supset Bx)$	H
2	$(\forall x)Ax$	H
3	$(\exists x)(Ax \supset Bx)$	R-1
4	$Aa \supset Ba$	H
5	$Aa \supset Ba$	R-4
6	$(\forall x)Ax$	R-2
7	Aa	$\forall$E-6
8	Ba	$\neg$E-5, 7
9	$(\exists x)Bx$	$\exists$I-8
10	$(\exists x)Bx$	$\exists$E-3, 4, 9
11	$(\forall x)Ax \supset (\exists x)Bx$	$\supset$I-2, 10
12	$(\exists x)(Ax \supset Bx) \supset ((\forall x)Ax \supset (\exists x)Bx)$	$\supset$I-1,11

EXERCICE 2

a) Exemple de sophisme associé : « Il y a des jours où la météo se trompe, donc la météo se trompe tous les jours ».

L'erreur se trouve à la ligne 4 : ∀I* ne peut être appliqué car *a* a été instancié par ∃E*.

b) Exemple de sophisme associé : « Tout nombre est égal ou supérieur à lui-même, donc il y a un nombre égal ou supérieur à tous les autres ».

L'erreur se trouve à la ligne 4 : ∀I* ne peut être utilisé car *a* apparaît dans (∀*y*)*Pay*.

c) Exemple de sophisme associé : « Tout ce qui arrive a une cause, donc il y a une cause première ». (De façon moins élégante mais plus parlante : « Pour tout événement, il y a un événement qui en est la cause, donc il y a un événement qui est la cause de tous les autres ».)

L'erreur se trouve à la ligne 5. On ne peut appliquer ∀I* car *Pba* contient un terme, *b*, qui a été introduit par ∃E*. Remarquons que la restriction ne s'applique pas uniquement à la généralisation sur des termes introduits par ∃E*, mais à toutes les formes qui contiennent de tels termes.

d) Exemple de sophisme associé : « Il y a des morts et il y a des vivants, donc il y a des morts vivants ».

L'erreur se trouve à la ligne 6. Nous n'avons pas le droit d'appliquer ∃E* en réutilisant le terme *a* qui a déjà été utilisé en 5 où il a été introduit par ∃E*.

e) Exemple de sophisme associé : « Tout être humain en aime un autre, donc tout être humain s'aime ».

La première erreur est à la ligne 4. Nous ne pouvons pas utiliser *a* car ce terme apparaît dans (∃*y*)*Pay*. La seconde erreur est à la ligne suivante.

f) Il n'existe pas de formulation simple de ce sophisme en langue naturelle pour la simple raison qu'il n'existe *pas* de formulation naturelle (∀*x*)(∃*x*)*Fxx*.

L'erreur est à la ligne 4.

EXERCICE 3

a)

1	$(\forall x)((Ax \wedge Mx) \supset Rx)$	H
2	$(\forall x)(Rx \supset \neg Mx)$	H
3	$\quad (\exists x)(Ax \wedge Mx)$	H
4	$\quad (\exists x)(Ax \wedge Mx)$	R-3
5	$\quad Aa \wedge Ma$	∃E*-4
6	$\quad (\forall x)((Ax \wedge Mx) \supset Rx)$	R-1
7	$\quad (\forall x)(Rx \supset \neg Mx)$	R-2
8	$\quad (Aa \wedge Ma) \supset Ra$	∀E-6
9	$\quad Ra$	⊃E-5, 8
10	$\quad Ra \supset \neg Ma$	∀E-7
11	$\quad \neg Ma$	⊃E-9, 10
12	$\quad Ma$	∧E-5
13	$\neg(\exists x)(Ax \wedge Mx)$	¬I-3, 11, 12

b)

1	$(\forall x)(\forall y)((Ay \wedge Cxy) \supset Dx)$	H
2	$(\forall x)(Sx \supset Cxx)$	H
3	$(\forall x)(\forall y)((Ay \wedge Cxy) \supset Dx)$	R-1
4	$(\forall x)(Sx \supset Cxx)$	R-2
5	$(\forall y)((Ay \wedge Cay) \supset Da)$	∀E-3
6	$(Aa \wedge Caa) \supset Da$	∀E-5
7	$Sa \supset Caa$	∀E-4
8	$\quad Aa \wedge Sa$	H
9	$\quad Aa \wedge Sa$	R-8
10	$\quad Sa$	∧E-9
11	$\quad Sa \supset Caa$	R-7
12	$\quad Caa$	⊃E-10, 11
13	$\quad Aa$	∧E-9
14	$\quad Aa \wedge Caa$	∧I-12, 13
15	$\quad (Aa \wedge Caa) \supset Da$	R-6
16	$\quad Da$	⊃E-14, 15
17	$(Aa \wedge Sa) \supset Da$	⊃I-8, 16
18	$(\forall x)((Ax \wedge Sx) \supset Dx)$	∀I-17

c)

1	$(\neg Sv \supset (\forall x)\neg Sx)$		H
2	Sp		H
3		$\neg Sv$	H
4		$(\neg Sv \supset (\forall x)\neg Sx)$	R-1
5		$\neg Sv$	R-3
6		$(\forall x)\neg Sx$	$\supset$E-4, 5
7		$\neg Sp$	$\forall$E-6
8		Sp	R-2
9	$\neg\neg Sv$		$\neg$I-3, 7, 8
10	Sv		$\neg$E-9

d)

1	$(\forall x)(\forall y)((Amx \wedge Axy) \supset Amy)$		H
2	$(\forall x)(\forall y)(Axy \supset Ayx)$		H
3	$(\exists x)Amx$		H
4		$\neg Amm$	H
5		$(\exists x)Amx$	R-3
6		Ama	$\exists$E*-5
7		$(\forall x)(\forall y)(Axy \supset Ayx)$	R-2
8		$(\forall y)(Amy \supset Aym)$	$\forall$E-7
9		$Ama \supset Aam$	$\forall$E-8
10		Aam	$\supset$E-6, 9
11		$(\forall x)(\forall y)((Amx \wedge Axy) \supset Amy)$	R-1
12		$(\forall y)(Ama \wedge Aay) \supset Amy$	$\forall$E-11
13		$(Ama \wedge Aam) \supset Amm$	$\forall$E-12
14		$Ama \wedge Aam$	$\wedge$I-6, 10
15		Amm	$\supset$E-14, 13
16		$\neg Amm$	R-4
17	$\neg\neg Amm$		$\neg$I-4, 15, 16
18	Amm		$\neg$E-17

e)

1	$(\exists y)(Qy \wedge (\forall x)(\forall z)(\forall t)((Qt \wedge Txt \wedge Exz) \supset Ryz)$	H
2	$(\exists x)(\exists y)(Qx \wedge Qy \wedge Txy)$	H
3	$(\forall x)(\forall y)((Qx \wedge Qy) \supset Exy)$	H
4	$(\exists y)(Qy \wedge (\forall x)(\forall z)(\forall t)((Qt \wedge Txt \wedge Exz) \supset Ryz)$	R-1
5	$Qa \wedge (\forall x)(\forall z)(\forall t)((Qt \wedge Txt \wedge Exz) \supset Raz)$	∃E*-4
6	$(\exists x)(\exists y)(Qx \wedge Qy \wedge Txy)$	R-2
7	$(\exists y)(Qb \wedge Qy \wedge Tby)$	∃E*-6
8	$Qb \wedge Qc \wedge Tbc$	∃E*-7
9	$(\forall x)(\forall z)(\forall t)((Qt \wedge Txt \wedge Exz) \supset Raz)$	∧E-5
10	$(\forall z)(\forall t)((Qt \wedge Tbt \wedge Ebz) \supset Raz)$	∀E-9
11	$(\forall t)((Qt \wedge Tbt \wedge Eba) \supset Raa)$	∀E-10
12	$(Qc \wedge Tbc \wedge Eba) \supset Raa$	∀E-11
13	Qc	∧E-8
14	Tbc	∧E-8
15	Qb	∧E-8
16	Qa	∧E-5
17	$Qb \wedge Qa$	∧I-15, 16
18	$(\forall x)(\forall y)((Qx \wedge Qy) \supset Exy)$	R-3
19	$(\forall y)((Qb \wedge Qy) \supset Eby)$	∀E-18
20	$(Qb \wedge Qa) \supset Eba$	∀E-19
21	Eba	⊃E-17, 20
22	$Qc \wedge Tbc \wedge Eba$	∧I-13, 14, 21
23	Raa	⊃E-22, 12
24	$Qa \wedge Raa$	∧I-16, 23
25	$(\exists x)(Qx \wedge Rxx)$	∃I-24

EXERCICE 4

a)

1	$\mid (\forall x)Px \supset Qa$	H
2	$\mid\quad \mid \neg(\exists x)(Px \supset Qa)$	H
3	$\mid\quad \mid\quad \mid Qa$	H
4	$\mid\quad \mid\quad \mid\quad \mid Pb$	H
5	$\mid\quad \mid\quad \mid\quad \mid Qa$	R-3
6	$\mid\quad \mid\quad \mid Pb \supset Qa$	⊃I-4, 5
7	$\mid\quad \mid\quad \mid (\exists x)(Px \supset Qa)$	∃I-6
8	$\mid\quad \mid\quad \mid \neg(\exists x)(Px \supset Qa)$	R-2
9	$\mid\quad \mid \neg Qa$	¬I-3, 7, 8
10	$\mid\quad \mid\quad \mid \neg Pb$	H
11	$\mid\quad \mid\quad \mid\quad \mid Pb$	H
12	$\mid\quad \mid\quad \mid\quad \mid\quad \mid \neg Qa$	H
13	$\mid\quad \mid\quad \mid\quad \mid\quad \mid Pb$	R-11
14	$\mid\quad \mid\quad \mid\quad \mid\quad \mid \neg Pb$	R-10
15	$\mid\quad \mid\quad \mid\quad \mid \neg\neg Qa$	¬I-12, 13, 14
16	$\mid\quad \mid\quad \mid\quad \mid Qa$	¬E-15
17	$\mid\quad \mid\quad \mid Pb \supset Qa$	⊃I-11, 16
18	$\mid\quad \mid\quad \mid (\exists x)(Px \supset Qa)$	∃I-17
19	$\mid\quad \mid\quad \mid \neg(\exists x)(Px \supset Qa)$	R-2
20	$\mid\quad \mid \neg\neg Pb$	¬I-10, 18, 19
21	$\mid\quad \mid Pb$	¬E-20
22	$\mid\quad \mid (\forall x)Px$	∀I*-21
23	$\mid\quad \mid (\forall x)Px \supset Qa$	R-1
24	$\mid\quad \mid Qa$	⊃E-22, 23
25	$\mid \neg\neg(\exists x)(Px \supset Qa)$	¬I-2, 9, 24
26	$\mid (\exists x)(Px \supset Qa)$	¬E-25

La négation de la conclusion s'impose à la ligne 2 parce qu'il est inutile de penser dériver $Pb \supset Qa$ à partir de $(\forall x)Px \supset Qa$. Pourquoi ? Comme la prémisse a la forme $A \supset B$, la bonne stratégie consiste à dériver A et $\neg B$, c'est-à-dire $(\forall x)Px$ et $\neg Qa$, pour obtenir une contradiction. C'est ce que nous faisons aux lignes 3-9 en dérivant $\neg Qa$ et aux lignes 10-22 en dérivant $(\forall x)Px$.

d)	1	$(\forall x)(Px \supset Qa)$	H
	2	$\quad (\exists x)Px$	H
	3	$\quad (\exists x)Px$	R-2
	4	$\quad Pb$	∃E*-3
	5	$\quad (\forall x)(Px \supset Qa)$	R-1
	6	$\quad Pb \supset Qa$	∀E-5
	7	$\quad Qa$	⊃E-4, 6
	8	$(\exists x)Px \supset Qa$	⊃I-2, 7

EXERCICE 5

b)	1	$(\exists x)\neg Px$	H
	2	$(\exists x)\neg Px$	R-1
	3	$\neg Pa$	∃E*-2
	4	$\quad Pa$	H
	5	$\quad\quad \neg Qa$	H
	6	$\quad\quad Pa$	R-4
	7	$\quad\quad \neg Pa$	R-3
	8	$\quad \neg\neg Qa$	¬I-5, 6, 7
	9	$\quad Qa$	¬E-8
	10	$Pa \supset Qa$	⊃I-4, 9
	11	$(\exists x)(Px \supset Qx)$	∃I-10

Remarquons qu'à la ligne 11, on n'aurait pas pu introduire un quantificateur universel à cause de la ligne 3.

e)	1	$\neg(\forall x)Px$	H
	2	$\quad \neg(\exists x)\neg Px$	H
	3	$\quad\quad \neg Pa$	H
	4	$\quad\quad \neg Pa$	R-3
	5	$\quad\quad (\exists x)\neg Px$	∃I-4
	6	$\quad\quad \neg(\exists x)\neg Px$	R-2
	7	$\quad \neg\neg Pa$	¬I-3, 5, 6
	8	$\quad Pa$	¬E-7
	9	$\quad (\forall x)Px$	∀I*-8
	10	$\quad \neg(\forall x)Px$	R-1
	11	$\neg\neg(\exists x)\neg Px$	¬I-2, 9, 10
	12	$(\exists x)\neg Px$	¬E-11

i)	1	$\neg(\exists x)(Px \supset (\forall x)Px)$	H
	2	$(\forall x)Px$	H
	3	Pa	H
	4	$(\forall x)Px$	R-2
	5	$Pa \supset (\forall x)Px$	⊃I-3, 4
	6	$(\exists x)(Px \supset (\forall x)Px)$	∃I-6
	7	$\neg(\exists x)(Px \supset (\forall x)Px)$	R-1
	8	$\neg(\forall x)Px$	¬I-2, 6, 7
	9	$\neg(\exists x)\neg Px$	H
	10	$\neg Pa$	H
	11	$\neg Pa$	R-10
	12	$(\exists x)\neg Px$	∃I-11
	13	$\neg(\exists x)\neg Px$	R-9
	14	$\neg\neg Pa$	¬I-10, 12, 13
	15	Pa	¬E-14
	16	$(\forall x)Px$	∀I*-15
	17	$\neg(\forall x)Px$	R-9
	18	$\neg\neg(\exists x)\neg Px$	¬I-9, 16, 17
	19	$(\exists x)\neg Px$	¬E-18
	20	$\neg Pa$	∃E*-19
	21	Pa	H
	22	$\neg(\forall x)Px$	H
	23	Pa	R-21
	24	$\neg Pa$	R-20
	25	$\neg\neg(\forall x)Px$	¬I-22, 23, 24
	26	$(\forall x) Px$	¬E-25
	27	$Pa \supset (\forall x)Px$	⊃I-21, 25, 26
	28	$(\exists x)(Px \supset (\forall x)Px)$	∃I-27
	29	$\neg(\exists x)(Px \supset (\forall x)Px)$	R-1
	30	$\neg\neg(\exists x)(Px \supset (\forall x)Px)$	¬I-1, 28, 29
	31	$(\exists x)(Px \supset (\forall x)Px)$	¬E-30

Cette preuve est un peu longue et il en existe certainement de plus courtes. Son intérêt est qu'elle est pratiquement mécanique. Les étapes sont les suivantes.

À la ligne 1, on nie la conclusion et on cherche une contradiction. La seule contradiction possible est de dériver $(\exists x)(Px \supset (\forall x)Px)$. La seule façon de dériver cette formule, qui est de la forme $(\exists x)(A(x) \supset B)$, est de montrer que si on n'a pas B alors on n'a pas $A(a)$ et si on n'a pas $A(a)$, alors on a $A(a) \supset B$.
On suppose qu'on a B (ligne 2), on dérive une contradiction et on a donc $\neg B$ (ligne 8). Pour montrer que de $\neg(\forall x)Px$ on peut dériver $\neg Pa$, on reprend la dérivation de $\neg(\forall x)Px \vdash (\exists x)\neg Px$ (lignes 8-20).
Le reste suit immédiatement : de $\neg Pa$ on montre facilement $Pa \supset B$.

n)

1	$\mid \neg(\forall x)(\neg Px \wedge \neg Qx)$	H
2	$\mid\quad \mid \neg(\exists x)(Px \vee Qx)$	H
3	$\mid\quad \mid\quad \mid Pa$	H
4	$\mid\quad \mid\quad \mid Pa$	R-3
5	$\mid\quad \mid\quad \mid Pa \vee Qa$	$\vee$I-4
6	$\mid\quad \mid\quad \mid (\exists x)(Px \vee Qx)$	$\exists$I-5
7	$\mid\quad \mid\quad \mid \neg(\exists x)(Px \vee Qx)$	R-2
8	$\mid\quad \mid \neg Pa$	$\neg$I-3, 6, 7
9	$\mid\quad \mid\quad \mid Qa$	H
10	$\mid\quad \mid\quad \mid Qa$	R-9
11	$\mid\quad \mid\quad \mid Pa \vee Qa$	$\vee$I-10
12	$\mid\quad \mid\quad \mid (\exists x)(Px \vee Qx)$	$\exists$I-11
13	$\mid\quad \mid\quad \mid \neg(\exists x)(Px \vee Qx)$	R-2
14	$\mid\quad \mid \neg Qa$	$\neg$I-9, 12, 13
15	$\mid\quad \mid \neg Pa \wedge \neg Qa$	$\wedge$I-8, 14
16	$\mid\quad \mid (\forall x)(\neg Px \wedge \neg Qx)$	$\forall$I*-15
17	$\mid\quad \mid \neg(\forall x)(\neg Px \wedge \neg Qx)$	R-1
18	$\mid \neg\neg(\exists x)(Px \vee Qx)$	$\neg$I-2, 16, 17
19	$\mid (\exists x)(Px \vee Qx)$	$\neg$E-18

EXERCICE 6

b)

1	$\mid \neg(\forall x)(\exists y)(Pxy \supset Qxy)$	H
2	$\mid\ \mid \neg(\exists x)\neg(\exists y)(Pxy \supset Qxy)$	H
3	$\mid\ \mid\ \mid \neg(\exists y)(Pay \supset Qay)$	H
4	$\mid\ \mid\ \mid \neg(\exists y)(Pxy \supset Qxy)$	R-3
5	$\mid\ \mid\ \mid (\exists x)\neg(\exists y)(Pay \supset Qay)$	∃I-4
6	$\mid\ \mid\ \mid \neg(\exists x)\neg(\exists y)(Pxy \supset Qxy)$	R-2
7	$\mid\ \mid \neg\neg(\exists y)(Pay \supset Qay)$	¬I-3, 5, 6
8	$\mid\ \mid \neg(\exists y)(Pay \supset Qay)$	¬E-7
9	$\mid\ \mid (\forall x)(\exists y)(Pxy \supset Qxy)$	∀I*-8
10	$\mid\ \mid \neg(\forall x)(\exists y)(Pxy \supset Qxy)$	R-1
11	$\mid \neg\neg(\exists x)\neg(\exists y)(Pxy \supset Qxy)$	¬I-2, 9, 10
12	$\mid (\exists x)\neg(\exists y)(Pxy \supset Qxy)$	¬E-11
13	$\mid \neg(\exists y)(Pay \supset Qay)$	∃E*-12
14	$\mid\ \mid Pab \supset Qab$	H
15	$\mid\ \mid Pab \supset Qab$	R-14
16	$\mid\ \mid (\exists y)(Pay \supset Qay)$	∃I-15
17	$\mid\ \mid \neg(\exists y)(Pay \supset Qay)$	R-13
18	$\mid \neg(Pab \supset Qab)$	¬I-14, 16, 17
19	$\mid\ \mid \neg Pab$	H
20	$\mid\ \mid\ \mid Pab$	H
21	$\mid\ \mid\ \mid\ \mid \neg Qab$	H
22	$\mid\ \mid\ \mid\ \mid Pab$	R-20
23	$\mid\ \mid\ \mid\ \mid \neg Pab$	R-19
24	$\mid\ \mid\ \mid \neg\neg Qab$	¬I-21, 22, 23
25	$\mid\ \mid\ \mid Qab$	¬E-24
26	$\mid\ \mid Pab \supset Qab$	⊃I-20, 25
27	$\mid\ \mid \neg(Pab \supset Qab)$	R-18
28	$\mid \neg\neg Pab$	¬I-19, 26, 27
29	$\mid Pab$	¬E-28
30	$\mid\ \mid Qab$	H
31	$\mid\ \mid\ \mid Pab$	H
32	$\mid\ \mid\ \mid Qab$	R-30
33	$\mid\ \mid Pab \supset Qab$	⊃I-31, 32
34	$\mid\ \mid \neg(Pab \supset Qab)$	R-18
35	$\mid \neg Qab$	¬I-30, 33, 34
36	$\mid Pab \wedge \neg Qab$	∧I-29, 35
37	$\mid (\forall y)(Pay \wedge \neg Qay)$	∀I*-36
38	$\mid (\exists x)(\forall y)(Pxy \wedge \neg Qxy)$	∃I-37

r)

1	$\mid\ \mid\ \neg(\exists x)(Px \supset (\forall x)Px)$	H
2	$\mid\ \mid\ \mid\ Pa \supset (\forall x)Px$	H
3	$\mid\ \mid\ \mid\ Pa \supset (\forall x)Px$	R-2
4	$\mid\ \mid\ \mid\ (\exists x)(Px \supset (\forall x)Px)$	∃I*-3
5	$\mid\ \mid\ \mid\ \neg(\exists x)(Px \supset (\forall x)Px)$	R-1
6	$\mid\ \mid\ \neg(Pa \supset (\forall x)Px)$	¬I-2,3,4
7	$\mid\ \mid\ \mid\ (\forall x)Px$	H
8	$\mid\ \mid\ \mid\ \mid\ Pa$	H
9	$\mid\ \mid\ \mid\ \mid\ (\forall x)Px$	R-7
10	$\mid\ \mid\ \mid\ Pa \supset (\forall x)Px$	⊃I-8,9
11	$\mid\ \mid\ \mid\ \neg(Pa \supset (\forall x)Px)$	R-6
12	$\mid\ \mid\ \neg(\forall x)Px$	¬I-7,10,11
13	$\mid\ \mid\ \mid\ \neg(\exists x)\neg Px$	H
14	$\mid\ \mid\ \mid\ \mid\ \neg Pa$	H
15	$\mid\ \mid\ \mid\ \mid\ \neg Pa$	R-14
16	$\mid\ \mid\ \mid\ \mid\ (\exists x)\neg Px$	∃I*-15
17	$\mid\ \mid\ \mid\ \mid\ \neg(\exists x)\neg Px$	R-13
18	$\mid\ \mid\ \mid\ \neg\neg Pa$	¬I-14,16,17
19	$\mid\ \mid\ \mid\ Pa$	¬E-18
20	$\mid\ \mid\ \mid\ (\forall x)Px$	∀I*-19
21	$\mid\ \mid\ \mid\ \neg(\forall x)Px$	R-12
22	$\mid\ \mid\ \neg\neg(\exists x)\neg Px$	¬I-13,20,21
23	$\mid\ \mid\ (\exists x)\neg Px$	¬E-22
24	$\mid\ \mid\ \neg Pb$	∃E*-23
25	$\mid\ \mid\ \mid\ Pb$	H
26	$\mid\ \mid\ \mid\ \mid\ \neg(\forall x)Px$	H
27	$\mid\ \mid\ \mid\ \mid\ Pb$	R-25
28	$\mid\ \mid\ \mid\ \mid\ \neg Pb$	R-24
29	$\mid\ \mid\ \mid\ \neg\neg(\forall x)Px$	¬I-26,27,28
30	$\mid\ \mid\ \mid\ (\forall x)Px$	¬E-29
31	$\mid\ \mid\ Pb \supset (\forall x)Px$	⊃I-25,30
32	$\mid\ \mid\ (\exists x)(Px \supset (\forall x)Px)$	∃I*-31
33	$\mid\ \mid\ \neg(\exists x)(Px \supset (\forall x)Px)$	R-1
34	$\mid\ \neg\neg(\exists x)(Px \supset (\forall x)Px)$	¬I-1,32,33
35	$\mid\ (\exists x)(Px \supset (\forall x)Px)$	¬E-34

s)	1	$\neg((\exists x)Px \lor (\forall x)\neg Px$	H
	2	$(\exists x)Px$	H
	3	$(\exists x)Px$	R-2
	4	$(\exists x)Px \lor (\forall x)\neg Px$	$\lor$I-3
	5	$\neg((\exists x)Px \lor (\forall x)\neg Px$	R-1
	6	$\neg(\exists x)Px$	$\neg$I-2,4,5
	7	Pa	H
	8	Pa	R-7
	9	$(\exists x)Px$	$\exists$I-8
	10	$\neg(\exists x)Px$	R-6
	11	$\neg Pa$	$\neg$I-7,9,10
	12	$(\forall x)\neg Px$	$\forall$I*-11
	13	$((\exists x)Px \lor (\forall x)\neg Px$	$\lor$I-12
	14	$\neg((\exists x)Px \lor (\forall x)\neg Px$	R-1
	15	$\neg\neg((\exists x)Px \lor (\forall x)\neg Px$	$\neg$I-1,13,14
	16	$((\exists x)Px \lor (\forall x)\neg Px$	$\neg$E-15

v)

1	$(\forall x)Ax \supset (\exists x)Bx$	H
2	$\quad \neg(\exists x)(Ax \supset Bx)$	H
3	$\quad\quad \neg(\forall x)\neg(Ax \supset Bx)$	H
4	$\quad\quad\quad Aa \supset Ba$	H
5	$\quad\quad\quad Aa \supset Ba$	R-4
6	$\quad\quad\quad (\exists x)(Ax \supset Bx)$	∃I*-5
7	$\quad\quad\quad \neg(\exists x)(Ax \supset Bx)$	R-2
8	$\quad\quad \neg(Aa \supset Ba)$	¬I-4,6,7
9	$\quad\quad (\forall x)\neg(Ax \supset Bx)$	∀I-8
10	$\quad\quad \neg(\forall x)\neg(Ax \supset Bx)$	R-3
11	$\quad \neg\neg(\forall x)\neg(Ax \supset Bx)$	¬I-3,9,10
12	$\quad (\forall x)\neg(Ax \supset Bx)$	¬E-11
13	$\quad \neg(Aa \supset Ba)$	∀E-12
14	$\quad\quad \neg Aa$	H
15	$\quad\quad\quad Aa$	H
16	$\quad\quad\quad\quad \neg Ba$	H
17	$\quad\quad\quad\quad \neg Aa$	R-14
18	$\quad\quad\quad\quad Aa$	R-15
19	$\quad\quad\quad \neg\neg Ba$	¬I-16,17,18
20	$\quad\quad\quad Ba$	¬E-19
21	$\quad\quad Aa \supset Ba$	⊃I-15,20
22	$\quad\quad \neg(Aa \supset Ba)$	R-13
23	$\quad \neg\neg Aa$	¬I-14,21,22
24	$\quad Aa$	¬E-23
25	$\quad (\forall x)Ax$	∀I*-24
26	$\quad (\forall x)Ax \supset (\exists x)Bx$	R1
27	$\quad (\exists x)Bx$	⊃E-25,26
28	$\quad Bb$	∃E*-27
29	$\quad\quad Ab$	H
30	$\quad\quad Bb$	R-28
31	$\quad Ab \supset Bb$	⊃I-29,30
32	$\quad (\exists x)(Ax \supset Bx)$	∃I-31
33	$\quad \neg(\exists x)(Ax \supset Bx)$	R-2
34	$\neg\neg(\exists x)(Ax \supset Bx)$	¬I-2,32,33
35	$(\exists x)(Ax \supset Bx)$	¬E-34

Cette dérivation peut sembler très compliquée à première vue. Elle est en fait plus longue que compliquée.

À la ligne 2, on n'a pas d'autre possibilité. Les lignes 2 à 12 font rentrer la négation : on passe de $\neg(\exists x)$… à $(\forall x)\neg$…

L'instanciation de 12 en 13 nous donne la négation d'une implication. Or, on sait que de $\neg(p \supset q)$, on peut déduire p. C'est ce que l'on fait en 24 pour obtenir $(\forall x)Ax$ en 25. Mais $(\forall x)Ax$ est justement l'antécédent de l'hypothèse principale, ce qui nous permet d'obtenir $(\exists x)Bx$.

À partir de $(\exists x)Bx$ et de $(\forall x)Ax$, il est facile d'obtenir $Ab \supset Bb$. Le reste est élémentaire.

TABLEAU DES SYMBOLES UTILISÉS

symbole	signification	explication
V	vrai	p. 10
F	faux	p. 10
p, *q*, *r*, etc.	énoncés atomiques	p. 10
A, *B*, *C*, etc.	énoncés (soit atomiques, soit complexes)	p. 19
$\neg$	négation (non)	p. 10
$\wedge$	conjonction (et)	p. 11
$\vee$	disjonction (ou inclusif)	p. 11
w	disjonction (ou exclusif)	p. 12
$\supset$	implication matérielle (si... alors)	p. 14
$\equiv$	biconditionnel (si et seulement si)	p. 15
$\mid$	barre de Sheffer (incompatibilité)	p. 17
$\downarrow$	ni... ni	p. 17
$\models$	tautologie	p. 57
$\vdash$	théorème	p. 131
$\top$	vrai	p. 66
$\bot$	faux	p. 66
—	négation d'une matrice	p. 67
$\wedge^*$	conjonction dans le calcul des matrices	p. 67
$\vee^*$	disjonction dans le calcul des matrices	p. 67
1	énoncé toujours vrai	p. 87
0	énoncé toujours faux	p. 87
$\Leftrightarrow$	se transforme en... (valide dans les deux sens)	p. 87
P, *Q*, *R*, etc.	prédicats quelconques	p. 164
a, *b*, *c*, etc.	termes quelconques (constantes d'individus)	p. 164
x, *y*, *z*, etc.	variables d'individu	p. 167
$\underline{a}$	nom, dans la métalangue, de l'objet dont « *a* » est un nom dans la métalangue	p. 173
$\forall$	quantificateur universel (pour tout, tous les...)	p. 166
$\exists$	quantificateur existenciel (il existe un...)	p. 167

Bibliographie

Un ouvrage est classé dans la catégorie des traités élémentaires dans la mesure où il contient des matières directement complémentaires à celles du présent ouvrage. La plupart de ces traités contiennent, par ailleurs, des éléments plus avancés.

Traités élémentaires

ALLEN, C. et HAND, M., *Logic Primer*, 2e éd., Cambridge (Mass.), MIT Press, 2001.

BERGMANN, M., MOOR, J. et NELSON, J., *The Logic Book*, New York, McGraw-Hill, 1990.

COPI, I. M. et COHEN, C., *Introduction to Logic*, 10e éd., New Jersey, Prentice Hall, 1998.

GAMUT, L. T. F., *Logic, Language and Meaning*, vol. 1 : *Introduction to Logic*, Chicago, University of Chicago Press, 1991.

GAUTHIER, Y., *Méthodes et concepts de la logique formelle*, Montréal, Presses de l'Université de Montréal, 1978.

GOCHET, P. et GRIBOMONT, P., *Logique*, Paris, Hermès, 1990.

GRIZE, J. B., *Logique moderne*, La Haye et Paris, Mouton et Gauthier-Villars, 1969-1973.

GUTTENPLAN, S., *The Languages of Logic*, 2e éd., Oxford, Blackwell Publishers, 1997.

LEBLANC, H. et WISDOM, W., *Deductive Logic,* Boston, Allyn and Bacon, 1972.

LEROUX, J., *Introduction à la logique*, Paris, Diderot, 1998.

QUINE, W. V. O., *Methods of Logic*, New York, Holt, Rinehart and Winston, 1950 ; traduction française : *Méthodes de logique*, trad. par M. Clavelin, Paris, Armand Colin, 1972.

RIVENC, F., *Introduction à la logique*, Paris, Payot, 1989.

RUYER, B., *Logique*, Paris, Presses universitaires de France, 1990.

Traités plus avancés

BOOLOS, G. S. et JEFFREY, R. C., *Computability and Logic*, Cambridge, Cambridge University Press, 1974.

CHURCH, A., *Introduction to Mathematical Logic*, Princeton, Princeton University Press, 1956.

HUNTER, G., *Metalogic : An Introduction to the Metatheory of First-Order Logic*, Berkeley, University of California Press, 1971.

KLEENE, S. C., *Mathematical Logic*, New York, John Wiley and Sons, 1967 ; traduction française : *Logique mathématique*, trad. Par A. Largeault, Paris, Armand Colin, 1972.

MENDELSON, E., *Introduction to Mathematical Logic*, Monterey, Wadsworth et Brooks, 1987 (1963).

QUINE, W. V. O., *Mathematical Logic*, Cambridge, Harvard University Press, 1981 (1940).

Index